商管叢書 全華圖書 BUSINESS MANAGEMENT

中華民國物流協會「物流運籌人才－物流管理」證照適用教材
本證照已通過教育部技專校院師生取得民間職業能力鑑定證書採認計畫　證照代碼 5592

物流運籌管理 ②版

 中華民國物流協會 審定
Taiwan Association Logistics Management

陳志騰 著

U0072828

LOGISTICS MANAGEMENT

 全華

審定序

中華民國物流協會秘書長 鍾榮欽

眾所周知，物流運籌是一個整合的概念，而整合必須因應環境的變動而有不同。這可能是物流的範圍與定義較其他學門跨度大與變動多的原因，這也讓學習更不容易掌握其內涵。然而，在消費者要求快速滿足需求的商業趨勢下，物流運籌管理的重要性已是各行各業關注的重要議題。因此，如何協助初學者快速掌握核心的物流運籌概念，以及對重要功能與作業及相關技術與設備有一基礎的瞭解，同時並可掌握物流服務創新與轉型的議題，是教材發展的重要目標；也是促進產業物流發展的重要工作之一。

系統化培養實務導向的物流人才，一直是中華民國物流協會最重要的任務之一。多年來從事物流專業人才的培訓課程，廣受各界肯定。為往下紮根從 2011 年開始，協會亦開始針對大專院校提供【物流運籌人才－物流管理】的認證並以本書為指定教材，累計至 2024 年初已有 28,419 人報考，通過率約 70%。近年來隨著電商與智慧物流的蓬勃發展，本次改版主要在全通路之物流趨勢發展以及智慧物流軟硬體技術方面 (如物聯網、AR/VR、物就人揀貨等) 進行增修外，並考量為能提供更多元之案例且動態更新，故新版的案例篇改以線上連結方式提供給讀者。

本版次仍分維持五篇：(1) 物流基礎篇、(2) 物流運作篇、(3) 物流資訊與設備篇、(4) 物流管理、規劃與發展篇、(5) 案例篇；但增補了許多有關智慧物流的內容。首先，由物流基礎篇來瞭解物流運籌是甚麼；再由物流運作篇瞭解物流運籌是做哪些事情；接下來讓讀者瞭解為了提升物流運籌效率，有哪些輔助的軟硬體設備與技術；最後則探討有關物流管理、物流規劃以及全球運籌等整合性的議題。

本書適合做爲企管、行銷流通、工管、資管等物流相關科系的教材，前三篇共八章的內容可視爲各科系共同必修的單元，而第四篇共四章的內容，第九至十一章學生可以依各自科系背景及需求的不同，擇一而修。如企管、行銷流通科系可側重在物流綜合管理；工管、資管科系可側重在物流系統規劃與設計；國貿及國企科系可側重在全球運籌領域。至於新增的「物流運籌職能與職涯發展」一章，乃是對於想往物流業發展的讀者，可對於物流運籌職能與職涯發展有初步的認識。最後案例篇中，由全聯與 PChome 的實例，讓讀者可瞭解如何善用物流運籌提升企業競爭力。此外，其他案例亦羅列幾個不同類型之物流服務系統提供讀者參考並可由老師於課程中引導討論。

　　最後，我們在每章的結尾處附上與該章主題相關的重要物流運籌專業術語，採用中英文名詞對照並適當地加以解析說明，以便讀者能掌握重要的物流運籌核心觀念，相信這樣的安排有利於讀者在閱讀其他中英文的物流運籌之書籍或刊物時可以加深及正確理解其內容。前述的物流運籌專業名詞術語及內容的說明及解析資料由工業技術研究院服務科技系統中心提供，工研院服科中心共襄盛舉，樂意提供這些資料爲本書增色不少，在此特別表達最高的謝意。本書由陳志騰博士編著，針對各章內容力求行文簡潔，易讀易懂，避免坊間翻譯書籍之行文深澀，影響閱讀或如國內部分書籍由多人執筆，行文重複累贅，內容冗雜失序之弊。我們相信這本具有本土化、實務化及系統化特色的基礎專書，可以有效提高老師教學及學生學習的效益，期望各方先進賢達不吝指教。

推薦序

工業技術研究院服務系統科技中心總監 陳慧娟

　　物流是供應鏈程序的一部份，在生產供貨點與通路消費點間，針對物品、服務及相關資訊之正向與逆向流動，進行進出貨、儲存、運輸、配送等活動之規劃調度與執行控管，達成客戶要求，並兼具效率與效益；物流隨企業營運模式而變，可以是支援企業營運模式（Biz Model）改變與賺錢的一切資源與活動，可以是支援國際貿易順暢／效率之一切通關、法規、海空港物流作業等資源與活動，也可以是支援前線作戰活動及時需求之資源與活動；此即為物流運籌的精神，可謂「運籌帷幄、決勝千里」。

　　近年來隨著全球經濟、區域經濟的快速發展，原來分散的、低效率和高成本的物流活動轉化成物流資源互補整合、互聯共享、分工協作的產業鏈條，形成以供應鏈管理為核心的網絡服務系統。其中，物流中心更是在商品與虛實通路配銷過程中扮演集中分配的角色，其具備有訂單處理、倉儲管理、流通加工、揀貨理貨、出貨配送，甚至擴大至兼具尋找客源、代理採購、布建路網、服務設計及開發自有品牌等功能。在產銷整合方面，物流中心更具有縮短上、下游商品流通過程，減少產銷差距之中介機能，亦可進行同業、異業整合支援，有效提高效率、降低成本。在現代化通路革命中，物流企業、物流中心已成為舉足輕重之角色。

　　新型態零售不斷興起，現今的物流運籌服務也愈發複雜，從 B2B 到 B2C 到 C2C，從 3~7 天交貨到 1 天到 12 小時到 2 小時交貨，物流都必須隨之轉變，其作業速度要求更快、服務需求更為多元、運作模式更須彈性，尤其在現今缺工時代，物流勞動力的替代更需要克服。為此，物流企業更需要隨時掌握產業趨勢，善用新科技擴增與精進服務模式，針對客戶需求提供更精準、多元的相應服務。因此，物流人才的培育更為重要，且刻不容緩。

此書由中華民國物流協會審定、陳志騰老師編著，中華民國物流協會多年來對於物流人才養成不遺餘力，從作業人才到管理人才到營運人才，持續以專業課程引導臺灣物流企業成長，陳志騰老師更是帶領學子不斷的鑽研物流服務的改變與傳承。本書更將物流運籌之精神予以系統化整理，從物流基礎篇、物流運作篇、物流資訊與設備篇到物流管理、規劃篇，再到物流發展、全球運籌等關鍵課題，並分享具代表性的實務案例，讓讀者可以標竿學習、深入省思。而此次改版更增加了物流職能與職涯發展，讓讀者更能了解從事物流的職業進程與成長路徑，包括各作業、管理階層所需要的技能、各階層的歷練時程及需要哪些專業能力與軟硬實力等。

　　本書除了從各個環節探討物流運籌活動外，更由各個層面探討物流服務模式的多樣性，包括店配、宅配、最後一哩配送、物流地產營運等，探討各模式的服務運作及決策管理，企業應如何看待與應對，有哪些突破創新，可以採用哪些解決方案等，讓物流從業人員可以因應產業趨勢與需求，建立良好的管理服務。本書各章節更輔以思考案例，以國內企業最新發展來研析物流運籌的創新思維，極具有標竿學習與啓發效果，例如，由全聯啓動「全聯物流運籌全球」的策略規劃，到現今的物流布局，探討物流運籌的強化方式與達成綜效；由永聯物流共和國的發展探討物流運籌的創新，觀察物流地產的服務能夠如何轉變；由 GoodDeal、Boxful 提供電商物流、任意存之服務，來探討新型態零售、虛擬通路所衍生的物流需求。

　　本書有別於一般物流書籍，以深入淺出、生動活潑的方式闡述各章節內容，並系統性的剖析各項物流運籌服務的特徵、特性與作法，且分享案例又是最新的產業時事，可說是掌握趨勢、洞察趨勢，更能讓讀者與學子習得精髓、記得根本。我相信這是本具有基礎科學、理論實務兼具，並將服務資訊系統化呈現的好書，適合作為提供物流認證的輔助教材，亦有助於學校與企業界參考應用。特予推薦。

【從事物流運籌不必是你的夢想，
但物流運籌的學習會使你更接近夢想】

國立臺中科技大學資訊與流通學院 陳志騰

　　在數位轉型的趨勢下，各行各業均須與時俱進，進行動態適應性的調整。若以近年來相當風行的商業模式圖（Business Model Canvas, BMC），來解析企業營運，可分為左右二大護法以及一個根本：右護法是顧客導向的顧客體驗行銷（User Experience, UX）、左護法為資源優化的供應鏈管理（Supply Chain Management, SCM）；而經營的根本則表現於損益結構的財務績效。然可發現物流運籌活動乃是貫穿從左到右的供應鏈管理與顧客體驗行銷過程中，產品與服務遞交的關鍵，並直接與間接地影響財務績效。因此，物流運籌管理活動更需要適時的調整，甚至可積極扮演創造利潤的角色。換言之，物流運籌的學習，可由思考物流應如何適應複雜且動態的商業變遷，來培養並鍛鍊分析力、整合力與創新力。

　　在邁向全通路新零售時代，新物流人才的培育亦形迫切。對於「新物流」的學習與探索，可分為「創新」與「物流」的二個層面。在創新方面，本版次於各章章首增加核心問題與案例思考，來強化實務的連結並探討個案公司如何面對機會與挑戰提出因應方案。此外，在智慧物流的軟硬體科技發展，亦於相關章節予以增補說明。然創新的基礎，更需要對物流運籌有清晰且紮實的認知，對物流運籌本質的理解仍是重中之重。本版次將原第四章「物流中心運作」，改為「物流中心運作」、「倉儲作業」與「配送作業」三章，並增補相關的作業說明。除此之外，並新增「物流運籌職能與職涯發展」一章，有助於想往物流業或是物流職務發展的讀者，可對物流職能與職涯發展有初步的認識。

　　自期本次改版能提供各界對於物流運籌的沿革發展與基礎知識，且更具架構性與完整性的理解，並對於智慧物流的發展有初步掌握。然因個人學經歷有限，恐難免有疏誤之處，尚祈見諒。更歡迎各界不吝指教，讓本教材更趨完善，為培育創新與務實兼具的新物流人才共同努力。

目次

第一篇　物流基礎篇

第二篇　物流運作篇

第三篇　物流資訊與設備篇

| 第七章 | **物流資訊與相關技術** |

| 第八章 | **物流相關設備** |

第四篇
物流管理、規劃與發展篇

第五篇　案例篇—線上教材

CH01
物流運籌導論

本章重點

1. 瞭解物流運籌發展與範圍
2. 瞭解物流運籌的定義與目標－作為物流規劃、設計與運作的基礎
3. 說明物流運籌總成本的概念
4. 瞭解物流運籌決策的層次
5. 說明物流共同化與委外的概念

第一篇
物流基礎篇

核心問題

　　物流運籌活動真的能成為企業競爭力的重要關鍵嗎？物流運籌管理的學習，除了專業硬實力的提升，尚可增進個人哪些軟實力？

思考案例

　　請問全聯啟動「全聯物流運籌全球」的策略規劃開始，到現今的物流布局，請討論一下物流運籌的強化，讓全聯產生了哪些綜效？

1-1 物流運籌發展與範圍

一、背景

隨著科技進步、資訊技術快速成長以及全球化的發展，物流運籌（logistics）的觀念亦必須與時俱進。然何謂物流運籌？物流運籌的目的？其與供應鏈管理的關係等等，這都是討論物流運籌管理這個課題時必須先釐清的。本節乃先針對流通（distribution）、物流運籌（logistics）與供應鏈（supply chain）的範圍與內涵進行說明。

人類的食衣住行相關的生活必需品乃至於非必需的奢侈品，都是藉由經濟體系運作來滿足。若將經濟體系簡化成是由生產系統、流通系統與消費系統構成（如圖 1-1）；其中生產系統乃著重於製造出各式各樣的產品，來滿足消費系統的需要；流通系統則扮演了調節生產系統的供應與消費系統的需求之間，取得平衡的重要機能。

通常在經濟體系中，這種流通的方式我們稱之為「商業流通」（business distribution）；而於流通時有關實體物品的移動所產生的相關活動，則屬於為商業物流運籌（business logistics）的範圍。當然特殊狀況下的物流運籌，如軍事物流、環保物流、緊急災害救助物流等等，雖不是主要討論重點，但於物流運籌機能的設計、規劃與管理，仍可依據商業物流運籌的架構與內容進行必要的調整[1]。

總括來說，商業流通主要包含了交換功能、實體配送（physical distribution）功能，亦即現行流通領域中熟悉的流通四流（商流、物流、金流與資訊流）的活動。

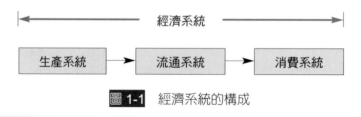

圖 1-1 經濟系統的構成

1　本教材所提的物流運籌除有特別說明外均指為「商業物流運籌」。

其中交換功能即是在不同組織之間以交易方式進行商品所有權的轉換，亦稱爲商流（business flow）。因所有權轉所產生貨品區位移動的需求，則由實體配送功能來處理，亦稱爲物流（goods flow）。除此之外，在交換過程中會產生貨幣的流通稱之爲金流（cash flow）；在整個流通過程中（包含生產系統與流通系統之間以及流通系統與消費系統間），爲使交易的過程與目的順利，全程均須有適切的資訊流通與提供，稱之爲資訊流（information flow）。

　　由系統角度分析，圖 1-1 乃以概念的方式將經濟體系分成三大系統，但就每一系統均可再分割爲若干小系統。例如：生產系統可能包含若干上中下游的多家生產廠商，流通系統中可能包含多家批發商以及零售商，消費系統可能包含企業、團體或是個人。因此在經濟體系中主要參與角色有企業、團體、個人 [2]。而不論企業與個人均可能擔任生產、流通或是消費的單一或是多重角色。

　　例如：以生產系統中的某單一生產企業來看（稱作企業 B），該企業的原料由上游供應商（稱作企業 A）供給而企業 A 本身就是製造此原料的製造商。以經濟系統的角度言，在這個活動中，企業 B 扮演消費者的角度（但非最終消費者），而企業 A 扮演生產與流通的角色。若某流通企業（稱作企業 C）由企業 A 購入該原料再賣給企業 B，則企業 C 就扮演流通的角色。

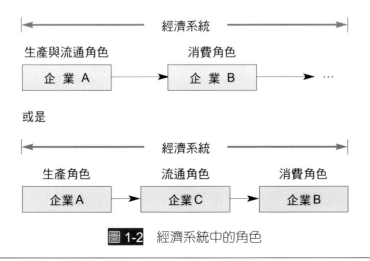

圖 1-2　經濟系統中的角色

2　政府的角色在此不特別討論。

二、物流運籌發展的驅動力量

對於物流運籌的發展言，有幾個主要的驅動因素：

（一）消費者需求的變化

在滿足消費者需求的前提下，如何確實掌握消費型態的變化並據此進行變革，為物流運籌發展的重要驅力。例如：連鎖事業的興起（如便利商店）加速了現代化物流中心的建構、電視購物與網購群族的增長對於快速宅配服務需求的增加等等均為發生在生活周遭的實例。

（二）通路力量向零售端轉移

為因應消費需求的變化，各類零售業態隨之蓬勃發展；例如大型零售商如沃爾瑪（Walmart）、家樂福（Carrefour）、7-ELEVEn 等的出現，供應鏈中的相關經濟力量發生了巨大的變化。市場的支配力量由生產廠商逐步轉移到零售企業，進入所謂「通路為王」的時代。零售端對於商品配送的需求轉為的少量、多樣、多頻次的配送；許多商品的生命週期也漸次縮短。

（三）政府管制逐步放鬆

物流運籌活動與許多基礎建設具有高度相關性，例如：交通運輸、通訊、能源與金融等，多年來這些基礎建設受到政府的嚴格管制。隨著經濟自由化發展，法規的鬆綁，驅使了物流運籌活動的蓬勃發展但也造成更為激烈的競爭。

（四）全球化的發展

市場進入限制的放寬與跨國企業的拓展，讓企業走向全球化來降低營運成本，對市場提供更佳、更便利且更快速的服務，此發展傾向使得物流運籌活動往國際化發展，國際運輸、跨國物流運籌產生密切整合的需求，全球運籌管理也因應而生。

（五）技術的發展

在物流運籌領域中，技術發展也扮演了重要的角色。特別是資訊通訊技術（ICT）的發展，讓物流運籌活動可以快速追蹤與回應；此外自動化設備的發展亦讓物流作業的效率大幅提昇。

三、物流運籌發展的階段

由於上述產業環境的變化，物流運籌活動開始藉由整合的方式來增加效率並降低成本，從企業內部整合（各部門物流功能的整合，物流層次）到企業間的外部整合（供應鏈的整合，運籌層次）。換言之，物流運籌的發展由企業內整合的物流層次，隨整合範圍的擴大更加強調其運籌層次的管理。說明如下：

（一）企業內的整合（此階段物流運籌的發展較著重在作業功能整合，屬於「物流」的層次）

由企業的組織來看，傳統上並無專責且整合的物流部門，而是將物流作業隨各功能部門予以切割，亦即由財務（採購）、生產、行銷等傳統企業功能來擔負各自的物流活動。例如生產功能負責原、物料之運輸與倉儲，行銷功能則負責成品之倉儲、運輸、訂單處理，而財務功能則負擔原、物料之採購及各類物品的存貨控制。

傳統上，在一個企業中與生產相關的物流活動稱為物料管理（material management），而行銷銷售有關的物流活動稱為實體配送（physical distribution）。藉由企業內部物流活動的整合，將原料、生產、流通與存貨控制等相關物流作業進行組織上的整合，產生了物流運籌（logistics）的概念。然這階段的發展比較著重在作業層次上，我們通常稱的「物流」主要是指這個階段。

一般言，企業內的物流作業可概分為進向物流（inbound logistics）、內部物流（internal logistics）以及出向物流（outbound logistics），如圖 1-3。此外，在概念上亦可將一個國家或是地區視為一個單位，將進口當作進向物流，出口當作出向物流，國內的物流活動稱為內部物流。

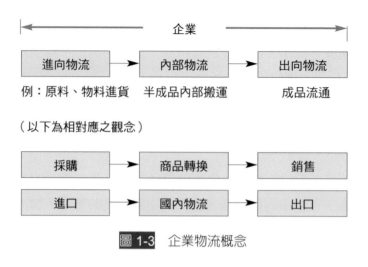

圖 1-3　企業物流概念

（二）企業間的整合（此階段著重在供應鏈間策略、規劃與運作的整合，屬於「運籌」的層次）

隨著產業競爭的加劇，企業的競爭由個別的競爭進入供應鏈與供應鏈間的競爭。以消費品供應鏈的角度來分析物流活動，可分為原物料物流、生產物流與消費品銷售物流。

若根據經濟系統的概分（圖 1-1），所謂的消費系統專指為由最終消費者所構成的系統，不論其為組織或是個人；而在原料供應系統、生產系統與流通系統中，每一階段均由若干企業所組成。例如手機的製造，在生產階段中就包含許多供應商以及最後的組裝廠商，此間產生的物流活動統稱為生產物流。當組裝完成為手機此一「消費性商品」後，接續由流通系統進行商品買賣移轉。

所謂流通系統由批發商與零售商等組成（統稱為中間商或是流通業者），商品在流通階段中並不改變商品的性質；此間產生的物流運籌活動稱為消費品銷售物流，最後轉至最終消費者手上。

在消費系統中可能產生的物流活動有三：

1. 因地點移動或是商品轉賣轉送等等產生的生活物流（例如：搬家、C2C 的買賣或是個人間的贈與產生的物流活動）；

2. 商品本身或是包材廢棄產生的廢棄物流;

3. 商品故障或是原品退回產生的逆物流(或稱返品物流)。

　　綜上所述,吾人將經濟系統、國內行業大分類與物流運籌的各個階段,整理對照如圖 1-4;並將物流運籌發展階段整理如表 1-1 所示。其中原料供應系統對應至一級產業(農業);生產系統對應至二級產業(製造業);而流通系統則對應至三級產業(服務業)。[3]

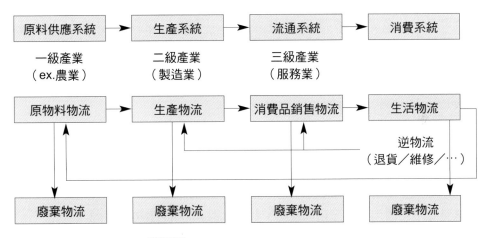

圖 1-4　物流活動與企業間的整合

表 1-1　物流運籌發展階段

物流發展階段	環境特性	說明	管理重點	手段／工具[註3]
生產導向 (物流萌芽階段)	1. 物資缺乏且經濟能力弱。 2. 物流功能分散於各部門。 3. 物流分為二大領域。 　(1) 物料管理 　　(material management)。 　(2) 實體配送 　　(physical distribution)。 4. 商品大量少樣生產。	以成本為競爭來源	價格	1. 物流功能較不受重視。 2. 傳統倉庫運作。

3　臺灣下一波主流 2.5 級產業,天下雜誌 444 期,2010.04。

物流發展階段	環境特性	說明	管理重點	手段／工具[註3]
消費導向（物流整合階段）	1. 製造業者開始重視企業內物流功能的整合。 2. 關注消費性商品的實體流通效率[註1]。 3. 商品少量多樣生產。	以差異化為競爭來源	• 品質 • 服務 • 彈性	1. 及時生產（JIT） 2. 物流中心（DC）觀念興起 3. 物流共同化 4. 商物分離
時間導向（供應鏈發展階段，運籌階段）	1. 強調供應鏈中訂單履行（order fulfillment）流程時間的縮短（企業間的整合）。 2. 全球佈局、全球運籌（global logistics）。	以速度為競爭來源	• 速度	1. QR/ECR 2. SCM 3. CPFR 4. VMI
知識導向[註2]	1. 強調供應鏈中研發流程的創新（新產品開發）。 2. 強調客戶關係管理。	以知識為競爭來源	• 品牌 • 創新	1. KM 2. CRM
智慧導向[註4]	1. 應用智慧服務與產品，對於物流活動與決策進行優化或創新應用。 2. 因應全通路發展，提供多元物流組合。	以 AI 賦能為競爭來源	• 數位轉型	1. AI 2. Data Science
永續導向[註5]	1. 高衝擊風險事件頻傳，預先準備防患，以提高耐受力與恢復力。 2. 因應 ESG 發展趨勢，重新檢視供應鏈，邁向永續物流。	以永續發展為競爭來源	• 韌性 • 減碳 • 循環經濟 • 共享經濟	1. Resilience 2. ESG 3. 產業標準與合規

註 1：管理大師彼得杜拉克（Peter F. Drucker）於 1962 年曾說流通（physical distribution）是經濟的黑暗大陸。

註 2：仍處於供應鏈整合階段，然商業環境已進入「知識經濟」的階段，供應鏈整合也開始強調於創新與品牌等知識經濟的活動。

註 3：表格內中英文名詞對照－及時生產（JIT, just in time）、物流中心（DC, distribution center）、快速回應（QR, quick response）、有效客戶回應（ECR, efficient customer response）、供應鏈管理（SCM, supply chain management）、協同規劃預測與補貨（CPFR, collaborative planning, forecasting, and replenishment）、供應商管理庫存（VMI, vendor managed inventory）、知識管理（KM, knowledge management）、客戶關係管理（CRM, customer relationship management）、人工智慧（AI, Artificial Intelligence）、資料科學（Data Science）、韌性（Resilience）、環境，社會與公司治理（ESG, environmental, social, and corporate governance）、合規（Compliance）。

註 4：參考來源 A Definition Approach to Smart Logistics（https：//reurl.cc/WEkW7y）。

註 5：請參考行政院永續發展委員會網頁（https://ncsd.ndc.gov.tw/Fore/nsdn/about/introduction）

四、流通、物流運籌與供應鏈範圍的劃分

由物流運籌的發展過程來分析，以下針對相關名稱包含流通（distribution）、物流運籌（logistics）與供應鏈（supply chain）的範圍與內涵進行簡要說明。為利於區分吾人建議回歸狹義定義，來找出各名稱主要重點，並避免廣義的擴大解釋而讓讀者有所混淆。

（一）流通管理（狹義）

特指消費性商品由生產者移轉至消費者的過程。各項活動由流通組織來完成，包含商流、物流、金流與資訊流之活動，其中此階段的物流活動乃專指消費品銷售物流。

在本教材中，特別將狹義流通界定在消費性商品的流通過程。有關生產過程中的原料、零組件等的中間商活動，不包含在本教材所說的狹義流通範圍中。

（二）物流運籌管理

指以物品實體移動為管理核心。包含原物料物流、生產物流、消費品銷售物流，乃至於近年來出現的生活物流。現在已有許多專業的物流組織，提供各式的物流服務，通稱為第三方物流（3PL, third party logistics）業者。

物流運籌將隨著主體者的不同而有不同的管理目標、重點與執行方式，這也是為何可包含生活物流之故。乃因主體者若為提供消費系統中個人到個人的商務服務（C2C）時，生活物流就成為此主體者需關注的重點。

（三）供應鏈管理

將特定產品或是產業之上下游鏈結起來並有效運作的一種整合管理活動。包含原料供應系統、生產系統以及流通系統中有關採購（source）、生產（make）、配送（deliver）、退貨（return）、規劃（plan）以及推動措施（enable）的活動，如圖 1-5[4]。

由此可知原物料物流、生產物流、消費品銷售物流均包含在供應鏈管理的範圍內。因此在生產過程中的原料、零組件等採購與流通相關的中間商，亦包含在供應鏈管理的範圍中。例如：蘋果手機 iphone 的供應鏈、茶產業的供應鏈等等。

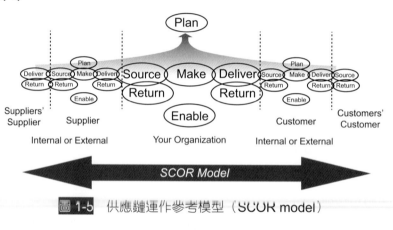

圖 1-5 供應鏈運作參考模型（SCOR model）

綜上所述整理說明如下：（請參見圖 1-6）

1. 狹義流通以管理的長度分析，其範圍由消費性產品產出後到移轉至最終消費者的過程；其管理的幅度包含商流、物流、金流與資訊流。

2. 物流運籌以管理的長度分析，其範圍由原物料移動到移轉至最終消費者的所有實體物流過程，此外生活物流的活動也在物流運籌的討論範圍；其管理的幅度包括物流以及相關的資訊流。

3. 供應鏈以管理的長度分析，其範圍由特定產品或是產業的原物料移動到移轉至最終消費者的所有過程，但不包含生活物流的活動；其管理的幅度包含商流、物流、金流與資訊流。

---

4 以上說明採用供應鏈運作參考模型（SCOR model, Supply-Chain Operations Reference model）的用語。（http://www.ascm.org/）

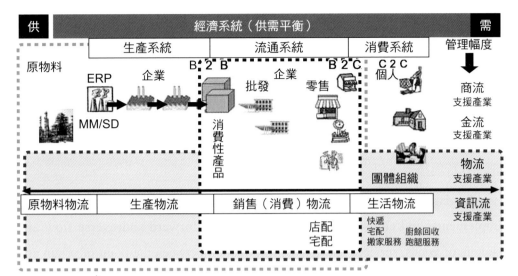

供應鏈管理：包含探源（sourcing）、採購（procurement）、轉換（conversion）以及
　　　　　物流（logistics）之活動

說明：ERP為企業資源規劃系統、MM為物料管理（material management）、SD為銷售流通
　　　（sales & distribution）

圖 1-6 狹義流通（distribution）、物流運籌（logistics）與供應鏈（supply chain）
的範圍

1-2　物流運籌特性、定義與功能

一、物流運籌特性

　　以需求的分類來看，物流運籌服務為一種衍生性需求（derived demand），與一般商品直接供最後消費使用的主要需求（primary demand）不同；例如買電視是主要需求，運送則是衍生性的需求。物流活動本身不但不能令消費者獲得直接的滿足，反而可能帶來反效用；例如過程中的不方便或是貨物損壞等。然而為了各種社會經濟活動需要，物流運輸卻是不可或缺的。

二、物流運籌定義

（一）美國供應鏈管理專業經理人協會（CSCMP）對物流運籌管理的定義（2005 年）（著重於運籌層次）

物流運籌管理是供應鏈管理的一部分，其專注於物品、服務以及相關資訊，從原料起點至消費終點有關正向與逆向有效率及效益地流動與儲存的規劃、執行與控管，以符合客戶的需求。

Logistics management is that part of supply chain management that plans, implements, and controls the efficient, effective forward andreverse flow and storage of goods, services and related information between the point of origin and the point of consumption in order to meet customers' requirements.

補充 由 CSCMP 改名過程可看出物流運籌的發展過程（請參考 https://cscmp.org）

1963 年：實體配銷管理協會（NCPDM）**National Council of Physical Distribution Management**

1985 年：美國物流協會（CLM）**Council of Logistics Management**

2005 年：供應鏈管理專業經理人協會（CSCMP）**Council of Supply Chain Management Professionals**

（二）英國皇家物流與運輸學會（CILT）對物流管理的定義（著重於運籌層次）

物流運籌管理是為了對於資源的適時配置，進行網路設計、優化與管理的科學與藝術。

Logistics is the science and art of the design, optimization and management of networks for the time-related positioning of resource.（來源 CILT：Charter Institute of Logistics and Transport）

（三）日本對物流管理的定義：阿保榮司（1990 年）（著重於物流層次）

物流就是一切有形、無形的資源，在供應主體與需求者之間，創造更高實質效用的經濟活動；具體而言，就是輸送、保管、包裝、搬運、流通加工等實體流通活動，以及其他與物流相關的情報活動。

（四）中華民國物流協會對物流管理的定義（1996 年）（著重於物流層次）

　　物流是一種物的實體流通活動的行為，在流通過程中，透過管理程序有效結合運輸、倉儲、裝卸、包裝、流通加工、資訊等相關物流機能性活動，以創造價值、滿足顧客及社會的需求。

　　由上述定義來分析物流運籌內涵，可發現物流與運籌實屬不同層次的階段：

1. 日本與臺灣的定義主要是在物流層次，也就是說針對物流活動的作業功能，在於戰術與作業層級上進行橫向整合。

2. 美國與英國的定義則是偏向運籌層次，更著重在戰略層次與戰術層次的規劃、協同合作、與績效管理方面的整合。

　　此外根據上述的幾個定義，以下也概略整理出物流運籌管理的幾項重點：

1. **由管理長度（範圍）來看**：包含原料起點到消費終點（最終消費）。

2. **由最終目標來看**：滿足顧客及社會的需求。

3. **由管理的對象來看**：包含實體物品、服務與相關資訊。

4. **由主要活動類型來看**：包含移動（flow）、儲存（storage）。

5. **由主要機能來看**：包含包裝（package）、裝卸搬運（material handling）、運輸（transportation）、儲存保管（storage）、流通加工（value-added processing）、出貨配送（delivery/distribution）、物流資訊（information）。

6. **效率（efficient）**：指降低作業所需時間（求快）；亦即「把事情作對」。

7. **效益（effective）**：指達到設定目標，如：降低成本、提高營業額等（求好）；亦即「作對的事情」。

若回到物流層次的意涵，由字面意思將「物」與「流」分開說明：「物」乃指一切可以進行實體位置移動的物體，包含原物料（raw material）、在製品（WIP, work in process）、成品（finished goods）、設備、包材、耗材等等。「流」乃包含正向流、逆向流與廢棄流。

三、物流運籌所創造的效用

一般言，提供滿足顧客產品需求的過程中，約可產生四種經濟效用：形式效用（form utility）、時間效用（time utility）、空間（地點）效用（place utility）與擁有效用（possession utility）。

其中形式效用主要是由生產功能提供，時間與地點效用是由物流運籌功能提供，擁有效用由商流功能提供。若進一步將物流運籌分解為儲存與運輸活動時，物流運籌創造的空間（地點）效用主要由運輸功能來達成；有關時間效用的創造則有二種方式：

（一）縮短時間來創造時間效用

是藉由整體的週期時間縮短來創造時間價值，可獲得的好處包含減少物品過時成本、增加周轉率、節省庫存成本等。此效用需要整體物流運籌功能來達成。

（二）彌補產銷時間差來創造時間效用

經濟社會中普遍存在供需間的時間差，彌補產銷時間差的時間效用是由儲存功能來滿足。

四、物流運籌的 7 正確（7 Rs）

由物流運籌管理的目標來看，是為了滿足消費者的需求。為滿足消費者需求，物流活動藉由以下的七個正確（7 Rs）來達成此一目標，所謂的七個正確所指如下：

1. 正確的物品（right product）

2. 正確的人（right person）

3. 正確的時間（right time）

4. 正確的地點（right place）

5. 正確的品質（right quality）

6. 正確的數量（right quantity）

7. 正確的成本或價格（right cost or right price）

亦即將正確的物品送至正確的人手上，在正確的時間、地點、正確的品質、數量並以正確的成本（價格）下完成。

五、名稱用語

本教材以物流運籌作爲 logistics 的翻譯，現今許多書籍提及的全球運籌（global logistics），主要是以全球化的角度，討論國與國之間、地區與地區間有關物流運籌活動的整合與運作。然物流運籌實包含「物流」與「運籌」二個層次，因此本教材考慮一般慣用性與觀念的一致性，在以下章節中屬物流層次時，仍採用物流一詞；在運籌層次時則採用運籌用語，其餘若無法特別區分時，均以物流運籌來指稱 logistics 一詞。

1-3 物流運籌總成本觀念

所謂物流運籌總成本，係指爲了達到物流系統之顧客服務目標所發生之各項成本的總和。物流系統中各項功能常存有高度的關連性或是相互權衡（trade-off）現象（如圖 1-7），例如：當減少物流據點個數並盡量減少庫存時，因地區性配送範圍擴大與因零售端庫存補充頻繁，使得運輸次數與費用增加。雖然倉儲費用降低卻亦使得運輸成本增加，此種情況即稱爲效果的相互權衡（trade-off）。因此須由物流運籌總成本的觀念來進行物流系統的設計與改善，方可關注到整體的效益。

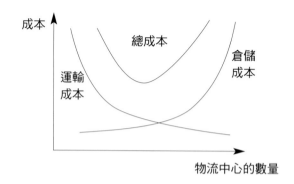

圖 1-7 物流運籌總成本與儲運成本相互權衡示意圖

依據藍柏（Douglas M. Lambert）的觀點，物流運籌系統中由五個主要成本組成：運輸成本、倉儲成本、訂單處理／資訊成本、批量成本、庫存持有成本。這些成本項目間存在相互權衡的關係且與行銷管理的四個主要組合亦有關聯（如圖 1-8）。以下針對其所提出的五項物流運籌成本敘述如下：

1. **運輸成本：**是指由運輸活動所需的成本，包含配送的成本。一般言，運輸成本是物流活動中成本比例較高的活動。

2. **倉儲成本：**是指倉儲活動以及選址設址過程所需的成本。

3. **訂單處理／資訊成本：**物流資訊活動所產生的成本，主要包含訂單處理、通訊、物流資訊系統投資以及應用過程中的成本。

4. **批量成本：**是指與生產和採購活動所需的成本，隨著生產批量的不同，訂購的數量與頻率也因之改變，這種隨批量變化的成本稱為批量成本。

5. **庫存持有成本：**是指隨存貨量變動的成本，包含資金成本、儲存空間成本、庫存風險成本（例：保險金）等。

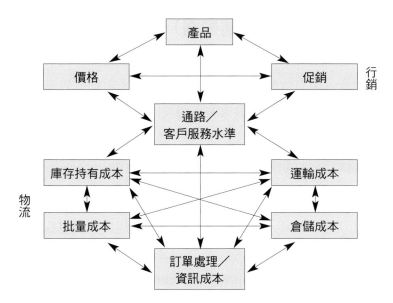

來源：Douglas M. Lambert,“ The development of an inventory costing methodology: A study of the costs associated with handling inventory”, 1976.

圖 1-8 行銷活動與物流運籌成本示意圖

這些成本的安排取決於由行銷觀點中所設定的客戶服務水準，因此客戶服務水準的設定將直接影響到物流運籌總成本。也就是說物流運籌成本的控制，是在滿足特定的服務水準下，實現物流運籌總成本最低的目標。

1-4 物流運籌決策層次

有效的物流運籌管理必須在不同的層次架構下，處理一系列的決策。物流運籌決策根據範圍大小、時間長短、頻度高低可分為三個層次：戰略層次（strategic level）、戰術層次（tactical level）以及作業層次（operational level）。

一、戰略層次（主要為運籌範圍）

最高層級的戰略層次決策，通常關注於一個較長期間內，物流營運中各環節的資本以及資源有效配置的活動。戰略性決策對物流效率與效果反映於財務報表上的影響是較長久且重大的。錯誤的決策代價十分高昂，任何補償性的措施都將花費龐大的成本。

物流運籌戰略性的決策，依據以下不同活動可舉例如下：

1. **庫存**：例如決定整體庫存水準。
2. **倉儲**：例如決定物流中心的數量與設備自動化程度、決定採用自營或利用第三方物流服務。
3. **運輸**：例如決定自購車輛或租用車輛、選擇不同階段所需的運輸型式。

二、戰術層次（包含物流與運籌範圍）

戰術性決策往往涉及一定數量的資本投資以及年度、季度或不同期間的計畫。這階段的決策若出現失誤，用於調整的費用明顯低於戰略性決策的失誤。戰術性決策將影響日常作業營運的有效性，而且是協調日常運作的基礎。

物流運籌戰術性的決策，依據以下不同活動可舉例如下：

1. **庫存**：例如決定庫存調撥方式。
2. **倉儲**：例如儲區設定。
3. **運輸**：例如路線規劃與設定。

三、作業層次（主要為物流範圍）

在最基礎的層次上，作業性決策主要是針對日常運作事務。資本投資額度小，因此糾正失誤成本很低。

物流作業性的決策，依據以下不同活動可舉例如下：

1. **庫存**：如每日異動覆核作業。

2. **倉儲：** 例如進行揀貨作業。

3. **運輸：** 例如運輸與配送作業。

1-5　物流共同化與委外

　　由於知識經濟的來臨，促使物流朝向高度專業化、國際化以及經濟規模化發展，物流共同化及著眼於全球之運籌管理因而成為重要課題。所謂「物流共同化」是指企業機構經由物流運籌策略聯盟的方式，來處理企業營運中有關物流運籌的相關作業，透過資源共享、增加附加價值、分擔風險以達規模經濟或是效益提升的目標。

　　在作業層次上物流共同化是以規模化為主要目標，共同化的範圍可包含原物料物流、生產物流以及銷售物流的共同化，針對選定的階段進行儲存共同化（共儲）、揀貨共同化（共揀）、配送共同化（共配）與物流資訊共同化。

　　而在運籌層次上的共同化，則強調策略上跨企業的整合來達成供應鏈效益最大化的目標，此部分可以供應商管理庫存（VMI）與協同規劃預測與補貨（CPFR）為代表。

　　但須區別的是物流共同化與物流委外的觀念不同。共同化主要是達到物流規模經濟量或是效益最大化，委外是將物流交由專業化的第三方物流（3PL）廠商執行物流運作。所謂第三方物流廠商是指獨立於買方與賣方以外的第三者，由此第三者提供全面性或是部分物流機能。不同企業將其物流作業共同委外給同一個物流廠商，是可以達到共同化的目的；但當不同企業經由共同化的過程，將物流量提高至經濟規模量後，是可考慮自營或是委由第三方物流廠商來執行。也就是說共同化之後並不一定要委外，這二者是完全不同概念。

　　此外順帶一提，在流通系統中為了提升流通效率，提出了所謂商物分離的概念。亦即將流通中二種重要組成：商業流通（商流）與實體配送（物流）分開，而這種趨勢也造成了第三方物流業的發展。

本章相關英文術語解說

• ABC Analysis ABC 分析

ABC 分析是應用帕雷托法則（Pareto principle），或 80/20 的比例原則，或可稱為重點管理。在物流作業中用於經常性存貨的分析，計算出每一項目佔總存貨項目，以及總存貨金額的比例。一般而言，5 ～ 10% 的項目（稱為 A 項目）佔總存貨金額的 75 ～ 80%，20 ～ 25% 的項目（稱為 B 項目）佔總存貨金額的 15 ～ 20%，而 70 ～ 75% 的項目（稱為 C 項目）佔總存貨金額的 5 ～ 10%。

對於所有的庫存物料，也可按照全年貨幣價值從大到小排序，然後劃分為 A、B 和 C 三大類。ABC 分類法的原則是透過簡化對低價物料的控制管理而節省精力，從而可以把高價物料的庫存管理做得更好。

• Bullwhip Effect 長鞭效應

在複雜的供應鏈系統中，成員包括供應商、製造商、配銷商、零售商、消費端，因末端需求發生變異而產生波動，隨著供應鏈各階層資訊需求的傳遞被扭曲所造成的波動，其加乘效果傳到上游時造成劇烈的變動。而供應鏈愈長，所形成的波動就愈大，此現象稱為長鞭效應；長鞭效應將造成生產計畫與供需的嚴重失調，過多的存貨存在於供應鏈中造成資金的積壓，增加企業的成本與風險。

• Competitive advantage 競爭優勢

由管理大師麥克波特（Michael Porter）在 1985 年出版的 "Competitive Advantage" 一書中提出。競爭優勢是一企業的產品和服務與競爭者有所區別並享有優勢，能提供客戶更多的價值。他認為對一企業而言，保持競爭優勢是非常重要的，此優勢不容易因環境的改變而消失，或被現有的或未來的競爭者很快模仿。對物流業而言，如要保持競爭優勢，提供網際網路上查貨、條碼、全球定位系統（GPS）等技術是必備的。

- **Collaborative Planning, Forecasting, and Replenishment（CPFR）協同規劃預測與補貨**

於 1998 年由「自願性跨產業商務標準協會」（VoluntaryInterindustry Commerce Standards, VICS, http：//www.cpfr.org）所開發的一個自主行動。協會允許橫跨供應鏈的合作流程，最早的一個應用是零售商將消費者的需求預測回向分享給供應鏈成員，而使品牌商品製造商能夠以最低的成本生產產品，並將其配送至零售商。CPFR 是供應鏈整合的觀念、技術、與商業標準，藉由網路與資訊科技，使上下游夥伴密切對話，分享的資訊包括各方同意的銷售、預測、訂單、生產以及運輸配送的數據與決策。

CPFR 九大步驟模式的特點為輔助上下游成員協同規劃銷售、訂單的預測以及例外（異常）預測狀況的處理，其內容可分成：協同規劃、協同預測以及協同補貨等三個階段，九項步驟中步驟 1 與步驟 2 屬於協同規劃，步驟 3 至步驟 8 屬於協同預測，步驟 9 則為協同補貨。

- **Commodity　商品；大宗物料**

1. 係指任何有形的商品，即凡是具有效用性及收益性，在市場上能與貨幣交換者（買、賣、以物易物）都是商品，如，金、銀、天然瓦斯與石油，或大宗食品如穀物、燕麥、玉米、牛肉、豬肉與咖啡。目前，商品交易是透過商品交易所（commodities exchange），進行商品期貨交易。
2. 在供應管理中，指的是在任何交易場所，進行買賣的貨品與服務。

- **Core Competence　核心能力**

指一組稀少、專屬、難以模仿的資源或能耐，能為企業創造、維持或保護競爭優勢的來源，是企業成長的原動力，具如下之特性：

1. 對客戶具價值性。　　　　2. 為企業帶來相對競爭優勢。

3. 具獨特性。　　　　　　　4. 難以為競爭者所模仿。

5. 具不可替代性。　　　　　6. 具持久性。

7. 可複製。　　　　　　　　8. 具衍生性。

9. 可改變市場遊戲規則。

- **Distributor　經銷商**

  採購並轉售標準產品到一般顧客的公司。經銷商不製造產品，但會根據顧客要求，對產品進行有限度的修改。經銷商通常保有最終產品的存貨，並對顧客提供服務，如存貨管理或寄貨。

- **Inbound Logistics　進向物流**

  管理有關從供應商取得的物料，進入生產過程或儲存設施的流程。

- **Integrated Logistics　整合物流**

  把從原料供應到成品配送的供應鏈視為單一的過程，把所有組成此供應鏈的組織視為一個體，而非分別管理個別功能。

- **Inventory Carrying Cost　庫存持有成本**

  參見「庫存持有成本（Inventory Holding Cost）」。

- **Inventory Holding Cost　庫存持有成本**

  維持存貨的成本，包括投入資金的機會成本、儲存及處理成本、關稅、保險費、縮水及過時風險的成本。通常，公司會依某時期存貨價值的百分比，申報該存貨的持有成本。

- **Joint distribution　共同配送**

  共同配送為不同託運人使用同一運送人的車輛。共同配送的方式有：

  1. 整車運送的回頭車：貨車的去程是運送甲廠商的貨，回程運送乙廠商的貨。

  2. 零擔貨運或快遞：許多託運人的貨品由同一部貨車運送。共同配送對託運人而言，可減少運費；對運送人而言，可增加收入；對社會而言，可減少資源的浪費。此外，亦可由物流中心來產生多個供應商的共同儲存、共同揀貨後的共同配送效果。

- **Lot Size　批量**

  依照預期的需求，所採購或生產的貨品數量。

- **Merchandise　商品**

可以被銷售或交易的貨物。

- **Outsourcing　外包：服務委外**

自製或外購決策的一種說法，公司為了降低成本提高效益，將原來由內部製造的一個項目，或是由內部提供的一項服務，選擇向外採購；普遍用於服務業。企業藉由與外包廠商的合作使其能專注於提高核心競爭力，或從外包廠商中取得專業知識，進而提升客戶服務品質。

- **Quick Response（QR）快速回應**

使供應鏈的效率最大化的方法，以減少存貨的投資，或指供應商、物流公司、零售商密切合作，加快商品流通速度，在很快的時間內滿足客戶需求的能力。例如零售商和製造商合作，由 POS 的資料知道消費者的需求，使用 EDI 和條碼以加速產品和資訊的流通，對消費者的需求快速反應，降低存貨和營業費用，並減少運送錯誤和反應時間。

- **Raw Materials　原料**

未被加工的或經過部分加工，作為產品生產過程中使用的物料。

- **Reverse Logistics　逆向（反向）物流**

對於產品與包裝材料，當顧客不再需要時，公司所進行的管理活動。在零售業，所指的是當顧客在短時間發現所購買的產品是錯誤的時候，如何處理產品的退回。在製造業，所指的是如何能將一個產品重新使用，或是選擇最適當的處置方式。

- **Strategy　策略**

一個詳細的行動計畫路線圖，朝著組織目標來整合並聚焦資源。也就是說，是站在長期的角度上，選擇什麼該執行、什麼不該執行，並集中經營資源，決定未來的方向（佈局）。

- **Supply Chain Management（SCM） 供應鏈管理**

  供應鏈涵蓋了從生產至運送最終產品到顧客手中的所有活動，亦即從接單到訂單管理、供給與需求的管理、原料、製造及組裝、倉儲與運送、配送到通路，最後送達消費者手中的一連串流程，供應鏈成員包括：供應商→製造→工廠→配銷點→零售商→最終顧客。因此，供應鏈可視為不同企業間從產品之原料來源、製造、配銷、運送等形成一個緊密合作關係之網絡結構，其主要的特徵包括物流（Material Flows）、資訊流（Information Flows）與金流（Financial Flows 或 Cash Flows）。

  供應鏈管理（Supply Chain Management）的定義：企業與其供應商、配銷中心與下游顧客為確保在最適當的時間，生產及配送最適當的產品至最適當的地點來滿足下游顧客與市場的需求，進而達到降低整體營運成本及提昇供應鏈中所有成員競爭力的目標，所進行的資訊與流程整合。

- **Tactical 戰術**

  支援組織策略與營運計畫，所採取的行動。也就是站在短期的角度上，決定該如何對應處置實際發生的問題。

- **Total Cost of Ownership（TCO）整體擁有成本**

  產品或服務交貨之前或之後，所發生的額外成本，加上原始採購價格。該成本通常可以分類為交易前、交易中與交易後，或採購價格與內部成本。如果要使用整體擁有成本分析當作成本降低的工具，則必須找出並分析成本動因，來尋求任何可以避免成本的機會。TCO 所包含的成本內容包括採購物品的價格，與物品的運送成本，加上搬運、檢驗、品質、重（返）工、維修、以及其他與採購相關的成本，也包括報廢成本在內。

- **Vendor-Managed Inventory（VMI） 供應商管理存貨**

  是一種庫存管理的方案，以電子資料交換作為資訊交換與分享的媒介，並藉由瞭解供應鏈體系中合作夥伴間的需求預測、採購計畫、庫存策略及配銷計畫，提供企業內部進行市場需求預測、存貨管理與補貨機制的建立，

達到快速反應市場變化與消費者的需求。同時透過發貨倉庫的功能,進行及時供貨模式,達到降低庫存、增加存貨週轉率、縮短運送前置時間及提升顧客服務的效益。

• **Wholesaler　批發商**

直接從生產商或生產者之代銷商購買大量貨物,分售給零售商者。

• **Work In Process（WIP）在製品**

位於製造過程中某些工作站的半成品。由原物料件變成可組裝的零件過程中,這些零件就稱為「在製品(WIP)」,通常自成為一種大量的在製庫存,往往造成公司最大的一個庫存成本壓力。

本章綜合練習題

一、選擇題（單選）

( ) 1. 所謂狹義的流通是指介於以下哪二個系統間扮演調整供需平衡的作用？ (A) 批發與零售 (B) 生產與零售 (C) 批發與消費 (D) 生產與消費。

( ) 2. 狹義的流通主要是指哪一類型商品的交易相關過程？ (A) 原材料 (B) 半成品 (C) 批發零件組件成品 (D) 消費性產品。

( ) 3. 下列何者不是驅動物流發展的力量？ (A) 消費需求的變化 (B) 製造商愈來愈強勢 (C) 全球化發展 (D) 技術的發展。

( ) 4. 對物流發展的描述何者不正確？
(A) 由企業內的整合先於企業間的整合
(B) 在生產導向階段物料管理與實體配送二大領域的整合性不足
(C) 消費導向階段少量多樣的生產開始了企業內物流的整合
(D) 經濟黑暗大陸是特指當時廠內物流不具效率的情況。

( ) 5. 以下敘述何者正確？ (A) 廢棄物流僅在最終消費端發生 (B) 物流的各階段均可能有廢棄物流的產生 (C) 逆物流是僅只在新品退回時才發生 (D) 以上皆是。

( ) 6. 所謂零售的意思是將貨品賣給以下哪一對象？ (A) 零售商 (B) 代理商 (C) 消費者 (D) 以上皆是。

( ) 7. 所謂批發的意思是將貨品賣給以下哪一對象？ (A) 零售商 (B) 代理商 (C) 經銷商 (D) 以上皆是。

( ) 8. 狹義流通包含哪些階段的物流活動？ (A) 原物料物流 (B) 生產物流 (C) 消費品銷售物流 (D) 以上皆是。

( ) 9. 供應鏈管理包含哪些階段的物流活動？ (A) 原物料物流 (B) 生產物流 (C) 銷售（消費）物流 (D) 以上皆是。

(　　)10. 流通最核心且最起始的活動是？　(A) 商流　(B) 物流　(C) 金流　(D) 資訊流。

(　　)11. 商品由製造到商品消費間，供需不平衡的問題，可由以下哪個途徑來吸收市場不確定？　(A) 運輸　(B) 流通加工 (C) 包裝　(D) 庫存。

(　　)12. 實體流通是經濟的黑暗大陸是哪位管理大師提出的？　(A) 大前研一　(B) 彼得杜拉克　(C) 麥可波特　(D) 菲力普科特勒。

(　　)13. 對物流運籌範圍描述何者正確？　(A) 僅包含原物料物流　(B) 僅包含原物料與生產物流　(C) 僅包含原物料、生產與消費品銷售物流　(D) 包含原物料、生產、消費品銷售與生活物流。

(　　)14. 下列描述何者不正確？　(A) 狹義流通包含商流、物流、金流與資訊流　(B) 狹義流通的物流是指銷售物流　(C) 供應鏈管理是物流管理的一部分　(D) 物流管理是供應鏈管理的一部分。

(　　)15. 下列描述何者不正確？　(A) 物流是衍生性需求　(B) 物流是主要需求　(C) 商品的購買是主要需求　(D) 衍生性需求不但不能令消費者獲得直接滿足還可能造成反效果。

(　　)16. 在消費導向的發展階段是以什麼為主要競爭來源？　(A) 成本　(B) 差異化　(C) 速度　(D) 知識。

(　　)17. 在時間導向的發展階段是以什麼為主要競爭手段／工具？　(A) QR　(B) ECR　(C) SCM　(D) 以上皆是。

(　　)18. 物流中的「物」所指為？　(A) 原物料　(B) 半成品　(C) 成品　(D) 以上皆是。

(　　)19. 物流中的「流動」是指？　(A) 正向流　(B) 逆向流　(C) (A) 與 (B) 皆是　(D) 廢棄流　(E) (A)(B)(D) 皆是。

(　　)20. 以下敘述何者正確？　(A) 效率是指降低作業成本　(B) 效率是指提高銷售額　(C) 效率是指降低作業時間　(D) 以上皆是。

（　）21. 以下敘述何者不正確？　(A) 效益是指降低作業成本　(B) 效益是指提高銷售額　(C) 效率是指降低作業時間　(D) 效益是盡量降低作業時間不論品質如何。

（　）22. 單純的商品流通所創造的經濟效用不包含哪一項？　(A) 形式效用　(B) 時間效用　(C) 地點效用　(D) 擁有效用。

（　）23. 形式效用主要是由哪一項活動所創造？　(A) 生產　(B) 商流　(C) 物流　(D) 金流。

（　）24. 形式效用主要是由生產功能所創造但若以物流功能而言，以下哪個作業亦可提供些許的形式效用？　(A) 進貨　(B) 儲存　(C) 出貨　(D) 流通加工。

（　）25. 時間效用主要是由哪一項活動所創造？　(A) 生產　(B) 商流　(C) 物流　(D) 金流。

（　）26. 地點效用主要是由哪一項活動所創造？　(A) 生產　(B) 商流　(C) 物流　(D) 金流。

（　）27. 請問物流中的倉儲活動主要創造了經濟效用的哪一項？　(A) 形式效用　(B) 時間效用　(C) 地點效用　(D) 以上均包含。

（　）28. 請問物流中的運輸活動主要創造了經濟效用的哪一項？　(A) 形式效用　(B) 時間效用 (C) 地點效用　(D) 以上均包含。

（　）29. 針對第三方物流的描述哪個是正確的？　(A) 簡稱 3PL　(B) 是以物流服務為收益來源的營利組織　(C) 因商物分離概念而發展 (D) 以上皆是。

（　）30. 以第三方物流業者言下列哪項活動並非其可主導？　(A) 採購時機與數量　(B) 倉儲保管方式　(C) 揀貨方式　(D) 配送車輛的調度。

（　）31. 請問 inbound logistics 是指？　(A) 進向物流　(B) 內部物流　(C) 出向物流　(D) 逆向物流。

（　　）32. 請問 outbound logistics 是指？　(A) 進向物流　(B) 內部物流　(C) 出向物流　(D) 逆向物流。

（　　）33. 請問 internal logistics 是指？　(A) 進向物流　(B) 內部物流　(C) 出向物流　(D) 逆向物流。

（　　）34. 以下中英文對應何者不正確？　(A) 包裝（package）　(B) 物料搬運（material handling）　(C) 運輸（operation）　(D) 配送（delivery）。

（　　）35. 以下中英文對應何者正確？　(A) 成品（WIP）　(B) 在製品（finished goods）　(C) 原物料（raw material）　(D) 耗材（equipment）。

（　　）36. 以下中英文對應何者正確？　(A) 供應鏈（ECR）　(B) 協同規劃預測與補貨（CPFR）　(C) 快速回應（JIT）　(D) 及時生產（QR）。

（　　）37. 對物流決策的描述何者不正確？　(A) 戰略層次廣度最大　(B) 戰術層次是中期規劃　(C) 作業層次的決策發生頻率最高　(D) 戰略層次的決策發生頻率最高。

（　　）38. 以下哪一項不屬於物流戰略決策層次？　(A) 物流中心的數量與功能　(B) 物流中心的設備自動化程度　(C) 運輸區域與路線安排　(D) 整體物流系統中的庫存水準。

（　　）39. 以下哪一項屬於物流戰術決策層次？　(A) 物流中心的數量與功能　(B) 物流中心的設備種類　(C) 運輸區域與路線安排　(D) 整體物流系統中的庫存水準。

（　　）40. 以下哪一項不屬於物流戰術決策層次？　(A) 庫存調撥的方式　(B) 中期庫存目標與營業額目標　(C) 運輸區域與路線安排　(D) 每日配送路線的安排。

（　　）41. 以下哪一項敘述正確？　(A) 物流共同化與物流委外是相同的觀念　(B) 物流共同化是指同一個公司內的物流整合　(C) 物流共同化主要目的之一是為了達到經濟規模　(D) 以上皆是。

(　)42. 依據藍柏（Douglas M. Lambert）的觀點，物流運籌總成本包含哪五項？ (1) 運輸成本 (2) 倉儲成本 (3) 訂單處理／資訊成本 (4) 批量成本 (5) 庫存持有成本 (6) 採購成本 (7) 缺貨成本
(A) (1)、(2)、(3)、(4)、(5)　　　　(B) (2)、(3)、(4)、(5)、(6)
(C) (3)、(4)、(5)、(6)、(7)　　　　(D) (1)、(2)、(3)、(4)、(6)。

(　)43. 以物流運籌管理的目標來看為滿足客戶的需求所欲達成的物流七個正確（7Rs）是指？ (1) 正確商品設計 (2) 正確物品 (3) 正確時間 (4) 正確品質 (5) 正確的人 (6) 正確數量 (7) 正確價格 (8) 正確地點 (9) 正確商品功能
(A) (1)、(2)、(3)、(4)、(5)、(6)、(7)
(B) (2)、(3)、(4)、(5)、(6)、(7)、(8)
(C) (3)、(4)、(5)、(6)、(7)、(8)、(9)
(D) (1)、(2)、(3)、(4)、(6)、(7)、(8)。

(　)44. 以下敘述何者正確？
(1) 效率主要可對應到「把事情作對」的觀念
(2) 效益對應的英文為 efficient
(A) (1)、(2) 均正確　　　　(B) (1) 正確、(2) 不正確
(C) (1) 不正確、(2) 正確　　　　(D) (1)、(2) 均不正確。

(　)45. 以下敘述何者正確？
(A) 物流管理的長度是由原料起點到製造工廠
(B) 物流管理的最終目標是滿足客戶需求
(C) 物流管理的最終目標是滿足企業需求
(D) 物流管理的對象僅有實體物品但不包含相關服務與資訊。

(　)46. 有關庫存持有成本的敘述何者正確？ (A) 不會隨存貨量多寡而變動 (B) 不包含資金投入成本 (C) 不包含資訊系統成本 (D) 不包含庫存風險成本。

( )47. 以下敘述何者正確？

(1) 統一常溫物流中心屬於企業內物流共同化的例子

(2) 統一常溫物流中心可視爲第三方物流中心

(A) (1)、(2) 均正確　　　　　　(B) (1) 正確、(2) 不正確

(C) (1) 不正確、(2) 正確　　　　(D) (1)、(2) 均不正確。

( )48. 有關全聯在物流方面的發展，下列描述何者不正確？

(A) 2012 年前採委外代送商進行物流活動

(B) 2012 年起採取自建物流策略

(C) 物流服務的店家數已超過一千家

(D) 迄今仍採取高效物流委外策略。

( )49. 以物流發展階段而言，以下前後順序何者正確？

(1) 生產導向　(2) 消費導向　(3) 知識導向　(4) 智慧導向

(5) 時間導向　(6) 永續導向

(A) (1)、(2)、(3)、(4)、(5)、(6)

(B) (1)、(2)、(4)、(3)、(5)、(6)

(C) (1)、(2)、(5)、(3)、(4)、(6)

(D) (1)、(2)、(5)、(4)、(3)、(6)。

( )50. 以物流發展階段中「永續導向」的管理重點，不包含何者？

(A) 韌性　(B) 減碳　(C) 共享經濟　(D) 數位轉型。

二、簡答題

1. 商業流通包含了哪些四個主要的流動（亦即何謂流通的四流）？

2. 物流運籌的 7 個正確（7 Rs of Logistics）是指哪些？

3. 試說明物流運籌發展中，由企業內整合的主要的概念爲何？

4. 試說明物流運籌發展中，由企業間整合的主要的概念爲何？

5. 以一個企業的物流來看，進向物流活動（inbound logistics）之外，還有哪二項物流活動？

6. 若將經濟系統分為生產系統、流通系統與消費系統時，對應生產系統為生產物流，對應流通系統為消費品銷售物流，請問對應消費系統可能產生的物流活動有哪些？（請至少舉出二項並簡述之）

7. 請簡述比較狹義流通管理與物流運籌管理的差異為何？

8. 在供應鏈運作參考模型中（SCOR model）所採用幾個主要活動除採購（source）與推動措施（enable）之外，還包含哪四項？

9. 由美國供應鏈協會（CSCMP）對物流運籌的定義來看，請回答以下問題：

   (1) 由管理長度（範圍）來看：是指由 ＿＿＿＿＿＿＿ 到 ＿＿＿＿＿＿＿ 的過程。

   (2) 由最終目標來看是為了滿足 ＿＿＿＿＿＿ 的需求。

   (3) 由管理的對象來看：包含實體物品、＿＿＿＿＿＿＿ 與 ＿＿＿＿＿＿。

   (4) 由主要活動類型來看：包含移動（flow）與 ＿＿＿＿＿＿＿＿＿。

   (5) 何謂效率（efficient）？

   (6) 何謂效益（effective）？

10. 物流所創造的效用請舉出二個並試說明之。

11. 請簡述物流總成本的概念？

12. 請簡述何謂物流共同化？

13. 依據 Lambert 的觀點，試繪出行銷活動與物流運籌成本之間的示意圖？

14. 依據藍柏（Douglas M. Lambert）的觀點，物流運籌成本包含哪五個部分？

15. 有效的物流運籌管理分成哪三個決策層次？並簡述各層次的決策特性。

16. 從系統的角度分析，經濟體系除了消費系統之外還有哪二個子系統所構成的？並請說明此二個子系統主要功能。

17. 試問物流運籌發展的歷程中，有幾個主要驅動因素除了消費者需求的變化以外，請另舉二個因素並概述其內涵？

18. 試繪圖並說明有關狹義流通、物流運籌與供應鏈管理之差異。

19. 物流共同化與委外的概念有何不同？試說明之。

20. 何謂第三方物流？並舉出二家你所知的第三方物流業者。

21. 試舉例說明物流運籌決策可能產生的相互權衡（trade-off）情況。

22. 試以運輸功能為例，舉例說明物流運籌決策的三種層次所對應的處理活動為何？

23. 試以倉儲功能為例，舉例說明物流運籌決策的三種層次所對應的處理活動為何？

CH02
物流業現況與發展

本章重點

1. 瞭解物流業背景、構成與分類
2. 瞭解物流業現況、未來發展機會與可能策略方向

第一篇
物流基礎篇

核心問題

物流業可如何創新（Innovation）？物流有哪些新創（Startup）公司？

思考案例

　　請由永聯物流共和國的發展，討論一下物流運籌的創新，以及對產業會產生哪些影響？

2-1 物流業相關說明

一、背景

身處當今競爭激烈的商業環境中，能滿足消費者多變需求的企業，才能得以永續經營。許多企業也體認到必須制定合宜的物流運籌策略，方可在這樣的變局維持其競爭優勢。許多的案例也舉出企業善用物流運籌管理來提升企業競爭力，例如：零售業巨擘沃爾瑪（Walmart）、國內 PChome Online 網路家庭為提供 24hr 購物服務，自設物流中心並與統一速達（黑貓宅急便）合作進行網購宅配服務等等均是。

在這樣的趨勢之下，物流的效率化、效益化與專業化愈受到企業重視，且企業將資源聚焦於其核心能力上，也推升了物流委外的需求，這也造就了第三方物流（3PL）產業的快速發展。一般言完整的物流委外服務，需要緊密結合各階段運輸與倉儲的功能，並提供委託廠商更為簡化且完善的物流服務窗口。

然第三方物流產業是怎樣的行業型態卻無一定論，根據行政院主計處所頒訂之「中華民國行業統計分類」第十一次修訂的定義，是以 H 大類「運輸及倉儲業」稱凡從事各種運輸工具提供定期或不定期之客貨運輸及其運輸輔助、倉庫經營、郵政及快遞等行業作為物流相關的行業分類，其中並無一特定指稱為物流業分類或是物流行業的內容。〔請注意：在 H 大類的行業分類中，有部分的分類並沒有明顯將客運與貨運細分開來，例如：陸上運輸的鐵路（小類編號 491）、水上運輸（中類編號 50）與航空運輸（中類編號 51）。然在陸上運輸則有區分汽車客運（小類編號 493）與汽車貨運（小類編號 494），因此在純粹物流的產值統計上需要特別注意。〕[1]

實務上，習慣將提供專業物流的第三方業者通稱為物流業。不論其僅提供單一的運輸功能、倉儲功能、支援功能或完整的物流功能；且物流業乃專指針對貨品的處理並不包含客運的部分。

1　有關國內 19 種物流產業之定義可參見（https://reurl.cc/WEvLO7）；第 11 次行業統計分類，請參考 https://www.stat.gov.tw/ct.asp?xItem=46641&ctNode=1309&mp=4）

總言之，國內外目前在物流業的認定上並無一明確的定義與分類，端視其定義與分類的目的而論。

二、物流業的構成

　　以下將提供物流服務的相關企業分爲四類並加以說明。

（一）物流基礎服務業

1. 運輸業

在物流服務中，提供陸上運輸（包含公路、鐵路）、航空運輸、水上運輸（例海運）等以運輸爲主業的企業。例如：

(1) 公路運輸之汽車貨運業：嘉里大榮物流、新竹物流等。

(2) 航空運輸：華航、長榮航空等。

(3) 水上運輸：長榮海運、陽明海運等。

2. 倉儲業

凡從事提供倉儲設備及低溫裝置，經營普通倉儲及冷凍冷藏倉儲之行業均屬之。以倉儲服務爲主並結合簡單處理如揀取、分類、分裝、包裝等亦歸入本類。

(1) 普通倉儲業：凡從事提供倉儲設備，經營堆棧、棚棧、倉庫、保稅倉庫等行業均屬之。例如：長榮國際儲運（貨櫃倉儲）（http://www.evergreen-eitc.com.tw/）。

(2) 冷凍冷藏倉儲業：凡從事提供低溫裝置，經營冷凍冷藏倉庫等行業均屬之。例如：晶品冷凍、嘉豐物流（https://logistics.gallant-ocean.com/）。

3. 基礎設施服務業

在物流服務中以提供港口、碼頭、機場、物流園區等基礎設施服務的企業。例如：遠雄航空自由貿易港區（http://www.farglory-holding.com.tw/ftz.web/index.jsp）。

4. 起重裝卸業

在物流領域中以提供大件、笨重貨物之裝卸搬運為主的企業。

5. 快遞服務業

凡從事貨物、包裹、不具通信性質文件等取件、運輸及遞送服務之行業均屬之。宅配服務亦歸入本類。例如：嘉里快遞（https://www.kerryexpress.com.tw）、統一速達（https://www.t-cat.com.tw）、全球快遞（https://www.global-business.com.tw）等等。

6. 配送服務業

在物流領域中以配送為主體的企業，主要業務是提供委託企業配送服務，也提供相關物流中心的服務。相較於一般的倉儲業以儲存為主，配送服務業的物流中心，其儲存功能主要是協助更彈性且即時的配送。例如：全日物流（http://www.roundday.com.tw/）。

7. 租賃服務業

在物流領域中以提供物流裝備、運搬單元負載（如貨櫃、棧板）等為主體的企業，向客戶提供相關的租賃服務。例如：中華通路租賃股份有限公司（http://www.tprc.com.tw/）。近年來，臺灣亦已引進物流地產開發的做法，採用各式先進軟硬體設施與設備，提供各種因應未來物流發展的租賃選擇。例如：永聯物流開發（Ally Logistic Property, ALP），其佈局「現代化物流基礎設施」來串聯臺灣的物流產業，透過自家的產品—物流共和國（Logistic Republic）來實踐想法。（https://www.alp.com.tw/）

（二）物流中介服務業

1. 貨運承攬業

凡從事陸上、海洋及航空貨運承攬之行業均屬之。例如：中菲行（http://www.dimerco.com/dimerco/tw/）、萬達（http://www.pandalog.com/）等。

2. 船務代理業

凡以委託人名義，在約定授權範圍內代為處理船舶客貨運送及其相關業務之行業均屬之，如代辦商港、航政、船舶檢修手續等服務。

3. **報關業**

凡受貨主委託，從事貨物進出口報關相關服務之行業均屬之。例如：鴻昇報關（http://www.e-glory.com.tw/）。

（三）物流裝備製造業

乃指從事物流相關設備如運具、倉儲設備、揀貨設備、以及各種電子設備製造為主的企業均屬之。例如：盟立自動化公司（http://www.mirle.com.tw/）、精聯電子（http://tw.ute.com/index.php?rbu=2，原精技電腦之自動資料收集事業群）。

（四）物流資訊與顧問服務業

乃指從事物流相關資訊系統開發與系統整合為主的企業。有時亦提供客戶更多的加值服務均屬之。如：倉儲管理系統、運輸管理系統、貨物追蹤系統、存貨管理等資訊。例如：宇柏資訊（http://www.ipacs.com.tw/）、耀欣數位科技（http://www.mocitech.com/about.htm）。

2-2 第三方物流

本節主要介紹第三方物流（3PL, third party logistics）的分類、具備之優勢以及企業物流委外的優缺點。

一、第三方物流之分類

（一）資產型第三方物流

該類公司大多數擁有從事物流活動的相關設施、設備等，作為其核心競爭力。在國外擁有貨運機場、飛機、貨輪、鐵路、大型貨車等資產的第三方物流公司不在少數；國內如長榮海運、遠雄物流公司（遠雄航空自由貿易港區）、嘉里大榮物流等亦可歸屬於資產型的物流公司。

（二）管理型第三方物流

例如貨運承攬公司，本身不擁有倉儲與運輸設備，透過與運輸業、倉儲業的合作，藉由業務與資訊的擴大整合，提供客戶一貫化的管理服務。然而在資訊技術成熟的今日，管理能力的獨特性與差異化方為此類型公司之生存之道。例如：萬達國際物流、世邦國際物流（http://www.tvlgroups.com/ugC_AboutUs.asp）等。

（三）綜合型第三方物流

這類業者通常擁有一定的資產，如卡車、倉庫等，但不限於僅使用自己的資產，若有需要也會與其他物流商進行合作，提供客戶更全面的服務。這類公司重視物流資產的最適化，能使用第三方公司之資訊、組織與管理，因此具有管理上的優勢。例如：佰世達物流（http://www.bestlog.com.tw/）。

二、第三方物流具備之優勢

（一）專業優勢

第三方物流的核心競爭力，來自於提供高品質且合理成本的物流運作專業能力。許多企業之所以將物流委外乃因物流非為其核心競爭力，物流專業優勢是第三方物流業者相對於其客戶的一種重要的優勢。

（二）規模優勢

第三方物流的規模優勢來自其可以組織若干客戶的物流需求，亦即藉由物流共同化達成規模化優勢。換言之相較於一般企業多以關注於自身利益的情況下，第三方物流業者以物流為其核心競爭能力，較容易集結同業或是相關行業的物流需求達成規模優勢。

（三）資訊優勢

物流是跨企業與跨功能的整合活動，第三方物流在資訊上相對於客戶的優勢是來自其組織運作整個物流活動的能力。保持與客戶及相關業者長期、穩定的合作關係，可建立其物流資訊的優勢。

（四）服務優勢

　　第三方物流與客戶間是合作關係非競爭關係，這是共同利益下的雙贏關係，也是服務伙伴關係建立的重要前提。第三方物流完全是以專業的物流服務為前提，這是企業內物流部門與一般貨運商不能具備的。綜言之，第三方物流的服務優勢來自於專業優勢、規模優勢與資訊優勢的整合呈現。

三、企業物流委外的優缺點

（一）對企業的優點

1. **集中精力發展核心業務**：企業能夠實現資源最適化配置，將有限的人力、財力集中於核心業務上。

2. **減少投資、降低風險**：現代物流系統的設施、設備與資訊系統所需投入資金相當大，透過物流委外可將投資的固定成本轉為變動成本。此外，因需求的不確定性與複雜性，投資的風險可能很大，而委外可規避此風險。

3. **節省費用、降低成本**：第三方物流的規模化與專業化，可提高物流效率並節省費用。

4. **減少庫存**：第三方物流業者藉由精細的物流規劃與執行能力，適時適地的配送，盡量減低因物流效率不彰而多備庫存，有助於改善企業資金積壓的情況。

5. **物流服務水準的提高**：藉由第三方物流的優勢提高對外的物流服務水準。

（二）對企業的缺點

1. **對物流控制能力的降低**：當與第三方物流在協調上出現問題時，可能會出現失控的風險。例如：物流業者不能完全理解並按照企業的要求來完成物流服務，使得企業的客戶服務水準降低。

2. **客戶關係管理的風險**：直接面對客戶轉為第三方業者，可能存在二類風險：(1) 企業與客戶的關係被削弱；(2) 客戶資訊可能洩漏。

3. **轉換的風險**：物流委外是中長期（通常爲一年度以上）的合約關係，若第三方業者經營不善或是服務未達目標，會產生解約以及轉換物流商的轉換成本與時間。

2-3　物流業現況與未來發展

一、物流業現況

（一）現況統計數據

依據交通部統計處所發布的資料顯示[2]，2022 年我國經濟成長率 2.45%，較 2021 年縮減 4.08 個百分點，實質國內生產毛額（GDP）21 兆 6,795 億元，較 2021 年增加 5,190 億元。其中運輸及倉儲業實質 GDP 4,659 億元，僅占全國 GDP 2.1%，惟因防疫措施逐漸放寬，陸上及航空運輸客運量大幅成長，成長率 5.43%，對整體經濟成長貢獻 0.21 個百分點，貢獻度排名居各業第 4 位。（請參見表 2-1）。運輸及倉儲業則因客運業司機流失及鐵路大眾捷運系運輸業退休人員增加，平均每月受僱員工 29 萬 3,656 人，較 2021 年減少 3,064 人，其中以「汽車貨運業」受僱員工 7 萬 2,641 人最多（占 24.7%），「其他運輸輔助業」6 萬 7,731 人（占 23.1%）次之。若與 2021 年相較，各細業中除「海洋水運業」（+607 人）及「其他汽車客運業」（+194 人）增加外，其餘各業皆較 2021 年減少，並以「公共汽車客運業」（-1,567 人）減少最多，「其他運輸輔助業」（-718 人）次之。

運輸及倉儲業受僱員工平均每人每月總薪資 6 萬 2,232 元，爲歷年新高，較 2021 年增加 4,653 元（+8.1%），爲整體工業及服務業受僱員工平均每人每月總薪資（5 萬 7,728 元）的 1.1 倍，各細業中以「海洋水運業」之總薪資（20 萬 4,024 元）最多，連續 3 年蟬聯第一名，「航空運輸業」（9 萬 4,634 元）居次。若與 2021 年比較，亦以「海洋水運業」增 5 萬 6,401 元（+38.2%）最多，「航空運輸業」增 9,351 元（+11.0%）次之。2022 年運輸及倉儲業受僱員工平均每人每月非經常性薪資 1 萬 5,237 元，亦爲歷年新高，較 2022 年

2　111 年運輸及倉儲業之生產與受僱員工概況。（https://reurl.cc/E4gb4A）

增加 3,017 元（+24.7%），其中以「海洋水運業」11 萬 9,297 元最多，為全業平均的 7.8 倍，已連續 2 年居各細業之首；若與 2021 年比較，以「海洋水運業」增 5 萬 4,401 元（+83.8%）最多，「航空運輸業」增 6,568 元（+62.6%）次之。

2022 年在疫情持續影響下，運輸及倉儲業各業表現各有不同，其中「海洋水運業」因應國際及國內貨運需求爆量，為各細業中唯一持續 2 年受僱員工增加之業別，2022 年每人每月總薪資（20 萬 4,024 元）及每人每月非經常性薪資（11 萬 9,297 元）皆創歷年新高。另「航空運輸業」則隨著邊境管制鬆綁、客運需求轉強，運量逐漸復甦，不論在每人每月總薪資（+9,351 元）、非經常性薪資（+6,568 元）、總工時（+2.2 小時）及加班工時（+1.0 小時）皆見增長。（請參見表 2-2 與圖 2-1）。

表 2-1 我國各業實質 GDP、成長率及對經濟成長貢獻

單位：新臺幣億元；%；百分點

業別	2021 年			2022 年		
	實質 GDP	成長率	對經濟成長貢獻	實質 GDP	成長率	對經濟成長貢獻
總計	211,605	6.53	6.43	216,795	2.45	2.45
1. 農、林、漁、牧業	3,459	-4.32	-0.07	3,393	-1.90	-0.03
2. 礦業及土石採取業	126	4.14	0.00	130	3.18	0.00
3. 製造業	76,156	14.57	4.71	77,680	2.00	0.66
4. 電力及燃氣供應業	3,254	2.78	0.04	3,377	3.80	0.04
5. 用水供應及汙染整治業	1,142	0.58	0.00	1,198	4.94	0.03
6. 營造工程業	4,907	6.52	0.19	4,980	1.48	0.05
7. 批發及零售業	32,949	3.72	0.57	33,219	0.82	0.13
8. 運輸及倉儲業	4,420	-5.59	-0.16	4,659	5.43	0.21
9. 住宿及餐飲業	4,013	-7.50	-0.18	4,569	13.86	0.27
10. 出版、影音製作、傳播及資通訊服務業	7,081	7.32	0.22	7,602	7.35	0.22

業別	2021 年			2022 年		
	實質 GDP	成長率	對經濟成長貢獻	實質 GDP	成長率	對經濟成長貢獻
11. 金融及保險業	14,903	10.62	0.71	14,368	-3.59	-0.24
12. 不動產業及住宅服務業	15,842	1.92	0.16	15,966	0.78	0.06
13. 專業、科學及技術服務業	4,434	4.63	0.11	4,685	5.65	0.13
14. 支援服務業	3,196	1.12	0.02	3,398	6.33	0.10
15. 公共行政及國防；強制性社會安全	11,182	1.32	0.08	11,262	0.72	0.04
16. 教育業	7,283	-1.28	-0.05	7,338	0.75	0.03
17. 醫療保健及社會工作服務業	5,737	1.49	0.05	6,002	4.63	0.14
18. 藝術、娛樂及休閒服務業	1,209	-18.57	-0.15	1,496	23.79	0.14
19. 其他服務業	4,408	-2.28	-0.05	4,569	3.64	0.08

表 2-2　運輸及倉儲業平均每月受僱人數

單位：人；%

業別	2021 年	2022 年	結構比	較上年增減數
工業及服務業	8,129,989	8,170,811	-	40,822
運輸及倉儲業	296,720	293,656	100.0	-3,064
汽車貨運業	72,713	72,641	24.7	-72
其他運輸輔助業	68,449	67,731	23.7	-718
鐵路大眾捷運系統運輸業	31,303	30,718	10.5	-585
郵政業	25,778	25,680	8.7	-98
航空運輸業	22,036	21,846	7.4	-190
公共汽車客運業	22,014	20,447	7.0	-1,567
快遞業	19,557	19,490	6.6	-67
倉儲業	14,179	13,672	4.7	-507

業別	2021 年	2022 年	結構比	較上年增減數
其他汽車客運業	10,221	10,415	3.5	194
海洋水運業	7,836	8,443	2.9	607
港埠業	2,634	2,573	0.9	-61

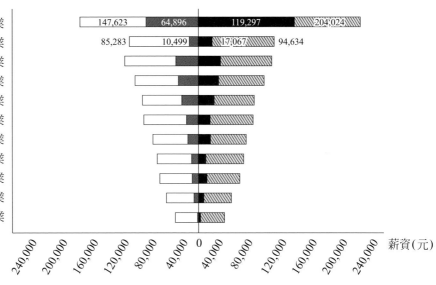

圖 2-1 運輸及倉儲業平均每月總薪資及非經常性薪資

　　此外，世界銀行每兩年針對各國進行國際物流績效指標（LPI, Logistics Performance Index）的評比。根據經濟部 2023 年商業服務業年鑑的報告指出，世界銀行 2023 年度第七版的物流績效指數報告，年度重點強調韌性和可靠性對物流績效之重要性。此前 3 年，受新冠疫情衝擊，供應鏈出現前所未有的中斷，交貨時間大幅延長。2023 年度物流績效指數報告距離上一版本的 2018 年度，已經過了 5 個年度，這期間全世界各國的物流發展都已有顯著的變化，更加強調衡量建立可靠供應鏈連接的難易程度以及支援供應鏈的結構性因素，如物流服務品質、與貿易和運輸相關的基礎設施以及邊境管制等。相對性的政策建議，包括改

善清關流程、投資基礎設施、採用數位化資訊技術,以及推行低碳貨運模式和更節能的倉儲方式,以促進環境永續的物流業發展。歷年世界銀行的物流績效指數包含 6 個分析指標:

1. 海關效率(Customs):海關和邊境管理通關效率。
2. 基礎設施(Infrastructure):貿易和運輸相關基礎設施的服務品質。
3. 國際運輸效率(International shipments):易於安排價格具有競爭力的國際運輸。
4. 物流服務能力(Logistics competence and quality):物流服務的品質與能力。
5. 時效性:貨物在排程或預期交貨時間內送達收貨人的頻率。
6. 貨況資訊:查詢和追蹤貨物的能力。

　　表 2-3 將 2023 年度 LPI 排名前 25 名(今年度將總積分相同者並列)呈現 6 大指標的名次及年度總積分,並與第六版的排名進行比較。其中,我國的名次相較於 2018 年有大幅的進步,由 27 名躍升至與法國、日本、西班牙並列第 13 名,最主要的成長來自於國際運輸效率、時效性、貨況資訊三大指標,後兩者甚至排名位居全世界第 3、4 名,顯示出我國在跨境物流方面,能夠提供具有價格競爭力的國際運輸服務,並能夠在可靠度方面,提供貨主追蹤貨物的資訊,並如期交付貨品。相對而言,在海關效率部分,則是仍維持與 2018 年相同的名次。

表 2-3　2023 年各國物流績效指數(LPI)比較及最新排名變化

經濟體	海關效率	基礎設施	國際運輸效率	物流服務能力	時效性	貨況資訊	2023年LPI總積分	2023年LPI排名	2018年LPI排名	排名變化
新加坡	1	1	2	1	1	1	4.3	1	7	6
芬蘭	4	5	1	3	1	3	4.2	2	10	8
丹麥	2	9	14	9	10	2	4.1	3	8	5
德國	7	3	8	3	10	3	4.1	3	1	-2
荷蘭	7	5	8	3	17	3	4.1	3	6	3
瑞士	2	2	14	2	4	3	4.1	3	13	10

經濟體	海關效率	基礎設施	國際運輸效率	物流服務能力	時效性	貨況資訊	2023年LPI總積分	2023年LPI排名	2018年LPI排名	排名變化
奧地利	14	16	4	11	1	3	4	7	4	-3
比利時	7	9	4	3	4	16	4	7	3	-4
加拿大	4	3	14	3	10	11	4	7	20	13
香港	12	14	2	11	10	3	4	7	12	5
瑞典	4	5	26	3	4	11	4	7	2	-5
阿拉伯聯合大公國	14	9	4	11	4	11	4	7	11	4
法國	14	19	8	20	10	16	3.9	13	16	3
日本	7	5	38	9	17	16	3.9	13	5	-8
西班牙	20	19	8	14	4	11	3.9	13	17	4
臺灣	22	19	8	14	4	3	3.9	13	27	14
南韓	7	9	26	20	25	23	3.8	17	25	8
美國	14	16	26	14	25	3	3.8	17	14	-3
澳大利亞	14	9	47	14	35	11	3.7	19	18	-1
中國大陸	31	14	14	20	30	23	3.7	19	26	7
希臘	37	25	4	20	21	20	3.7	19	44	25
義大利	24	19	26	20	21	20	3.7	19	19	0
挪威	12	16	57	20	17	29	3.7	19	21	2
南非	31	30	14	20	25	23	3.7	19	33	14
英國	22	25	22	28	30	16	3.7	19	9	-10

資料來源：The World Bank, 2023, "Connecting to Compete 2023: Trade Logistics in an Uncertain Global Economy- The Logistics Performance Index and Its Indicators," retrieved from https://lpi.worldbank.org/international/global

（二）改善方向

因應亞太地區的經貿情勢的快速轉變，以及兩岸間的情勢開展，經貿發展之策略與措施更加的重要。誠如上述臺灣物流業優劣勢分析，臺灣經貿運籌全球的機會，可朝以下幾點進行努力：

1. 充分運用多元市場整合力及靈活的供應彈性，與國內外同業進行合作聯盟。
2. 擴大服務據點與規模。
3. 改善相關運輸基礎設施。
4. 培訓物流人才。
5. 提升資訊化程度與國際接軌。
6. 朝向全球化的運籌模式提供整合性服務。
7. 善用國際企業在台營運利基、整合台商海外資源，促使國際物流可協同金流、資訊流之運作。

二、ESG 發展對物流的影響

我國政府已於 2023 年一月立法院三讀通過《氣候變遷因應法》，將「2050 淨零排放」目標入法，正式宣告臺灣對國際的永續承諾，隨著歐盟《碳邊界調整機制》（CBAM）、美國《清潔競爭法案》（CCA）減碳法案的實施，2030 年臺灣的中期減排目標也上修到 24％。此外，近年來世界一直處在高風險的邊緣，對永續發展的要求跟期待，逐漸從全民共識走向具體規範，企業的 ESG 表現變成許多監管機構和證交所的基本評鑑指標，要求企業揭露公司內部的經營決策，包括環境影響、社會責任、員工關係、供應鏈管理、公司治理結構和透明度，並為此撰寫永續報告書或 ESG 報告書，對其營運徹底負責。作為企業永續發展的關鍵指標，ESG 分別代表環境保護（Environmental）、社會責任（Social）和公司治理（Governance）三個解析企業的永續維度，依據這些面向評鑑一家企業永續經營及風險管控的能力。各面向內涵包含：

1. 環境保護（E）面向：ESG 評估公司的環境影響和永續性，企業如何管理其溫室氣體排放、空氣品質、碳足跡、能源使用、燃料、水資源和廢棄物處理、生物多樣性、產品包裝與物流等服務營運問題。

2. 社會責任（S）面向：ESG 評估公司如何處理利害關係人的權益，包含管理其供應鏈、勞資關係、員工健康安全及舒適、多元職場、薪酬福利、招聘和職涯發展、人權、客戶隱私和安全等問題。

3. 公司治理（G）面向：ESG 評估公司的管理和透明度，例如董事會的組成和公司內部審計與監管政策、系統化風險管理、意外與安全管理、商業倫理、政治影響、競爭行為及供應鏈管理。

　　政府並已於 2022 年 3 月正式公布「2050 淨零排放路徑」，以能源轉型、產業轉型、生活轉型、社會轉型等四大轉型，及科技研發、氣候法制等兩大治理基礎，輔以十二項關鍵戰略，就能源、產業、生活轉型政策預期增長的重要領域制定行動計畫，落實淨零轉型目標。

圖 2-2　臺灣 2050 淨零轉型四大策略與兩大基礎

資料來源：國家發展委員會網頁 https://reurl.cc/8068Mo

　　物流業是一個高度依賴能源和資源的行業，因此它對環境的影響很大。物流業需要運輸貨物，消耗大量的燃料和能源，這對環境和氣候變化產生負面影響。同時，物流業也需要關注勞工權益、社會責任和公司治理等問題，以確保企業的長期成功和可持續發展。因此，實踐 ESG 原則對物流業來說是至關重要的，可以幫助企業減少環境影響，提高勞工條件，增加透明度和促進長期穩定的經濟表現。

　　依據勤業眾信（Deloitte）的觀點，未來移動（Future of Mobility）的趨勢發展，也有許多與 ESG 的關注點有不謀而合之處。近年來常以 CASE（Connected（連結），Autonomous（自駕），Shared（共享），Electrified（電動））來概述未來移動的四大特性。在商用車的領域來說，不但體現了未來移動的趨勢發展，ESG 價值也更能彰顯。以商用物流的現況切入來看：紐約市每周交到消費者手上的包裹數，有 6 百萬件，巴黎有 4.5 百萬件，臺灣則單是進口包裹件數，每周也有超過 1 百萬件，這些包裹都需要透過物流車輛的配送，交到消費者手上。估計全球每天每千人就需要 300 到 400 趟的運程（出處：Civitas，2020）。隨著電商的蓬勃發展，估計到 2030 年時，全球物流車量就會從 2019 年的 5.3 百萬輛增加至 7.2 百萬輛（增幅 36%），碳排放增加 6 百萬噸。以運量需求為考量，同時顧及環境與社會影響，而透過產品設計開發來解決商用車輛使用痛點的企業近年來越來越受到矚目，除了近年電商巨擘投資的 Rivian 之外，甫在 2021 維也納世界包裹郵務展（Parcel and Post Expo 2021）受到高度矚目的臺灣企業蓋亞汽車也是一個離我們更近的例子。靈活、輕巧、中運量，適合城市間達成最後一哩運程的物流車，輔以車隊管理軟體的功能，減低物流對環境及社會的負擔與共同承擔的成本，以永續發展的概念來設計與製造的成果，也是企業實踐 ESG 的鮮明實例。（出處：ESG 與未來移動 – 綠能及軟體科技加持的物流趨勢 https://reurl.cc/976qoY）

　　經濟部為響應我國 2050 淨零目標與協助服務業轉型，亦已於 2022 年 10 月發佈「商業部門 2030 年淨零轉型路徑」，提出商業部門可行減碳作法，冀能挖掘產業減碳潛力，加速服務業減碳，並建構綠色商業型態。提出「設

備或操作行為改善」、「使用低碳能源」、「商業模式低碳轉型」及「綠建築」之四大策略，並透過環境端加強政府管制輔導，公私協力優化法規及落實企業節能減碳，建構永續淨零的商業模式，如圖 2-3。商業部門擬定 2030 年溫室氣體減量之願景為：於「設備或操作行為改善」部份，期望透過汰換耗能設備，並藉由政府強化設備源頭管制及用戶能效管理，促進設備使用及用電效率之提升；於「使用低碳能源」部分，透過協助企業採用低碳燃料設備或再生能源（綠電），以降低燃料燃燒所產生之碳排放；「商業模式低碳轉型」部分，協助企業進行數據監控及分析，優化經營決策，並建立示範推廣案例，帶動商業模式低碳轉型；「綠建築」部分，則透過鼓勵、宣導或修訂相關法規等方式提高新建建築綠建築比例，以從源頭達成節能，如表 2-4。

商業部門　*4*大面向、*10*項措施

設備或操作行為改善	使用低碳能源	商業模式低碳轉型	綠建築
• 空調與冷藏設備能源效率提高（逐步採用能效 1 級產品） • 空調系統最佳化 • 採用LED燈和高效能燈具	• 業者運具電動化 • 轉換為燃氣與高效能鍋爐 • 能源大用戶使用綠電	• 運用智慧科技 • 導入智能設備 • 推廣綠色消費	• 新型建築建築外殼隔熱、既有老舊建築加強外殼隔熱

圖 2-3　臺灣商業部門 2050 年淨零轉型策略

表 2-4　商業部門 2030 年溫室氣體減量願景

面向	2030 年溫室氣體減量之願景
設備或操作行為改善	✓ 100% 採用 LED 燈 ✓ 30% 空調與冷藏設備逐步採用能效 1 級產品之產品 ✓ 60% 空調最佳化操作

面向	2030 年溫室氣體減量之願景
使用低碳能源	✓ 70% 燃油鍋爐轉換為燃氣鍋爐或熱泵 ✓ 需求端逐步將燃油車汰換為電動車
商業模式低碳轉型	✓ 輔導零售業者導入智能管理 ✓ 餐飲業推在地食材 ✓ 物流業導入智能撿貨、智能運算，優化路線以減少燃料耗用
綠建築	✓ 推動新建建築須符合建築物節約能源相關標準

資料來源：商業發展署

三、物流業未來發展

隨著全球化貿易帶動物流產業的發展，使得臺灣物流產業發展越來越熱絡。由於供應商分佈與顧客分佈之全球化，加上各項產品競爭激烈，各企業為因應產業競爭的壓力，不斷的往全球擴張事業，促成供應鏈上下游不斷的擴張，使得物流產業出現許多挑戰。以下將由物流業發展重點與政府政策方向來概述物流業之未來發展。

（一）物流業發展重點

1. 新零售（全通路）發展的新物流

隨著物聯網、微定位、影像辨識等各種科技的快速發展，消費市場已邁入虛實通路整合的新零售（全通路）時代，促使物流朝向智慧化的新物流（smart logistics）發展。以下提出三個觀察重點：

重點一：所謂智慧（smart），其基礎在於物聯網（IoT）技術。

物聯網（Internet of thing, IoT）乃指任何物品都能用網路相互傳輸資料、溝通與協作。其基礎架構分為三層；最底層為感知層，用以收集周邊相關資訊；第二層為網路層，用以傳輸相關資訊；第三層為應用層，基於相關資訊收集分析發展各種服務應用。感知層如同人的五感可接受外在環境的訊息；網路層則像是各種經處理或未經處理的訊息（如影像、聲音、文字

等等）藉由通訊媒介（電話、網路、通訊軟體等）相互傳遞；應用層是各種特定的活動，例如：自動揀貨、自動駕駛等等。是故，物聯網所談的智慧其極致是可不經人為的介入而達到特定活動的運作要求。

重點二：物流為商流服務，瞭解商流發展與需求是做好物流的基礎。

物流是商業活動中關鍵的配角，做成生意（交易）才是目的。然物流的關鍵性則在於物流服務水準的優劣，可能影響交易是否順利完成。以日用品為例，從實體商店的店配，到電子商務的宅配，乃至邁向現今行動商務的速配，在在印證物流必須因應商流的發展需求而加以彈性調整，不以物流本身運作的需求為準，而是以配合商流需求為依歸。觀察目前通路發展已從單通路進入多通路，跨通路進入到所謂全通路（omnichannel）的時代。是故，面對全通路發展其對物流的需求為何？這是專業物流管理人，必須審思的問題。

重點三：智慧物流其根本仍是物流。

如同電子商務蓬勃發展時，就有專家學者指出電子商務的重點仍在商務，電子化是應用的工具。相同地，智慧物流的根本仍在物流，智慧科技乃只是一種應用的技術，所謂智慧物流是指應用物聯網科技，智慧地運作物流。政府部門將商業生產力 4.0 分為智慧零售與智慧物流，所謂智慧零售是可以做到隨處可下訂（order from anywhere），所謂智慧物流是可以做到可送達各地（fulfill for anywhere）。然若以物流觀點來解析，物流活動仍是在追求 7 個正確（7Rs of logistics）；正確物品送給正確的人在正確的時間、地點以正確的品質與數量，同時可花費正確的成本（價格）來完成。然而所謂「正確」的標準，則會隨著時代改變而所有變化。

2. **冷鏈物流**

由於便利商店的鮮食種類日益多元且配送時效與品質的進化，冷鏈物流（Cold Chain）扮演重要的角色。冷鏈物流是冷凍冷藏供應鏈的簡稱，以冷藏冷凍類食品為例，從原材料供應物流、食品工廠內生產物流、貯藏運輸物流至販賣銷售物流等，各個環節中始終處於規定的低溫環境下，以保

證食品品質，減少食品損耗的一項系統工程。冷鏈物流在物流作業上與常溫有顯著的差異，在卸裝、包裝、保管一直到輸送，整個配送過程包含了冷凍、冷藏技術，食品從出廠到運送至消費者家中冷凍、冷藏，每個過程必須確保保鮮品質及安全，由於低溫食品必須保存於穩定且特定的低溫下，方能免於品質敗壞。在最後一哩速配的決戰中，相信冷鏈物流亦將是另一個成長的動能。

3. **跨境物流**

隨著跨境電商的持續發展，跨境電商物流仍是未來的發展熱點。基本上可分為國際快遞模式與海外倉儲模式二大類，特別是海外倉儲模式，將是跨境電商平台的一個戰略思考的佈局，值得持續關注。

（二）政府政策方向

經濟部商業發展署依據行政院 2024 年度施政方針，所編定的年度施政目標為：「強化商業服務品牌，促進價值鏈合作及強化市場拓展能力，運用智慧工具提升服務業競爭力，推動商業服務業智慧與低碳轉型，啟動商業服務創新成長動能。」重要施政計畫如表 2-5 所述。

表 2-5　經濟部商業發展署 2024 年度施政計畫

工作計畫名稱	重要計畫項目	實施內容
促進商業科技發展	一、提升商業服務業創新服務能量與競爭力	一、推動商業服務業智慧轉型：協助批發零售、餐飲、生活服務業者運用 AIoT 科技、數據驅動等策略，提升商品流通效率與創新服務，帶動中小型商業智慧轉型，拓展新市場，並輔以商業實證擴散應用，提高行銷效益。 二、推動物流產業發展：透過各項智慧工具及自動化等科技技術應用，協助物流業者提升倉儲、集運、配送等作業服務效率或品質，支援溫控及電商商品之國內外流通。

工作計畫名稱	重要計畫項目	實施內容
		三、推動商業服務業拓展市場：從國際市場開拓、智慧科技應用導入、多元行銷推廣三大面向，協助業者開拓國際知名度、加速拓展海外市場。 四、推動服務業創新研發：鼓勵商業服務業業者以「智慧應用、體驗價值、低碳循環」為主題，自主創新研發，提升商業服務業創新發展量能。
	二、推動商業服務業低碳轉型	優化商業部門減碳策略與環境，輔導商業服務業透過診斷輔導、設備與操作行為改善輔導，強化推動商業模式低碳轉型，推廣綠色服務，協助產業朝向低碳轉型。
推動商業服務業轉型成長	一、強化商業服務業經營與拓展能力	提升我國商業服務業之競爭力，輔導連鎖體系提升營運管理效能，掌握區域銷費輪廓精準行銷，並強化企業跨國合作，拓展海外市場；協助商業服務業強化管理能力、提升商品及服務之附加價值，與推動差異化服務。
	二、傳統市場與夜市創新翻轉提升計畫	一、星級評核前瞻推動：協助年輕攤商在產品、服務、流程創新，輔導開發即食應用販售並導入美感創新，引導升級與轉型。 二、星級評核輔導授證：擴大星級評核機制之授權，加強引導地方政府投入輔導能量，共同推動「星級評核升級輔導」展現傳統市場與夜市輔導改善及特色成果 三、星級評核宣傳行銷：透過創意主題聯合行銷、多元媒體行銷，市場專屬雜誌等，宣傳傳統市場與夜市的創新形象。

本章相關英文術語解說

- **Air Cargo 空運貨物**

  透過航空運輸途徑運送的貨物。

- **Air Cargo Transportation 航空貨運**

  以航空器為交通工具來運輸貨物；由於航空運輸最主要的特色就是快速，可有效應付市場瞬息萬變的需求與商機，適合載運高單價、體積小、易腐壞的生鮮商品及產品生命週期短的貨物。

- **Air Freight Forwarder 航空貨運承攬業**

  航空貨運承攬業其營業性質為承攬不同出口商的貨物，以實際的重量計費，並向託運人收費，然後將貨運合併後，以較低的費用付給航空公司，由航空公司將貨物運送至國外，以賺取利潤。航空貨運承攬業為間接航空貨運運送人；亦可稱為 Air Cargo Agent 或 Air Cargo Forwarder。

- **Carrier 承運商**

  提供移動貨物與／或乘客運輸工具的供應商。

- **Consignee 收貨人**

  託運人指定運輸業者，將交付貨物送達的收貨人或組織，通常是買方。

- **Consignment Contract 寄售合約**

  貨物所有人（託運人）將貨物，擺放在另一方（收貨人）的位置，當被銷售與消耗，將實收款項減去佣金後，返還給貨物所有人的同意書。貨物所有權不轉移給收貨人，未銷售的貨物通常退還給所有人。

- **Consignor 託運人**

  貨物運送的託運人。

- **Free Trade Zone 自由貿易區**

  係指在某一定特定區域內，無論是原料、零件、半成品或成品均可自由進出，而在此區域內，貨物可進行運輸、儲存、包裝、分類及加工製造以便

再轉運出口，當地政府均不徵收關稅，僅在貨物離開自由貿易區運至地主國其他課稅區域使用或消費時，才徵收關稅及採取進口管制措施。目前在臺灣自貿港區共有五港一空分別為：基隆、台北、台中、高雄、蘇澳與桃園航空自由貿易港區。

- **Third Party Logistics（TPL 或 3PL）第三方物流公司**

一個公司對其他企業提供物流服務，例如運輸、倉儲、存貨管理、訂單管理的資訊技術等。全球供應鏈在廣泛的領域上需要廣泛的技能，沒有一家公司能夠提供所有的企業解答，但是顧客喜歡一個接觸點的觀念，所以專業物流者和其他專業物流者結盟，以提供客戶整個供應鏈。一個專業物流者將會是供應鏈的主要整合者，整合其他提供服務者，且是客戶唯一的聯絡單位。

專業物流者經由嚴謹的內部成本控制和使用更好的技術以獲得更大的利潤，並增加附加價值。專業物流公司獲得合約之前，可能需花費一段時間以分析未來可能的物流營運，然後專業物流公司會將建議提供給可能的客戶。企業會找第三方物流公司的原因如下：

1. 企業本身：(1) 資源的限制；(2) 成本的考量。
2. 第三方物流公司：(1) 在物流領域較專業；(2) 對企業的服務品質較好；(3) 可提供較大區域或全球的服務網路。

- **Transportation　運輸**

將人與貨物經由各種運輸工具與通路，從甲地運送至乙地，所以運輸包括物流（貨運）與人流（客運）。在供應鏈中，良好和快速的運輸品質可減少存貨和貨損，所以運輸的成本和品質是供應鏈關鍵的成功要素之一。

- **Warehouse　倉庫**

是指保管、存儲物品的建築物和場所的總稱，是進行倉儲活動的主體設施，可以是房屋建築、洞穴、大型容器或特定的場地等，具有存放及保護物品的功能。

本章綜合練習題

一、選擇題（單選）

( ) 1. 針對以下二項描述何者正確？

(1)流通業與物流業是同義詞

(2)在行業標準分類中，以「運輸及倉儲業」稱凡從事以各種運輸工具提供定期或不定期之運輸及其運輸輔助、倉庫經營、郵政及快遞等等，這些服務僅含貨運不包含客運

(A) (1)、(2) 均正確　　　　　　(B) (1) 正確、(2) 不正確

(C) (1) 不正確、(2) 正確　　　　(D) (1)、(2) 均不正確。

( ) 2. 針對行政院主計處所頒訂的的行業標準分類中，以下描述何者正確？

(1) 鐵路運輸有區分客運與貨運　(2) 公路運輸有區分客運與貨運

(3) 水路運輸有區分客運與貨運　(4) 航空運輸有區分客運與貨運

(A) (1)、(2) 正確　　　　　　(B) (2) 正確

(C) (3)、(4) 正確　　　　　　(D) (1)、(2)、(3)、(4) 均正確。

( ) 3. 中國大陸將物流企業分為三種類型，不包含以下哪一類？　(A) 運輸型　(B) 資訊整合型　(C) 倉儲型　(D) 綜合服務型。

( ) 4. 中國大陸對物流企業標準認證最高 5A 等級，要求管理人員要有多少比例須有物流資格認證？　(A) 30%　(B) 50%　(C) 60%　(D) 80%。

( ) 5. 在物流服務分類中，物流基礎服務業不包含哪一項？　(A) 運輸業　(B) 起重裝卸業　(C) 配送服務業　(D) 貨運承攬業。

( ) 6. 在物流服務分類中，物流基礎服務業不包含哪一項？　(A) 運輸業　(B) 起重裝卸業　(C) 報關業　(D) 租賃服務業。

（　　）7. 在物流服務分類中，以下哪家公司屬物流基礎服務業？　(A) 盟立自動化公司　(B) 宇柏資訊　(C) 晶品冷凍　(D) 中菲行。

（　　）8. 中華僑泰公司是屬於物流基礎服務業分類中的哪一種類型？　(A) 運輸業　(B) 配送服務業　(C) 報關業　(D) 基礎設施服務業。

（　　）9. 在物流服務分類中，物流中介服務業不包含哪一種？　(A) 貨運承攬業　(B) 船務代理業　(C) 報關業　(D) 租賃服務業。

（　　）10. 若將第三方物流分為：資產型、管理型與綜合型；請問以下何者為資產型第三方物流公司？（請依以下選項進行相對性的比較）

(A) 遠雄物流　(B) 萬達國際物流　(C) 世邦國際物流　(D) 中華僑泰。

（　　）11. 若將第三方物流分為：資產型、管理型與綜合型；請問以下何者為管理型第三方物流公司？（請依以下選項進行相對性的比較）

(A) 遠雄物流　(B) 萬達國際物流　(C) 中華郵政　(D) 長榮海運。

（　　）12. 第三方物流的優勢中對於服務優勢的描述何者正確？

(1) 可集合若干客戶的需求

(2) 以物流服務為核心領域

(3) 資訊可較單一公司更為廣泛完整

(4) 可因規模經濟而有效地進行效率化運作

(A) (1)、(2) 正確　　　　　　　(B) (2)、(3) 正確

(C) (3)、(4) 正確　　　　　　　(D) (1)、(2)、(3)、(4) 均正確。

（　　）13. 第三方物流的優勢中對於服務優勢的描述何者不正確？

(A) 第三方物流與客戶間是競爭關係

(B) 第三方物流與客戶間是合作關係

(C) 服務優勢來自專業優勢、規模優勢與資訊優勢

(D) 可因規模經濟而有效地進行效率化服務。

（　　）14. 企業進行物流委外的優點何者不正確？　(A) 可集中精力發展核心業務　(B) 減少投資風險　(C) 減少費用　(D) 對物流控制力增加。

（　　）15. 企業進行物流委外的缺點何者不正確？　(A) 增加客戶關係管理的風險　(B) 將面臨可能的轉換風險　(C) 降低應變的彈性　(D) 對物流控制能力降低。

（　　）16. 有關永聯物流開發的發展，下列描述何者不正確？

(A) 以物流租賃方式提供物流服務

(B) 被稱為倉儲業的 AWS

(C) 僅限於臺灣市場提供服務

(D) 領先引進 AGV 於物就人揀貨。

（　　）17. 有關 ESG 說明，何者不正確？

(A) ESG 分別代表 Environmental、Social 和 Governance

(B) 行政院已於 2022 年 3 月正式公布「臺灣 2030 淨零排放路徑」

(C) 未來移動（Future of Mobility）的趨勢所提之 CASE 分別為 Connected（連結）、Autonomous（自駕）、Shared（共享）、Electrified（電動）

(D) 行政院已於 2022 年 3 月正式公布「臺灣 2050 淨零排放路徑」

(E) 經濟部已於 2022 年 3 月正式公布「臺灣 2030 淨零排放路徑」。

二、簡答題

1. 請簡述實務上所稱的物流業為何？

2. 依據中國《物流企業分類與評估指標》國家標準，其將物流企業分為哪三種類型？

3. 物流服務相關的企業可分為四類，除物流裝備製造業及物流資訊與顧問服務業還包含哪二類？

4. 試舉出四種物流基礎服務業並加以說明。

5. 試舉出二種物流中介服務業並加以說明。

6. 若將第三方物流分爲資產型、管理型與綜合型等三種類型，請分別各舉一個公司並簡述之其屬該分類之原因。

7. 第三方物流具備若干優勢，始其可執行客戶的委託，做好客戶服務，除服務優勢之外，請舉出二項並簡述之？

8. 企業將非核心的事業委外有哪些優點？（請至少舉出二項）

9. 企業將物流委外有哪些缺點？（請至少舉出二項）

10. 試問爲何國內外於行業分類中，均很難明確定義物流業？

11. 試問我國物流業的優勢與劣勢爲何？

12. 試問我國物流業的機會與威脅爲何？

CH03
物流系統與功能

本章重點

1. 瞭解物流系統觀念
2. 說明物流系統主要功能
3. 說明各種物流系統分析方法
4. 說明各產業物流系統之發展特點

第二篇
物流運作篇

核心問題

　　物流看似簡單但卻也很複雜，如何更有結構性的來解析物流運作？如何應用系統觀念進行分析、引導創新？

思考案例

　　請由探討全台物流如何因應集團發展所需，做了那些有別傳統店配服務的物流創新？

3-1 物流系統概念

物流的活動重視結果！如何讓物流活動中相關的物品、人員、資金與資訊井然有序的流動，達成客戶的需求，所組合成的物流網路就是一個系統。然何謂物流系統以及其組成為何？乃本節討論的重點。

一、系統定義

一般對「系統」的定義是指「由若干相互作用及相互依賴的要素所形成，具有特定功能的有機組合」。從系統分析的觀點，主要是先藉由系統的範圍性來界定範圍，當範圍界定了研究對象也確立了。此外，系統亦有其階層性，表示研究的系統範圍常隸屬於更大範圍的子系統；亦即可藉由系統與子系統的關係來表達其階層性。在這樣的範圍性與階層性特性中，吾人可利用輸入、輸出與環境限制等三種因素類型，作為系統範圍表達以及與子系統間相互作用與連結的過程。系統的表達，簡單示意如圖 3-1。

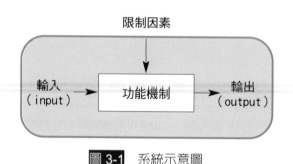

圖 3-1　系統示意圖

二、物流系統組成

依據上述系統的表達，可發現系統包含四大組成要素：輸入要素、輸出要素、環境限制要素與功能要素；以下將以物流系統為對象，分述此四種要素之內涵。

（一）輸入要素

　　「系統」的基本輸入要素可包含人、物、資、金等四個部分，以下分別說明之。

1. **人的要素**：人是系統的核心要素。包含與系統有關的利益相關者（stakeholder），例如系統使用者（客戶）、員工、股東、非系統使用者（非使用者但可能受系統影響的人）等等。如此多元的組成，讓系統的設計與運作更形複雜。若以使用者言，其對系統的需求明確性以及輸出結果的即時回饋，乃系統設計的重要因素。若以員工的角色言，提高員工素質以及在工作與安全上的保障，是建立一個合理化系統並使之有效運作的根本要條件之一。

2. **物的要素**：包含系統要處理的各種形式的「物品」（原料、半成品與成品）以及系統所需的設備、工具、耗材等。

3. **資金的要素**：有關系統建置、運作、維修、汰換各階段均需有資金的投入。一個包含交易行為的系統，亦需有金流活動做為交易的基礎。

4. **資訊要素**：所有系統中各功能的溝通聯繫稱為資訊要素。以物流系統為例，包含客戶資訊、商品資訊、訂單資訊、庫存資訊等等。

（二）輸出要素

　　輸出要素是指系統所要達到的目標。可分為：

1. **系統外部目標（效益導向）**：亦即達到客戶滿意，例如配送準點率、揀貨正確性；

2. **系統內部目標（成本導向）**：例如直接成本、間接成本等；

3. **系統整體評價（每單位所發揮的效益）**：作為外部與內部目標的綜合，例如營業場所坪效即為一種綜合的評價；

4. **非系統要求之產出**：例如 CO_2 排放量等。

（三）環境限制要素

　　所謂限制要素是指系統運作時，環境的影響與限制。以物流系統為例，在法規方面，如環保法規、停車規定等；在基礎環境方面，如公路品質、通訊品質等；在標準規格方面，如資訊標準、容器標準等；在氣候因素方面，如雨量、氣溫分佈等。一般我們常以環境掃瞄方法來分析環境的影響，例如以 PESTLE 方法來進行，亦即從政治（Political）、經濟（Economic）、社會（Societal）、技術（Technology）、法律（Legal）、環境（Environmental）等各角度進行觀察與分析。

（四）功能要素

　　是指為達系統目標所設計出的運作功能組合。若以物流系統言，一般物流功能包含包裝（package）、裝卸搬運（material handling）、運輸（transportation）、儲存保管（storage）、流通加工（value added processing）、配送（delivery/distribution）、物流資訊（information）等功能。然因各種系統的定位與目標不同，其著重的功能組合上亦會有差異。

三、現代物流系統的特性

（一）整合跨度大

　　包含地理範圍以及時間範圍的整合。在全球化的趨勢下，跨越不同國家與地區的物流整合已是常態，除了管理難度增加外，對即時資訊取得的依賴度與重視度也大幅增加。

（二）動態性強

　　因時空的整合範圍大，使得管控整體時間的變動性亦隨之放大，因此物流系統極需掌握即時資訊以進行應變。

（三）複雜度高

　　物流的活動經過許多不同企業、地區，因此資源配置、管理調度的複雜度均很高。

3-2　物流系統功能

　　物流系統功能要素一般包含有七大功能：包裝、裝卸搬運、運輸、儲存保管、流通加工、配送、物流資訊等功能。這些功能是相互作用與相互依賴的，以下分別概述各功能的內涵。

一、包裝功能

　　完整的包裝功能是指包含出廠包裝、半成品包裝、物流過程的換裝／分裝／再包裝以及銷售階段的商品包裝。物流系統中所指稱的「包裝」主要是指「工業包裝」並非「商業包裝」，意指在流通過程中用以保護商品、方便搬運與儲存時，所採用的材料、容器與輔助品的總稱。

　　包裝活動若是針對商業包裝言，主要是以促進銷售為考量；若是以流通包裝言，則要全面考慮包裝對產品的保護作用、提高裝運比率、包拆裝的方便性以及廢包裝的回收管理。包裝還要根據整個物流過程的經濟效果，具體決定包裝材料、強度、尺寸以及包裝方式。

二、裝卸搬運

　　裝卸（load/unload）乃指物品在指定地點使用人力或機具（如堆高機）進行裝入或是卸下的物流活動。搬運（material handling）是指在同一場所，對物品進行一定距離的水平或垂直移動的物流活動。在物流活動中，頻繁的裝卸與搬運活動是物品損壞的主要原因之一。對裝卸搬運活動的管理，主要是確定適當的裝卸方式，力求裝卸次數的減少，合理配置並使用機具以做到節能、省力、減少損失、加快速度的效果。

三、運輸功能

　　運輸乃指使用設備或是工具，將物品由一地點向另一地點運送的物流活動，是物流的重要功能之一。運輸是改變物品空間狀態的手段，其與裝卸搬運、配送等活動結合，能圓滿改變物品的空間狀態，以創造地點的效用。運

輸的方式主要是在原物料、生產與銷售物流環節中,利用車、船、飛機等工具進行陸海空運輸的模式。對運輸活動的管理,要求選擇最經濟最好的運輸方式及聯運方式,合理地安排運輸路線,以實現安全、迅速、準時、廉價的要求。

四、儲存保管

儲存保管乃指保護、管理、儲藏物品,此過程中需維持物品的品質。儲存是物流的重要環節,具有存貨緩衝與調節作用,亦有創造時間價值的功用。對於儲存保管活動的管理,需要求正確的庫存數量,並依據倉庫是屬於儲存型或是流通型來合理制訂管理制度和流程,對物品採取區別管理(如ABC 管理),力求提高保管效率、降低損耗、加速物品與資金的周轉。

五、流通加工

流通加工乃指物品由生產供應商到消費者間的過程中,根據需要施加包裝、分割、組合包裝、貼標籤、掛吊牌、換中文標示及簡單裝配的作業總稱。流通加工是近年來愈來愈受關注的物流活動,因為供應鏈的延遲策略(postponement),亦即延至接近消費者階段,再進行簡單加工作業,讓流通加工扮演生產活動的延伸角色並成為物流過程中重要的加值活動。

六、配送功能

配送乃指對物品進行數量上分配並按需求送達指定地點,也是物流進入最終階段。配送是直接與客戶相連接的活動,客戶滿意與否跟配送的服務品質直接相關,要在適時、適地、適質、適量地把對的物品交給對的客戶手上,客戶才會滿意。

近年電子商務的發展,促使到府配送(宅配)成為關鍵的環節。配送活動過去一直被視為運輸活動中的一個部分,看作是短途運輸形式,然而配送在現代化通路的發展下,已不只是一種送貨運輸的活動,而是集結揀貨、裝卸搬運、配達服務、業務行銷等多元的考量。在注重服務的今日,最後一哩的宅配服務更可說明配送與運輸間的差異性。

茲再將運輸與配送的差異彙整如下，以利區分：

1. **運輸**：點到點運送、少樣大量、講求效率。
2. **配送**：單點對多點運送、多樣少量、講求服務。

七、物流資訊

物流資訊乃指反應物流各種活動內容的資料、數據、圖像、資訊等的總稱。物流資訊系統包含進行與上述六大功能中各項物流活動有關的預測、規劃、執行與資訊控制（例如：進貨、出貨、存貨）以及有關的財務資訊（例如：應收應付）、生產資訊以及市場資訊等。

對於物流資訊活動的管理，需建立資訊系統以及資訊來源的管道，正確選定資訊項目並確定資訊的收集、匯總、統計以及使用的方式，以確保可靠性與即時性。

3-3　物流系統分析

一、物流網路分析

物流網路是探討物流系統的方式之一。所謂網路是由節點（node）、連線（link）〔亦可有方向性〕所構成，對應於物流的組成茲將物流網路的組成分述如下：

1. **節點**：是用於儲存、處理、販賣商品的處所點。例如：工廠的原料倉、成品倉、物流中心、維修中心、賣場等。
2. **連線**：是用於表示運輸與實體流動的方法。此為物流系統中用於表達活動間的先後順序以及其過程的各式資訊。例如可以表達點與點間的運輸方式、時間、距離以及成本等資訊。
3. **網路**：是指物流系統中各節點與連線所形成的物流活動（如圖 3-2 即為以網路分析方式來表達轉運問題）。

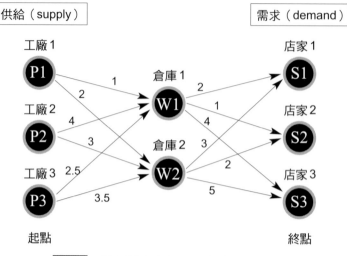

圖 3-2 轉運問題之網路分析表達示意圖

以物流網路觀點分析，物流系統是非常複雜的。通常大型企業都有多個工廠與倉庫來進行商品的生產與流通活動。在一連串承先啟後的生產過程中製成消費性商品後，進入流通階段。此時物流運籌各類流通的物流中心扮演了產品集散（集貨與配送）的作用，最後配送到各式的通路進行販賣。物流系統的複雜性通常直接與節點、連線以及網路間的時間與空間距離有關；並與系統內商品進入、離開與移動時，物流的穩定性、可預測性與數量有關。

二、物流 4D 分析

在處理物流問題時，可由四個主要項目來分析：需求（Demand）、持續時間（Duration）、距離（Distance）和目的地（Destination）。

（一）需求

是指總需求量、需求的頻率和需求的時間。在分析物流活動時，必須先預測在特定時間週期中的總需求量、瞭解每次需求的頻率（藉此推估每次需求的數量範圍）以及需求發生的時間區段。由此三方向來掌握物流需求量的形式，例如：平穩型、成長型、季節型等等。

（二）持續時間

乃指物流活動的持續時間。可分為三類：一次性、短期（例如：幾天或幾星期）、長期（需求是長時間存在的，甚至是持續不斷的）。

舉例如下：

1. **一次性**：如一個搬家活動；

2. **短期**：如電腦展產生的物流活動；

3. **長期**：如捷運工程產生的物流活動。

（三）距離

是指物流系統中各點與點間的距離；亦可以用時間來代表距離的概念。

（四）目的地

目的地並不一定指的是產品或服務的真正的目的地，而是指產品被送往的地方（包含中途停留的地點），可對應至網路分析中的節點。

進行物流分析時，需一起考慮上述四點因素，並得出最合適的解決方案。環境可能是這些因素正面或是負面的組合，例如：在貨物移動過程中，當需求持續穩定且延續時間長、距離短、目的地是可到達的，並擁有良好的設施時，這些因素是一種正面的組合。從而較易建立一個經濟有效的運作系統，用最少車輛數來運作，並轉化成一個經濟有效的運作系統。

如果需求是季節性的，將會產生負面的組合，在不同的時間會需要不同數量的車輛。從而導致資產利用效率、負荷能力及勞動力需求的可獲性等問題。

物流解決方案是要在現實環境中，透過最有效和最經濟的方式獲得想要的結果。當物流因素間有負面組合時，必須在因素間進行權衡來得到最好的平衡方案。

三、物流系統流入流出分析

一般來說物流系統可分為進向物流（inbound logistics）、內部物流（internal logistics）以及出向物流（outbound logistics）。在生產階段的物流管理中，進貨（進向）與出貨（出向）的形式往往存在很大的差異，例如：原物料的進貨物流（物料管理）的運輸與儲存與成品出貨物流的運輸與儲存存在很大的差異。由進貨與出貨物流的要求來看，可將物流系統分為以下四種：

（一）對稱系統

此類企業在進貨物流與出貨物流的重要性相等同，亦即進貨與出貨是一種合理的平衡流動。例如：批發業或零售業採箱進箱出模式的物流中心，或是製造業成品倉採板進板出模式者。

（二）偏進貨型

是指一些企業的進貨物流系統非常複雜但出貨物流系統較為簡單，例如：汽車製造廠。

（三）偏出貨型

是指一些企業的進貨物流系統非常簡單但出貨物流系統較為複雜，例如：玻璃用品工廠，其進貨原料相對單純但成品種類與大小卻很多。

（四）逆向系統

是指從事逆向物流的企業，將物流以反方向操作。隨著環保意識的高漲，逆向物流系統的設計將愈顯重要。例如：批發業或零售業專處理退貨的物流中心，或是資源回收處理中心。

3-4 各產業物流系統之發展特點

物流系統包含整個供應鏈過程中的生產與流通階段，以下分別就製造業、批發業與零售業的物流系統發展特點進行說明。

一、製造業物流系統的發展特點（生產階段）

（一）工廠廠址選擇更為重要

通常工廠的倉庫分為原料倉與成品倉，原料倉即為工廠物流的接收點，成品倉則為工廠物流的出發點。原料的種類數量以及客戶數會直接影響製造業物流系統的運作，以下分為二種情況說明：

1. **供應商多：**該製造業的原材料種類很多，供應商分佈分散的情況下，工廠物流接受點管理水準的優劣將直接影響到製造業的生產、採購的物流成本。因此，像是汽車、設備等原料品項較多的企業，一般採用集中供應商或是增加共用零件（標準零件）的方式。

2. **客戶數多：**該製造業的客戶分佈分散的情況下，工廠物流出發點管理水準的優劣將直接影響到製造業的銷售與服務的物流成本。為了及時、準確地將商品送達客戶手上，此種物流系統需在工廠與市場間設立一定的物流節點（物流中心），來儲備商品以滿足客戶需求。

（二）物流中心數量精簡化

製造業物流中心數量精簡化的趨勢，使得廠商採取工廠直送的做法。所謂工廠直送是指工廠將客戶需求的產品，不經過任何中間環節直接送到客戶手中。這種方式可將企業內的物流中心運作降到最低，並減少因中間環節過多所造成的貨物破損或是遺失。但是由於工廠直送一般很難做到經濟規模，特別在客戶要求多頻次、小批量訂購的情況下，企業仍需權衡倉儲費用與運輸費用間的成本，以評估物流據點數量精簡化後的整體效益。成功案例如日本東芝家電事業部從原本上百處的倉庫減少至十幾處，且直送比例高達80%左右，其藉由增加從工廠直送到客戶手中的物流比例大幅度降低其物流庫存成本，並迅速得到來自客戶的資訊回饋。

二、批發業物流系統的發展特點（流通階段）

（一）批發業的發展空間受限

隨著工廠直送作法日漸盛行和零售商勢力的日益強大，批發業的發展空間慢慢受到壓縮。過去批發業的物流系統就像一個調節閥，一方面透過從製造業訂購大批量的商品，另一方面則是化大為小，小批量將商品送到零售商的商店，以滿足零售商的需求，但現在這些功能都漸漸被工廠和零售商所取代，減少中間環節的趨勢發展是批發業遇到的最大挑戰。

（二）加值功能為發展的關鍵

由於現在零售商普遍儲存空間不足，希望減少商品的流通加工功能，故往往要求批發商把他們訂購的商品貼好標籤，分類進行商品的商業包裝，並配送到零售商指定的地點，有時候甚至上貨架的工作也要批發商來完成。這些工作往往都要花費很多的時間、空間與作業人力，因此流通加工的加值功能成為批發商發展物流的重要關鍵。

由於零售商的訂貨周期一般都比較短，對於批發商來說，在短時間進行大量繁瑣的流通加工工作，的確是一件很困難的事情。批發商為了完成物流任務，其物流中心必須具有高度處理商品的功能，不但速度要快，還必須準確無誤，並且處理費用要低。這是對批發業的一個大挑戰，如果批發商無法做到以上要求，將越來越難立足激烈競爭的市場中。

三、零售業物流系統的發展特點（流通階段）

（一）零售商型物流中心的建設是關鍵

當今商品供應的主導權已逐步由供應商轉移到零售商。因此，建立一個以零售門市為導向的零售物流系統，已成為當今零售業的一個重要課題。

（二）缺貨損失對零售商影響很大

以前，在賣方市場的時候，由於貨源有限，商品的供應權力主要在供貨商。而今日供應商產品的同質化導致零售商的勢力不斷增加，表示已進入買方市場情況。

由於供貨商的物流管理水平參差不齊，完全依賴供貨商來處理物流業務的零售商，有可能會有商品供應不足的問題。例如在約定的時間內，商品不能及時送到，或是訂購商品中有不良品等問題，都將直接導致零售商缺貨而造成銷售損失，或因退貨造成其他的損失。為了避免出現以上的問題，零售商越來越重視商品採購與供應的物流管理。

（三）及時交貨是物流系統的前提

在評估物流系統的過程中，為防止出現商品缺貨情況，零售商往往使用「交貨率」的指標來考核供應商。交貨率是指實際交貨金額佔全部訂貨金額的比例。零售商利用各個供貨商的實際交貨率，對供貨不及時的供應商給予警告或是解除供貨合約。

（四）物流共同化將為零售業帶來新契機

在零售業物流系統中，商品供應的管理是零售商最關心的問題。其中，集中供貨（共揀共配）構成了物流系統的基礎，特別是在零售業連鎖化、網路化的市場發展趨勢下。如果每個零售商各自向不同的供貨商訂貨，那麼供貨商需要派大量的貨車將裝運的商品分別供應給各個零售店，各個零售商店也需要花費同樣的精力，去完成收貨、驗貨的工作。

如果將各個供應商的訂貨集中起來，並共同配送給各個零售商店，將大大降低雙方的工作量，這作法就是物流共同化的精神。

本章相關英文術語解說

- **Backhaul　回程運輸**

  係指車輛從交貨點返回起運點的回程運載。回程運輸車輛可以是滿載，或是部分裝載，以充分地利用返程的貨運能力。如果是以空車方式回程，則稱為「空回頭車」。

- **Business Process Reengineering（BPR）企業流程再造**

  關心顧客的需求，對現有的經營過程進行思考和再設計，利用新的製造、資訊技術及現代化的管理手段，打破傳統的功能型組織結構（Function-Organization），建立全新的流程導向型組織結構（Process-Oriented Organization）。以作業流程為中心，打破金字塔狀的組織結構，使企業能適應新經濟的高效率和快節奏，讓企業員工參與企業管理，實現企業內部上下左右的有效溝通，具有較強的應變能力和較大的靈活性。

- **Cash On Delivery（C.O.D.）貨到付款**

  貨物送達時方支付貨款的交易方式，此為一種賣方和買方將欺詐或違約的風險降低的預防措施。

- **Just-In-Time System（JIT）及時供貨系統**

  JIT 由日本豐田公司於 1970 年發展出。指一個存貨系統，協調供應和需求，使物品在需要時，及時到達即可，使生產順暢又降低存貨水準。在此系統下存貨降至最少或沒有，貨車的車廂當做移動倉庫。

  JIT 刪除沒有附加價值的工作，沒有延遲，要求零缺點，適用於重複性的生產工作。廣義而言，應用在製造業，以減少浪費。狹義而言，為在需要的時間，把物品送至需要的地點，表示每一作業和前後作業都密切的配合。

  JIT 的好處有：

  1. 消除不必要的存貨：因為沒有多餘的存貨，如有瑕疵的產品，會使生產過程中斷，所以供應商和每一生產步驟都要提供無瑕疵的產品。

2. 減少存貨所佔的空間。

3. 較快的生產產品時間。

• Node　節點

乃指物流運籌系統裡的一個固定點，其中貨物進來等待，或在不同運輸模式中轉移。例如，工廠、倉庫、供應來源、市場目的地。

• Postponement　延遲

將基本性產品的生產與運送，盡量往供應鏈的下游移動，直到瞭解顧客需求後，才完成最後客製化的生產。例如，家具製造商生產未著色的家具。

• Stakeholder　利害關係人

對於某些事物有既定興趣的個人，這些人會影響或受決策流程影響。在企業總部層級，利害關係人包括那些會被某一項決定所影響的經理人、員工、股東、顧客、供應商等等。

• Value Added　附加價值

由美國人 Michael E. Porter 在其書《Competitive Advantage》（1985）中提出，價值鏈是由一些有價值的活動組成，而公司是由一些活動和作業所組成，對商品價值的增加有貢獻，使公司的商品能和競爭者競爭。

價值鏈的活動可分為兩部分：

1. 主要活動：包括進向物流、作業（Operations）、出向物流、行銷與銷售、售後服務等。

2. 支援活動：包括人力資源管理、採購、公司組織、技術發展等。每一主要活動需要不同的支援活動，例如營運活動所需的支援活動有人力資源管理、採購設備、維修服務、技術發展等。

• Value-Added Services　加值服務

超越顧客所認知的價值，滿足其最低需求以外的額外服務。

本章綜合練習題

一、選擇題（單選）

( ) 1. 以物流系統的目的言，最重視的應是以下哪一項？　(A) 結果　(B) 過程　(C) 順序　(D) 設備。

( ) 2. 以系統的觀念言，何種不屬於系統範圍性？　(A) 可界定研究的對象　(B) 可界定研究的範圍　(C) 強調系統與子系統間的關係　(D) 可界定研究的時間區段。

( ) 3. 以系統的觀念言，系統組成包含哪些要素？

(1) 輸入要素　　　　　　　　(2) 環境要素

(3) 輸出要素　　　　　　　　(4) 功能要素

(A) (1)、(2)、(3)　　　　　　(B) (2)、(3)、(4)

(C) (1)、(3)、(4)　　　　　　(D) (1)、(2)、(3)、(4)。

( ) 4. 以系統的觀念言，系統的輸入要素包含哪些？

(1) 人的要素　　　　　　　　(2) 物的要素

(3) 資金的要素　　　　　　　(4) 資訊的要素

(A) (1)、(2)、(3)　　　　　　(B) (2)、(3)、(4)

(C) (1)、(3)、(4)　　　　　　(D) (1)、(2)、(3)、(4)。

( ) 5. 以系統的觀念言，系統輸入要素中人的要素可包含哪些？

(1) 非系統使用者　　　　　　(2) 系統使用者（客戶）

(3) 員工　　　　　　　　　　(4) 股東

(A) (1)、(2)、(3)　　　　　　(B) (2)、(3)、(4)

(C) (1)、(3)、(4)　　　　　　(D) (1)、(2)、(3)、(4)。

( ) 6. 以系統的觀念言，系統輸入要素中人的要素可包含：非系統使用者、系統使用者（客戶）、員工、股東，可將這些不同屬性的人員統稱為？　(A) stakeholder　(B) shareholder　(C) stockholder　(D) systemholder。

(　) 7. 以系統的觀念言，有關物流系統輸入要素中，物的要素之描述何者不正確？　(A) 包含原料／半成品／成品等各種型式的物品　(B) 包含設備　(C) 包含工具與耗材　(D) 應僅包含各種型式的商品並不包含設備／工具／耗材等。

(　) 8. 以系統的觀念言，有關物流系統輸入要素中，資訊要素的描述何者不正確？　(A) 例如客戶資料　(B) 例如商品資料　(C) 例如預算投入　(D) 例如庫存資料

(　) 9. 以系統的觀念言，有關環境要素（或稱限制要素）我們經常使用 PEST 方法來進行環境掃描以下描述何者不正確？　(A) P 是指政治因素　(B) E 是指經濟 (C) S 是指社會　(D) T 是指訓練。

(　)10. 目前兩岸商談的 ECFA 議題，若以 PEST 環境掃描方法的分類言最不相關是哪一類？　(A) P　(B) E　(C) S　(D) T。

(　)11. 目前人口老化的趨勢，若以 PEST 環境掃描方法的分類言是屬哪一類？　(A) P　(B) E　(C) S　(D) T。

(　)12. 臺灣國內生產毛額的趨勢發展，若以 PEST 環境掃描方法的分類言是屬哪一類？　(A) P　(B) E　(C) S　(D) T。

(　)13. 臺灣總統大選的議題，若以 PEST 環境掃描方法的分類言是屬於哪一類？　(A) P　(B) E　(C) S　(D) T。

(　)14. 蓄冷保鮮設備的發展趨勢，若以 PEST 環境掃描方法的分類言是屬哪一類？　(A) P　(B) E　(C) S　(D) T。

(　)15. 以系統的觀念言，有關輸出要素以下描述何者不正確？

(A) 外部目標是屬效益導向

(B) 內部目標是屬成本導向

(C) 非系統要求的產出不包含在輸出要素中所以系統設計時不需要考慮

(D) 整體評價是從效益與成本綜合考慮。

( )16. 以物流系統言，有關輸出要素以下描述何者正確？

    (A) 直接成本的控制屬於外部目標

    (B) 客戶滿意度屬於內部目標

    (C) 二氧化碳排放量屬於非系統要求的產出

    (D) 整體評價屬於非系統要求的產出

( )17. 現代物流系統的特性，包含哪些？

    (1) 整合跨度大   (2) 獲利性高

    (3) 動態性強   (4) 複雜度高

    (A) (1)、(2)、(3)   (B) (2)、(3)、(4)

    (C) (1)、(3)、(4)   (D) (1)、(2)、(3)、(4)。

( )18. 對物流系統功能要素中的包裝功能，以下描述何者正確？

    (1) 包裝活動的管理若是針對商業包裝言，則主要是以促進銷售為考量

    (2) 若是以流通包裝言，則僅要考慮包裝的對產品的保護作用

    (A) (1)、(2) 均正確   (B) (1) 正確、(2) 不正確

    (C) (1) 不正確、(2) 正確   (D) (1)、(2) 均不正確。

( )19. 對物流系統功能要素中的包裝功能，若是以流通包裝言，則要考慮哪些方面？

    (1) 對產品的保護作用   (2) 提高裝運比率

    (3) 包拆裝的方便性   (4) 廢包裝的回收管理

    (A) (1)、(2)   (B) (1)、(2)、(3)

    (C) (1)、(2)、(3)、(4)   (D) 僅包含 (1)。

( )20. 對物流系統功能要素中的裝卸搬運功能，以下描述何者正確？

    (1) 裝卸乃指物品在指定地點進行裝入或是卸下的物流活動

    (2) 搬運是指在不同地點間，對物品進行垂直移動的物流活動

    (A) (1)、(2) 均正確   (B) (1) 正確、(2) 不正確

    (C) (1) 不正確、(2) 正確   (D) (1)、(2) 均不正確。

(　)21. 對物流系統功能要素中，以下描述何者正確？

(1) 運輸乃指將物品由一地點向另一地點運送的物流活動

(2) 搬運是指在同一場地內，對物品進行水平或垂直移動的物流活動

(A) (1)、(2) 均正確　　　　　　(B) (1) 正確、(2) 不正確

(C) (1) 不正確、(2) 正確　　　　(D) (1)、(2) 均不正確。

(　)22. 對物流系統功能要素中的儲存保管功能，以下描述何者正確？

(1) 儲存保管乃指保護、管理、儲藏物品，此過程中需維持物品的品質

(2) 儲存有緩衝與調節作用但不具備創造時間價值的可能

(A) (1)、(2) 均正確　　　　　　(B) (1) 正確、(2) 不正確

(C) (1) 不正確、(2) 正確　　　　(D) (1)、(2) 均不正確。

(　)23. 儲存時可針對不同的物品採取不同的儲存策略，例如將快流品放置在接近進出口的區域，這樣的管理方式較不屬於哪種管理內涵？　(A) 差異化管理　(B) ABC 分類管理　(C) TQM 管理　(D) 80／20 原則。

(　)24. 以下哪種作業不屬於流通加工？　(A) 組合包裝　(B) 貼中文標　(C) 儲位調整　(D) 掛吊牌。

(　)25. 以下哪種作業不屬於流通加工？　(A) 組合包裝　(B) 貼中文標　(C) 簡單裝配　(D) 退貨處理。

(　)26. 流通加工與以下哪一個管理策略直接相關？　(A) 企業流程再造（BRP）　(B) 延遲策略（postponement）　(C) 六標準差（6 sigma）　(D) 長尾理論。

(　)27. 對物流系統功能要素中的配送功能，以下描述何者正確？

(1) 配送是直接與客戶相連接的活動

(2) 配送乃指對物品進行數量上分配並按需求送達指定地點

(A) (1)、(2) 均正確　　　　　　(B) (1) 正確、(2) 不正確

(C) (1) 不正確、(2) 正確　　　　(D) (1)、(2) 均不正確。

( )28. 對物流系統功能要素中的配送功能，以下描述何者正確？

(1) 配送是直接與客戶相連接的活動也直接影響了客戶的滿意程度

(2) 配送乃指對物品進行數量上分配並按需求送達指定地點

(A) (1)、(2) 均正確　　　　　　(B) (1) 正確、(2) 不正確

(C) (1) 不正確、(2) 正確　　　　(D) (1)、(2) 均不正確。

( )29. 物流系統功能中，以下描述何者正確？

(1) 運輸－點到點運送、少樣大量、講求服務

(2) 配送－單點對多點運送、多樣少量、講求效率

(A) (1)、(2) 均正確　　　　　　(B) (1) 正確、(2) 不正確

(C) (1) 不正確、(2) 正確　　　　(D) (1)、(2) 均不正確。

( )30. 物流網路是探討物流系統的方式之一，以下描述何者正確？

(1) 網路是由節點與連線所構成

(2) 轉運問題考慮的是供應節點與需求節點間所構成的物流網路

(A) (1)、(2) 均正確　　　　　　(B) (1) 正確、(2) 不正確

(C) (1) 不正確、(2) 正確　　　　(D) (1)、(2) 均不正確。

( )31. 物流網路是探討物流系統的方式之一，以下描述何者正確？

(1) 運輸問題考慮的是供應節點與需求節點間所構成的物流網路

(2) 轉運問題考慮的是供應節點、物流中心與需求節點間所構成的物流網路

(A) (1)、(2) 均正確　　　　　　(B) (1) 正確、(2) 不正確

(C) (1) 不正確、(2) 正確　　　　(D) (1)、(2) 均不正確。

( )32. 物流網路中的節點是指以下哪一項？

(1) 工廠原料倉　　(2) 工廠成品倉　　(3) 物流中心

(4) 賣場　　　　　(5) 維修中心

(A) (3)　　　　　　　　　　　　(B) (1)、(2)、(3)

(C) (1)、(2)、(3)、(4)　　　　　(D) (1)、(2)、(3)、(4)、(5)。

( )33. 物流網路中的連線可表示以下哪一項？

(1) 運輸方式　　(2) 場所　　(3) 時間　　(4) 距離　　(5) 成本

(A) (1)、(2)、(3)　　　　　　　(B) (1)、(2)、(3)、(4)

(C) (1)、(3)、(4)、(5)　　　　　(D) (1)、(2)、(3)、(4)、(5)。

( )34. 在處理物流問題時，可由四個主要項目來分析，請問是哪四個 D？

(1) 需求（Demand）　　　　　　(2) 持續時間（Duration）

(3) 距離（Distance）　　　　　　(4) 折扣（Discount）

(5) 目的地（Destination）

(A) (1)、(2)、(3)、(4)　　　　　(B) (2)、(3)、(4)、(5)

(C) (1)、(2)、(4)、(5)　　　　　(D) (1)、(2)、(3)、(5)。

( )35. 物流解決方案主要的目的是？　(A) 追求運輸效率最大化　(B) 追求倉儲利用率最大　(C) 權衡各項因素找出最佳平衡方案　(D) 追求營收最大化。

( )36. 若以物流系統的流出流入進行分析，以下描述何者正確？

(1) 對稱系統是指企業在進貨物流與出貨物流的重要性相等同

(2) 偏進貨型系統是指企業在進貨物流非常複雜但出貨物流較為簡單

(A) (1)、(2) 均正確　　　　　　(B) (1) 正確、(2) 不正確

(C) (1) 不正確、(2) 正確　　　　(D) (1)、(2) 均不正確。

( )37. 若以物流系統的流出流入進行分析，以下描述何者正確？　(A) 汽車製造廠屬對稱型　(B) 汽車製造廠屬偏出貨型　(C) 玻璃用品廠屬偏出貨型　(D) 玻璃用品廠屬偏進貨型。

( )38. 在處理物流問題時，以下對持續時間因素的描述何者不正確？

(A) 搬家屬於一次性的活動　(B) 電腦展屬於短期的活動　(C) 住宅建案屬於長期的活動　(D) 選舉屬於固定性的活動。

( )39. 針對製造商物流的描述何者不正確？

(A)物流場地主要分為原料倉與成品倉

(B)原料倉即為物流接收點

(C)成品倉則為物流出發點

(D)製造業在原料種類數量、客戶數的多寡並不直接影響物流系統的運作。

( )40. 針對製造商物流的描述何者正確？

(1) 物流場地主要分為原料倉與成品倉

(2) 原料倉即為物流接收點

(3) 成品倉則為物流接收點

(4) 製造業在原料種類數量與客戶數的多寡直接影響物流系統的運作

(5) 對於原料品項較多的企業一般採集中供應商或是增加共用零件的方式來因應

(A) (1)、(2)、(4)、(5)　　　　(B) (1)、(2)

(C) (1)、(2)、(4)　　　　(D) (1)、(3)、(4)、(5)。

( )41. 針對批發商物流的發展描述何者正確？

(1) 隨著工廠直送和零售商的日益強大，批發業的發展空間受壓縮

(2) 流通加工的加值功能成為批發商發展物流的重要關鍵

(A) (1)、(2) 均正確　　　　(B) (1) 正確、(2) 不正確

(C) (1) 不正確、(2) 正確　　　　(D) (1)、(2) 均不正確。

( )42. 針對零售商物流的發展描述何者正確？

(1) 商品供應的主導權已經逐步地由供應商轉移到零售商

(2) 因產品的同質化導致零售商的勢力不斷增加，表示已進入賣方市場

(A) (1)、(2) 均正確　　　　(B) (1) 正確、(2) 不正確

(C) (1) 不正確、(2) 正確　　　　(D) (1)、(2) 均不正確。

( )43. 針對零售商物流的發展描述何者正確？

    (1) 商品供應的主導權已經逐步地由供應商轉移到零售商店

    (2) 在買方市場情況下會因產品的同質化導致零售商的勢力不斷增加

    (A) (1)、(2) 均正確　　　　　(B) (1) 正確、(2) 不正確

    (C) (1) 不正確、(2) 正確　　　(D) (1)、(2) 均不正確。

( )44. 針對製造商物流的描述何者正確？

    (1) 物流中心數量有精簡化趨勢，並使得廠商採取工廠直送的做法

    (2) 工廠直送適合各類型的產品

    (A) (1)、(2) 均正確　　　　　(B) (1) 正確、(2) 不正確

    (C) (1) 不正確、(2) 正確　　　(D) (1)、(2) 均不正確。

( )45. 在處理物流問題時，可由 4D 因素來分析，其中有關需求（Demand）的描述何者不正確？

    (A) 指總需求量

    (B) 指需求的頻率

    (C) 指每次需求發生到結束的時間長度

    (D) 需求發生的時間區段。

( )46. 有關全家物流體系的發展，下列描述何者不正確？

    (A) 鮮食品的發展推升鮮食物流的投入程度與重要性

    (B) 與跨境電商業者合作推升跨境電商物流的投入程度與重要性

    (C) 為使物流處理單純化，故捨跨境物流，專注於國內零售電商的發展

    (D) 強調物流服務的差異化。

二、簡答題

1. 系統的定義為何？試繪圖說明。

2. 哪些元素是物流系統的輸入要素？

3. 物流系統的輸出要素是要達到的目標，該目標可分為哪四類？

4. 物流系統有哪七種功能,試列出四種?

5. 請簡述物流系統中的包裝活動所指為何?

6. 物流系統於裝卸搬運時,可如何管理以減少物品的損壞?

7. 請簡述何謂流通加工?

8. 配送的功能為何?運輸和配送有何分別?

9. 請簡述搬運、運輸和配送有何分別?

10. 請問網路由哪二種要素組成?並以物流網路為例,說明這二種要素所代表的意義。

11. 請問物流 4D 分析中的 4D 分別為何?並簡述之。

12. 以流出流入分析物流系統,物流系統可分成哪四種?

13. 請試舉一個與物流活動有關的例子並以物流 4D 分析來描述之。

14. 請試舉一個與物流活動有關的例子並以物流網路分析方式來描述之。

15. 批發業物流系統的發展有什麼特點?試舉出二項來說明。

16. 零售業物流系統的發展有什麼特點?試舉出二項來說明。

NOTE

CH04
物流中心運作

 **本章重點**

1. 說明物流中心的重要性與類型
2. 說明物流中心的主要作業以及管理重點
3. 說明物流中心的配置型式

第二篇
物流運作篇

核心問題

　　現代化物流中心是如何運作？作業區域如何配置？主要處理那些關鍵活動？

思考案例

　　請由 Lativ 物流中心，探索一下現代化物流中心主要追求的目標是？試想若是當初由你來規劃 Lativ 的物流需要具備哪些能力？需要注意到那些重點？

若由物流網路分析方法分析物流系統，可發現物流中心在物流系統的組成扮演了重要的角色。在追求物流效率與效益的今日，現代化物流中心的運作已是物流系統的重要關鍵。本教材特別著重在流通階段的物流活動，因此本章將以流通業的物流中心（DC, distribution center）為探討的主要對象。

4-1 物流中心的重要性

現今消費者的偏好是多變的，為能滿足消費者之需求，零售業者除延長營業時間外，並採行少量、多樣、多頻次的訂貨方式以減少庫存；而批發業則以增加商品種類、縮短訂貨到送貨之前置時間來因應市場的變化。這些因應策略均導致配送成本不斷地增加，因此對於零售業而言，配送效率的好壞就成為影響經營成敗的關鍵。在這種環境趨勢下，除了專業化物流公司應運而生外，許多連鎖總部也紛紛建置自營的物流中心，興起一波波的變革與經營方面的各種嘗試。

基本上，物流中心是通路變革的產物，其產生的效益有下列幾項：

一、抑制商品價值減少

透過物流中心的運作將可有效縮短生產至消費的通路距離，可減少商品因過時或腐壞而導致的價值損失程度。

二、提高商品的迴轉率

企業為符合消費者的多變習性，積極朝多元化、個性化及經濟化發展。而物流中心可使商品更有效、更快速的流通，促進銷售並提高商品迴轉率達到經濟效益的提昇。

三、集中處理，提高物流作業效率

以往企業是由製造據點各自將商品配送至各地的批發商（或是經銷商），再由中間商流通部門各自將商品逐批分送至零售點，此種傳統流通的通路雜亂且效率低。物流中心取代中間商的流通部門，將商品集中流通有效簡化配送網路，並提高物流作業效率。

四、專業分工，提昇企業經營績效

物流中心設立後，「物流」活動由物流中心掌理。藉由專業化物流技術的運用，可以迅速交貨，滿足顧客的需求。而批發或經銷體系的人員可以專注於「商流」的處理，以提高銷售量，如此專業分工、相輔相成可有效提昇經營績效。

五、降低成本

物流中心的應用對企業而言，無論是在商品的採購單價或運輸成本方面，皆能有規模經濟的效果。此外，尚可提高週轉率，降低存貨水準減少資金的積壓。

六、提高顧客服務績效、創造競爭力

物流中心可提昇物流作業之效率，避免不必要的通路剝削，並可透過多頻次配送、到戶配送、甚至及時配送等方式，強化下游零售業者的經營效率及市場競爭力。

將上述有無物流中心設置所產生的通路運作差異與特性，整理如圖4-1。藉此更可清楚看出物流網路由複雜凌亂，轉而成為簡單清晰的顯著差異性。

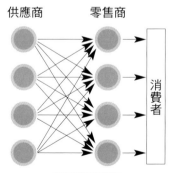

傳統物流型態
- 由各供應商進行配送，為多量／少樣／配送週期長的情況（可能是一週一配）
- 不具經濟規模
- 每個供應商都得進行送貨，導致門市收貨次數多
- 物流網路複雜且雜亂

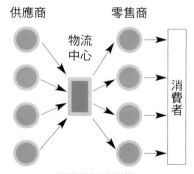

現階段物流型態
- 可符合少量／多樣／多頻次配送的需求
- 具經濟規模可降低物流成本
- 可因集中化處理，減少門市每日收貨次數
- 物流網路單純化

圖 4-1 通路變革（物流中心設置與否之差異）

4-2 物流中心的類型

物流中心的發展與流通業的變革息息相關。為了滿足消費者少量、多樣與高品質的要求，各類型物流中心的型態也因應而生。以下介紹五種常見的物流中心分類方式：

一、依成立策略

依成立背景及經營策略需求分類，分為以下五種；各類型之特性差異，表列如表 4-1 所示。

（一）製造商型物流中心（MDC, Manufacturer DC）

由製造商所成立的物流中心。目的是為了確保商品在不同通路需求下，可適切的反應市場需求並達到成本控制的效果。此類物流中心分類的考慮主要是以自家商品為主，所儲配的商品均為集團企業內所生產或引進的商品。

換言之，製造商將其不同工廠所生產的產品，集中到此類型的物流中心，藉此達成規模化的效果。例如：統一企業的常溫物流中心、安麗公司的物流中心等。

（二）批發商型物流中心（WDC, Wholesaler DC）

由批發商或是代理商所成立的物流中心。此類物流中心主要是以其所批發或是代理的商品為主。例如：代理國際知名藥廠產品並供應全國醫院與藥局通路的裕利公司的物流中心（http://www.zuelligpharma.com/distribution.html）、3C 通路商聯強國際的物流中心等（http://www.synnex.com.tw/index.aspx）。

（三）零售商型物流中心（RDC, Retailer DC）

由零售通路業者（尤其是連鎖型便利商店業者為主）所成立的物流中心。此類物流中心的主要考慮是以通路為主，亦即以該通路所販賣的商品為主。因此處理的商品種類數較其他型式物流中心多。例如：統一超商的捷盟行銷、全家便利商店的全台物流、誠品書店的誠品物流等。

（四）電商型物流中心（EDC, E-commerce DC）

乃指由電商業者或是因應電商業者需求所成立的物流中心。電商物流具備訂單爲少量、少樣、低頻次且 SKU 數量極多，並以零售客戶爲主。例如：momo 購物網、PChome24h 購物、Coupang（酷澎）等。

（五）貨運商型物流中心（TDC, Transporting DC）

此類型與上述四類較不相同，乃指由原貨運公司轉型爲物流公司的物流中心，其運作主要是以「貨件」運輸與配送爲主。目前許多快遞、貨運、宅配服務所構成的大型場站，均多爲貨運商型的物流中心。例如：新竹物流、嘉里大榮、統一速達、宅配通等。

表 4-1　依成立策略分類之各類物流中心之特性差異

物流中心類型	訂單特性 /訂貨頻率	倉儲SKU數量	客戶型態	管理法則	舉例
MDC 製造商型物流中心	少樣、多量中低頻次	SKU 少	通路客戶（店配）	80/20 法則	統一企業 / 安麗（製造商 /品牌商）
WDC 批發商型物流中心	中樣、中量中低頻次	SKU 中	通路客戶（店配）	80/20 法則	裕利 / 聯強（多品牌代理 / 批發商）
RDC 零售商型（統倉型）物流中心	多樣、少量高頻率	SKU 中多	通路客戶（店配）	80/20 法則	捷盟 / 全台 /全聯（零售連鎖）
EDC. 電商型物流中心	少樣、少量低頻率	SKU 極多	零售客戶（宅配）（店取）	長尾理論	momo購物網 /PChome24h 購物 / Coupang（網購電商）
TDC 貨運商型物流中心	管理單位爲「貨件」；頻率視不同委託者而有不同	一託運單視爲一「貨件」	企業或個人（店配）（宅配）	80/20 法則 /長尾理論[註1]	新竹物流 / 嘉里大榮 / 統一速達 / 宅配通

註 1：80/20 法則與長尾理論均有

二、依服務對象

依服務對象爲體系內或是不限定對象來進行分類。

（一）封閉型（自營）

此乃屬於企業體系內，只對內部組織提供物流服務的物流中心，例如：全家便利商店的全台物流、統一超商的大智通等。目前亦有部分的封閉型物流中心開始提供對外的服務，如統昶行銷公司，企圖成爲混合型的物流中心（見本節第三項）。

（二）開放型（第三方物流）

此物流中心屬於獨立個體，對外提供專業的物流服務；一般亦稱爲第三方物流服務業者。例如：全日物流。

（三）混合型

此物流中心附屬於企業體系之內，但不只對企業體系內的分支機構提供物流服務。其亦接受其他機構的委託，對外進行商品儲配的服務。例如康國行銷不只負責配送味全體系的物流需求，亦提供物流服務給其他業態店。

三、依服務區域大小

依服務區域的大小來進行分類。

（一）區域型物流中心（RDC, Regional DC）

此物流中心的規模較大。因爲規模較大，故常引進高效率的自動化物流儲存與分揀設備，以支援前進型物流中心的訂單處理作業。

（二）前進型物流中心（FDC, Frontier DC）

此物流中心的規模較小，並以地區配送爲主。主要由區域型物流中心將分揀好的訂單貨物運送至此類物流中心後，轉由小車進行配送。一般言，此類物流中心儲存能力通常很有限。實務上，亦稱此型態物流中心爲轉運站。

四、依儲存能力

（一）儲存型物流中心

　　是指有很強儲存能力的物流中心。一般言，區域型物流中心因為服務範圍大，需有較大的庫存，因此儲存的能力就顯得重要。例如：統一企業的林口物流中心。

（二）流通型或稱越庫型物流中心（Cross-docking DC）

　　基本上沒有長期的儲存能力，僅以暫存或是隨進隨出的方式來運作的物流中心。

（三）綜合型物流中心

　　包含大量儲存能力與隨進隨出的越庫方案能力。例如：全聯公司的觀音物流中心。

五、依儲存溫度

　　依儲存溫層作劃分可分為常溫物流中心、低溫物流中心（冷凍或冷藏）、空調物流中心（例如：18 ℃～ 22 ℃）。在不同領域中，針對不同需求對於溫層劃分亦有有不同，上述之分類僅是一種參考。

六、依加工類型

　　依加工類型來進行分類。

（一）無流通加工物流中心

　　乃指不具備任何流通加工服務的物流中心。

（二）一般流通加工物流中心

　　乃指可提供貼標、掛吊牌、組合包裝、重整、簡單加工等服務的物流中心。

（三）生鮮加工物流中心

乃特指具備提供生鮮食品清洗、截切、烹煮、包裝等服務的場所，此類場所亦具備物流配送功能；實務上稱爲生鮮處理中心（Process Center，簡稱PC 廠）。例如：全聯生鮮處理中心、統一超商鮮食廠、全家鮮食廠。

（四）維修加工物流中心

乃指具備商品快速維修、檢測功能的物流中心。實務上以 3C 產品類爲主，例如：聯強國際的通達智能運籌。

七、依保稅與否

依是否根據財政部相關法規所設置之物流據點，來進行分類。

（一）保稅物流據點

乃指依據財政部相關法規所設置之物流據點，可處理保稅貨品之物流據點。例如：保稅倉庫、物流中心（請注意：此乃保稅法規特屬用語，與一般泛稱之物流中心不同，一般所泛稱的物流中心不得儲放保稅貨品）、以及自由貿易港區事業。

（二）非保稅物流中心

乃指設置不須經過財政部保稅相關法規，且僅對已完稅貨品提供相關物流服務之物流中心。

綜上所述，我們可用不同的分類方式來闡述同一個物流中心，以利我們更加瞭解其運作的屬性。例如：以統一企業的林口常溫物流中心而言：以成立策略來看，其屬於製造商型物流中心；以服務對象來看，其屬於體系內封閉的物流中心；以服務區域大小而言，其屬於區域型物流中心；以儲存能力來看，其屬於儲存型物流中心；以儲存溫度而言，其屬於常溫物流中心；以加工類型來看，其屬一般流通加工；以保稅與否來看，其屬於非保稅物流中心。

4-3 物流中心整體作業與管理重點

物流中心是整體物流運作的核心，其乃依據公司策略及戰術管理方針，進行日常作業活動與管理。為進一步瞭解物流中心的運作，以下列出物流中心的主要作業以及其管理重點，以作為後續物流設備、物流資訊以及物流管理上深入探討的基礎。

一般物流中心運作主要分為倉儲作業與運輸／配送作業二大類。在倉儲作業中，又可分為進貨、出貨（銷貨）兩大作業領域，進貨須銜接運輸作業，出貨（銷貨）則須銜接配送作業。然而此二大作業均可能發生退貨的情況，分別為進貨退回以及出貨（銷貨）退回。

此外，進貨、出貨（銷貨）與退貨直接影響貨品庫存數量與貨品狀況之更新。而物流中心的管理核心，正是針對貨品進行庫存管控，包含其數量與品質狀況；然而，如何確保庫存的正確性，則有賴盤點作業的落實。

為了方便理解物流中心整體運作的管理意涵，先說明本教材使用的二個名詞：

1. **貨主**：物流中心所儲放貨品的擁有人。物流中心為貨主服務，故亦可稱貨主為物流中心的「客戶」（若屬自營物流中心，其貨主就是公司本身）。

2. **客戶**：本教材所稱客戶專指為貨主的買家（簡稱為客戶）。

簡言之，物流中心管理的重點，乃在資源有限的情況下，對於貨主的貨品，從進貨到出貨的環節中，為達到預期的效益所進行的一連串作業。且為有效管理必須能進行人、事、時、地、物的追蹤，亦即是誰（人）、於何項作業（事）、在甚麼時間（時）、於何處（地）、處理哪些貨品（物），此部分亦可稱為作業單據追蹤（order tracking）。

一般言，對外的單據處理作業由業務部門處理，物流作業則由倉儲部門與配送部門執行；以下分別就進貨、出貨與退貨的相關作業與管理重點進行說明。

一、進貨相關作業

1. 單據作業（對外作業）

此部分由業務部門負責。一般當貨主下採購單（PO, purchase order）後，會轉成進貨通知單給物流中心業務部門，通常這部分會與貨主的 ERP 系統進行電子化單據轉檔。當內部物流作業完成進貨驗收並回報給業務部門後，即可更新貨主的庫存帳。此外，若有流通加工需求者，也會依據與貨主事先設定的規則，進行流通加工單（WO, work order）的下達。

2. 物流作業（內部作業）

此部分由倉儲部門負責。一般進貨作業通常會分為三個階段：(1) 收到進貨通知後的資源預派規劃；(2) 進貨驗收的庫存帳移轉以及 (3) 貨品儲放上架作業與儲位帳更新。若含流通加工作業則需執行以下三項作業：(1) 領料作業；(2) 加工作業；(3) 完工作業（餘料入庫或是成品入庫或直接出庫）。

3. 管理重點

(1) 預派資源

對於進貨相關作業，須預估其作業量並進行相關資源的預派規劃，包含作業人力、作業設備、儲位空間、空容器處理等等。

(2) 帳務處理

在帳務處理方面，主要分為庫存帳與儲位帳；二者主要差別在於庫存帳是以貨品為主要的管理對象，亦即對於每一個庫存品項（SKU, stock-keeping unit），可查詢各種條件下的庫存數量有多少；儲位帳是以儲位為主要的管理對象，可查詢各儲位存放哪些庫存品項及屬性狀況與數量。

(3) 貨況設定

對於貨品管理，可視情況需要設定不同的狀況別或是其他屬性，以利區別各種貨品的狀況（簡稱貨況），例如：良品、壞品或是在途中、保留等。

(4) 效期管理

大多數貨品特別是食品類都有保存期限，鮮食類的保存期限更僅有 24 小時。因此，進貨時對於製造日期與保存期限資訊的掌握，是效期管理是關鍵的第一步。

(5) 績效管理

針對進貨階段相關的作業效率、人力／設備利用率、作業週期時間等等進行績效評估與管理。

二、出貨相關作業

1. 單據作業（對外作業）

此部分由業務部門負責。一般貨主會將多元接單程序產生的銷貨訂單（SO, sales order）轉給物流中心業務部門，通常這部分會與貨主的 ERP 系統進行電子化單據轉檔。然後進行以下幾項作業：

(1) 庫存試算，若有缺貨時，則需與貨主協商或依據所設定的配量原則進行分配；

(2) 當內部物流作業完成出貨驗出並回報給業務部門後，即可更新貨主的庫存帳，並將出貨的貨品轉為在途量；

(3) 當業務部門收到配送簽回的單據，並進行回單作業後，再進行庫存帳最終的確認或更新，並由財會部門進行後續的應收付作業。

2. 物流作業 (內部作業)

此部分由倉儲部門與配送部門負責。在倉儲部分負責的出貨作業為倉儲內部活動，通常會分為三個階段：

(1) 依據訂單產生揀貨波段（picking wave）的規劃；

(2) 產生揀貨單進行揀貨作業；

(3) 進行出貨驗出作業。

在配送部門負責的配送作業，則屬於內部作業的外部活動。

3. 管理重點

(1) 預派資源

對於出貨相關作業，須預估其作業量並進行相關資源的預派規劃，包含作業人力、作業設備、包裝容器／材料、儲位空間、車型／車輛數安排等等。

(2) 帳務處理

在帳務處理方面，亦需依據庫存帳與儲位帳分別處理。

(3) 缺貨處理

若有庫存不足，則需視情況與顧客取得聯繫並確認配量的處理原則。若未經貨主確認，通常會產生責任爭議。

(4) 效期管理

大多數貨品特別是食品類都有保存期限，鮮食類的保存期限更僅有 24 小時。因此，出貨時需符合客戶對於效期的要求。不同通路對於效期要求會有不同，因此揀貨條件的確實管制乃為有效存控管理的關鍵之一。此外，不同通路會有額外需求，例如：全家便利商店要求出貨時黏貼『時控條碼』，以利商店銷售時可藉掃讀判斷其效期狀況。

(5) 配送管理

配送作業因為已經離開物流中心範圍，在管理的掌握度上較差。管理的重點在於路線安排的運作效率、配送準時率、配送品質、配送動態掌握以及成本控管等議題。

(6) 績效管理

針對出貨階段相關的作業效率、人力／設備利用率、作業週期時間、車輛人員配置效率等等，進行績效評估與管理。

三、退貨相關作業

1. 單據作業（對外作業）

此部分由業務部門中的客服單位負責。一般退貨單可分為三種情況：

(1) 經由接單程序產生的退貨單（RO, return order）；

(2) 送貨時順收退貨（事後補單）；

(3) 銷貨單產生的銷貨退回。

不論是何種方式，最後均需由倉儲退貨部門完成退貨處理後，再進行庫存帳的更新或交財會部門進行報廢的帳務處理。

2. 物流作業（內部作業）

此部分由倉儲部門負責。一般退貨作業通常會分為三個階段：

(1) 清點與分類處理，亦即依據貨品狀況進行分類與清點；

(2) 進行退貨入庫作業；

(3) 對報廢貨品進行貨品暫存作業，待財會部門通知後再進行貨品的實體移轉作業。

3. 管理重點

(1) 預派資源

對於退貨相關作業，須預估其作業量並進行相關資源的預派規劃，包含作業人力、作業設備、包裝容器／材料、儲位空間等等。

(2) 帳務處理

在帳務處理方面，亦需依據庫存帳與儲位帳分別處理。

(3) 報廢處理

此部分須視相關財稅法規以及貨主處理報廢的作業原則進行。若未經貨主確認，通常會產生責任爭議。

(4) 績效管理

針對退貨階段相關的作業效率、人力／設備利用率、作業週期時間等等進行績效評估與管理。

4-4 物流中心的配置

一、物流作業相關區域

物流中心的配置與其作業有密切關係。根據上述對於物流中心的瞭解，我們至少可意識到有以下各種的活動區域：進貨碼頭（月台）及其停車場地、進貨暫存區、儲存保管區、流通加工區、揀貨區、包裝區、出貨暫存區、出貨碼頭（月台）及其停車場地、退貨暫存區等。圖 4-2 是以安麗南崁物流中心（2004 ~ 2021.06）的概況，而表 4-2 則針對各區域的圖片及相關重點作一整理與說明。

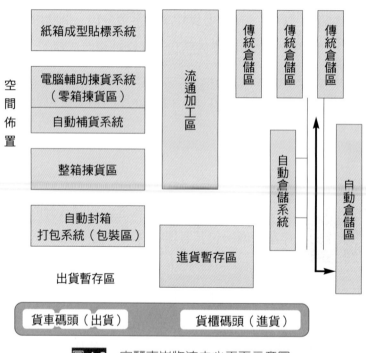

圖 4-2　安麗南崁物流中心平面示意圖

表 4-2　安麗南崁物流中心各作業區域重點說明

區域	相關重點說明
進貨碼頭（月台）	1. 進貨月台的位置是內部倉儲佈置的重要影響因素。 2. 可能同時有貨櫃車與一般貨車之進貨。 3. 進貨月台需考慮卸貨的方便性與防雨措施。
進貨暫存區	1. 進貨暫存區用於卸貨後貨物暫存以等待檢驗以及上架儲存的準備。 2. 檢驗若正常則先暫存並更新帳務狀態以進行上架作業。 3. 檢驗若異常則暫存但不入帳並準備進行驗退作業。 4. 暫存區與月台經常有阻隔設備（如鐵捲門）以強化保全。
儲存保管區	1. 用於大量儲存。 2. 左圖為自動倉儲系統（AS/RS）。 3. 大多數物流中心採用重型料架作為大量儲存之用。 4. 儲存時需確保商品數量的正確性以外，並需要維持商品可用性（亦即達到品質維持的效果）。
流通加工區	1. 流通加工區為一個彈性的工作區域，依據不同加工需求進行領料與加工作業。 2. 加工完成後可儲存等待出貨或直接出貨。

區域	相關重點說明
揀貨區	1. 此區域可分為整箱揀貨或是零散揀貨，左圖為零散揀貨區。 2. 整箱揀貨區經常設置於重型料架區的最低層。 3. 為加速揀貨速率與提高正確性，揀貨區常引進電腦輔助揀貨系統（CAPS），左圖為流利架搭配電子燈號揀貨系統（DLPS）。
包裝區	1. 此區域經常用於揀貨完成後的再次檢驗與確認。 2. 許多物流中心採用內部的揀貨箱（亦即不對外流通）並設置包裝區作為揀貨箱與出貨紙箱的轉換。
出貨暫存區	1. 用於揀貨完成後待出貨商品的暫存。 2. 多以路線為區分且考慮送貨路順（先下貨者後上貨）的順序進行暫存。 3. 倉管人員將依據出貨品管抽樣標準進行正確性抽檢（出貨覆點）。
出貨月台（碼頭）	1. 此為倉管人員與配送人員的交接處。 2. 通常在此進行出貨對點，點交完成後責任轉移至配送人員。 3. 出貨月台需考慮裝貨的方便性與防雨措施。
退貨暫存區	1. 為退貨商品集中處理之處。 2. 在此區域進行退貨點收、分類等作業。 3. 需視商品特性考慮退貨區設置的地點 （若為食品常有溢漏、氣味等問題，通常將成品與退品於實體上分為二個獨立的區域）。

二、物流空間配置主要型式

　　為了讓讀者對於物流中心有初步瞭解，以下簡略介紹幾種物流中心的配置型式。主要型式的分類乃由進出月台碼頭的位置以及動線來區分，可概分為 I 型、L 型與 U 型，如圖 4-3 所示。

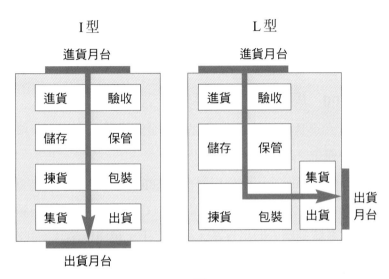

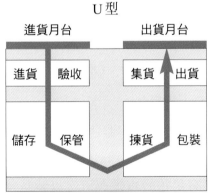

圖 4-3 物流空間配置之形式

本章相關英文術語解說

- **Blanket Order　總括訂單**

  針對特定的貨物與勞務，於預定的期間，以預定的價格、最惠顧客的價格、因市場或因其他條件等須修訂的價格，給予供應商的一項承諾（通常一年或更長）。此一作法的用意是用來減少小批量訂單的數量，利用短期的發單來滿足需求。又稱爲總括協定（Blanket Agreement）。

- **Cross Docking　接駁轉運；越庫作業**

  貨物從進貨月台進貨後，直接到出貨月台至配送貨車上出貨，沒有入庫、儲存、揀貨等作業。

  越庫作業可分成兩種層次：整棧板層次（Pallet Level）：進貨時爲棧板，沒有做任何處理，以原棧板出貨；零箱層次（Case Level）：如有輸送系統，箱子經由輸送系統到應去的出貨區，等候上車。越庫作業有下列優點：

  1. 減少時間：減少入庫、儲存、揀貨等作業的時間，加快商品的流通速度。

  2. 減少固定成本：減少倉儲設施與倉庫空間。

  3. 減少變動成本：減少入庫理貨費、儲保費和出庫理貨費等成本。

  良好的越庫作業需要有下述條件：

  1. 足夠的人員與搬運設備：人員與搬運設備可以有效地處理貨物進入月台和貨物離開月台。

  2. 良好的車輛排程：有足夠的車輛與班次以裝載貨物，避免貨物被迫儲存。越庫亦稱接駁式或通過型物流（Flow-through Distribution），零擔（Less Than Truckload）貨運業和快遞業的站所作業方式是一典型的越庫系統。

- **Cycle Time　週期時間**

  代表著從下單開始，到庫存被補足的補充循環期間（例如以採購爲例，則表自收到請購，到材料送交請購者之期間）。

- **Distribution Center（DC）物流中心**

    製造商將貨物運送到消費地附近的物流中心，物流中心通常有一個大倉庫，物流中心裡面有儲存用的料架或分類設備，可以存貨更接近客戶，再由物流中心用貨車將商品送至零售商或消費者。物流中心具有採購、儲存、流通加工、配送等功能，講求少量、多樣、高頻率的配送方式。例如物流中心從供應商甲進貨嬰兒食品，從供應商乙進貨尿布，然後根據訂單的需求，把一打嬰兒食品與十包尿布合併後，送至超級市場丙，把四打嬰兒食品與二十包尿布合併後，送至超級市場丁。

    物流中心的優點為：

    1. 減少製造商直接將貨物運送至零售店或消費者的運輸次數，節省運輸時間與成本。
    2. 減少訂單前置時間。
    3. 減少缺貨機會與成本。

    物流中心和傳統普通倉庫的差別如下：

    1. 倉庫的貨物進出速度和頻率比較慢，物流中心比較快。
    2. 倉庫儲存所有的物品，物流中心在適當滿足客戶的前提下，僅儲存所需的貨品。
    3. 倉庫提供較少的附加價值，物流中心提供較高的附加價值，例如流通加工。
    4. 倉庫的電腦作業以批次的方式存取資料，物流中心的電腦作業以即時的方式存取資料。
    5. 倉庫強調在符合出貨要求下，使營運成本最少，物流中心強調在符合客戶要求下，使效率為最大。

- **Standardized Operation Procedure（SOP）標準作業程序**

    係指將符合理想或是符合相關規定的實施步驟與重點，加以明確化以及系統化的組織，以作為處理工作依據之一種方法或工具，目的在維持工作品質以及提升工作品質。這是屬於精實作業與努力降低成本的一環，任何不在標準作業程序內的工作或活動，都被視為隱形工廠的作業。

本章綜合練習題

一、選擇題（單選）

( ) 1. 有關物流中心可產生的效益，包含哪些？
  (1) 抑制商品價值減少   (2) 降低迴轉率
  (3) 分散處理提高作業效率 (4) 可達規模規模以降低成本
  (A) (1)、(2)   (B) (1)、(3)
  (C) (1)、(4)   (D) (3)、(4)。

( ) 2. 有關物流中心可產生的效益，何者不正確？
  (1) 抑制商品價值減少   (2) 降低迴轉率
  (3) 分散處理提高作業效率 (4) 可達規模規模以降低成本
  (A) (1)、(2)   (B) (2)、(3)
  (C) (1)、(4)   (D) (3)、(4)。

( ) 3. 傳統由各廠商進行配送的傳統物流型態與經由物流中心運作的現代物流型態之說明，何者不正確？
  (A) 傳統物流型態配送周期長乃因單次配送數量的考量而無法達到多頻次的配送
  (B) 現代物流型態則可加總不同供應商的個別商品數量而可達到少量多樣多頻次配送
  (C) 傳統的物流型態其網路較簡化
  (D) 現代的物流型態其網路較簡化。

( ) 4. 物流中心的分類說明，何者不正確？
  (A) 依成立策略分可分為 MDC／WDC／RDC／TDC
  (B) 依服務區域大小分可分為 RDC／FDC
  (C) 依服務對象分可分為封閉型與開放型
  (D) 依儲存能力分可分為 RDC／FDC。

(　　) 5. 物流中心的分類若依成立策略區分,何者正確?　(A) MDC 是製造商型　(B) WDC 是零售商型　(C) RDC 是批發商型　(D) TDC 是區域型。

(　　) 6. 物流中心的分類若依成立策略區分,何者的物流中心屬於 MDC?　(A) 安麗　(B) 裕利物流　(C) 聯強國際　(D) 誠品物流。

(　　) 7. 物流中心的分類若依成立策略區分,何者屬於 MDC?　(A) 統一企業常溫物流　(B) 捷盟　(C) 大智通　(D) 誠品物流。

(　　) 8. 物流中心的分類若依成立策略區分,何者屬於 WDC?　(A) 統一企業常溫物流　(B) 聯強國際　(C) 大智通　(D) 誠品物流。

(　　) 9. 物流中心的分類若依成立策略區分,何者不屬於 RDC?　(A) 統一企業常溫物流　(B) 捷盟　(C) 大智通　(D) 統昶。

(　　)10. 物流中心的分類若依成立策略區分,何者屬於 RDC?　(A) 統一企業常溫物流　(B) 安麗　(C) 德記洋行　(D) 誠品物流。

(　　)11. 物流中心的分類若依成立策略區分,何者屬於 TDC?　(A) 統一企業常溫物流　(B) 嘉里大榮　(C) 德記洋行　(D) 誠品物流。

(　　)12. 物流中心的分類中,何者不屬於封閉型?　(A) 統一企業常溫物流　(B) 嘉里大榮　(C) 全台　(D) 誠品物流。

(　　)13. 物流中心的分類中,何者不屬於開放型?　(A) 全日物流　(B) 嘉里大榮　(C) 中華僑泰　(D) 誠品物流。

(　　)14. 物流中心的分類中,針對服務區域大小來劃區時以下何者正確?

(1) 揀貨作業多由 RDC 來承擔

(2) FDC 主要是負責將大車換成小車並進行配送作業

(A) (1)、(2) 均正確　　　　　(B) (1) 正確、(2) 不正確

(C) (1) 不正確、(2) 正確　　　(D) (1)、(2) 均不正確。

(　　)15. 物流中心的分類若依成立策略區分,何者正確?　(A) MDC 的品項數最多　(B) WDC 的品項數最多　(C) RDC 的品項數最多　(D) 以上皆非。

(　)16. 以下敘述何者不正確？　(A) 統昶為低溫物流　(B) 捷盟為常溫物流　(C) 晶品為低溫物流　(D) 以上皆非。

(　)17. 以下何者正確？　(A)MDC 的品項數較 RDC 多　(B)RDC 的品項數較其他類型多　(C)WDC 的上下游整合度較其他為高　(D)TDC 的整合程度最高。

(　)18. 有關物流中心相關作業區域描述，以下何者不正確？
(A) 進出貨月台區是影響物流中心動線最主要的因素
(B) 進貨暫存區主要是進貨後作為等待檢驗或驗收後準備上架的暫存區
(C) 儲存保管區是用於進貨後的儲存
(D) 儲存保管區經常使用中小型流利架作為儲存設備。

(　)19. 有關物流中心揀貨區域描述，以下何者不正確？
(A) 通常可分為整箱揀貨或是零散揀貨
(B) 零散揀貨區通常設置於重型料架區的最低層
(C) 因揀貨區與儲存區不在同一位置而產生補貨作業
(D) 整箱揀貨區通常設置於重型料架區的最低層。

(　)20. 有關物流中心退貨區域描述，以下何者不正確？
(A) 退貨作業因無店舖銷售的發展而有增加的趨勢
(B) 退貨區的商品若已不堪用可直接報廢不需進行相關的帳務調整
(C) 若商品本身有溢漏破罐等問題則通常退貨區將與成品區有相當的隔離
(D) 可於此區進行退貨商品的分類作業以區別商品的狀態。

(　)21. 有關物流中心配置形式，以下何者不正確？
(A) 與進出月台碼頭的位置有很大的相關性
(B) 若進出月台在同一側其配置型式約成 U 型
(C) 若進出月台成 90 度其配置型式約成 L 型
(D) 若進出月台在同一側其配置型式約成 S 型。

(　　)22. 有關物流中心配置形式，以下何者正確？

    (A) 與進出月台碼頭的位置沒有相關性

    (B) 若進出月台在同一側其配置型式約成 S 型

    (C) 若進出月台成 90 度其配置型式約成 U 型

    (D) 若進出月台各在前後二側其配置型式約成 I 型。

(　　)23. 若依成立策略對物流中心進行分類，以下分類與廠商之對應，何者不正確？

    (A) 統一企業的物流中心屬 MDC　　(B) 裕利物流中心屬 WDC

    (C) 捷盟物流中心屬 RDC　　　　　(D) 嘉里大榮物流中心屬 TDC

    (E) momo 屬 WDC。

(　　)24. 若依加工類型對物流中心進行分類，聯強國際的通達智能運籌未包含何種類型？

    (A) 無流通加工 DC　　　　　　　(B) 一般流通加工 DC

    (C) 生鮮加工 DC　　　　　　　　(D) 維修加工 DC。

二、簡答題

1. 物流中心依成立背景與經營策略，可以分為哪四種？

2. 物流中心依服務區域的大小，可以分為哪兩種？

3. 依儲存溫度區分，物流中心分為哪三種？

4. 依儲存能力區分，物流中心分為哪二種？

5. 試說明物流中心有哪些作業區域？請舉出四個區域。

6. 試解釋進貨暫存區有什麼功能。

7. 試依進出貨月台碼頭的位置以及動線，配合作業順序的概念，寫出三種物流中心空間配置的主要型式。

8. 物流中心是通路變革的產物，請列出至少三項物流中心在通路中的效益並簡述之。

9. 試繪圖說明有無設置物流中心的差異與其作業特性。

10. 請試舉一個你所知的物流中心並以成立策略、服務對象、服務區域、儲存能力與儲存溫度等角度，對該物流中心進行分類。

CH05

倉儲作業

本章重點

1. 進貨作業概述
2. 出貨作業概述
3. 退貨與報廢作業概述
4. 盤點與調整作業概述

第二篇
物流運作篇

核心問題

　　電商快速配達的需求，推升訂單履行中心（order fulfillment center）的發展，面對速度的挑戰，倉儲作業可如何優化？

思考案例

　　請由 GoodDeal 提供給電商平台的服務，探索一下電商物流主要追求的目標？試想若是當初由你來規劃 Gooddeal 的訂單履行中心需要具備哪些能力？需要注意到哪些重點？

在物流中心主要包含十大作業：

1. 採購（procurement）
2. 進貨驗收（receiving & inspection）
3. 儲存保管（storage）
4. 流通加工（value-added processing）
5. 訂單處理（order processing）
6. 揀貨包裝（order picking & pack）
7. 集貨出貨（consolidation & shipping）
8. 配送（delivery/distribution）
9. 回單計價（proof of delivery & billing）
10. 退貨（return）

　　由此十大作業可大略由商品進入物流中心的起點－採購，到完成服務後的回單計價作為一個完整的週期。至於退貨屬於售後服務的環節，故放置最後來說明。 若以進向物流、內部物流與出向物流來區分上述十大作業，概可區分如下：

1. **進向物流**（inbound）：由採購到進貨驗收屬之（1～2）。

2. **內部物流**（internal）：由儲存保管到揀貨包裝屬之（3～6）。

3. **出向物流**（outbound）：由集貨出貨到回單計價屬之（7～9）。

　　若僅以進貨、出貨（銷貨）與退貨來區分上述十大作業；概可區分如下：

1. **進貨**：由採購到流通加工屬之（1～4）。

2. **出貨（銷貨）**：由訂單處理到回單計價屬之（5～9）。

3. **退貨**：屬於異常作業，可分為進貨退回及銷貨退回（10）。

　　以下針對進貨、出貨（銷貨）、退貨以及盤點等相關作業分節概述，十大作業中配送作業除本章概述外，將另專章說明。

5-1　進貨相關作業

一、採購（procurement）

　　此部分由業務部門負責，屬於對外的單據作業。採購作業需依據每項商品的存貨管理策略，逐項考慮採購的時機與數量。通常商品採購分為定期（固定的週期時間才決定所欲訂購的量、亦稱為 P 模式）與定量〔低於再訂購點（reorder point）時訂購一固定量、亦稱為 Q 模式〕二種方式。

　　若以商品 ABC 管理來區分，一般而言 A 類與 B 類商品多採用定量訂購方式（需時時反應商品的庫存量並適時提供再訂購的訊息給管理者）；C 類產品採用定期訂購（相對在資訊的紀錄上較容易）。

　　在一般的第三方物流中心，可依據貨主的需求提供產品需訂購的警示通知，但採購的行為仍由貨主自行處理。換言之，第三方物流中心無法主導採購作業的進行。

1. 輸入事項

商品需再訂購的警示訊息。

2. 作業程序

考慮各商品的供貨的前置時間，並依據庫存情況、未來銷售情況（含節慶加權、促銷加權）、即期品數量等，決定採購數量並依據採購管理的規定決定供應來源。

3. 輸出事項

(1) 將採購訂單發給供應商。

(2) 轉為進貨通知單。

二、進貨驗收（receiving & inspection）

　　此部分由倉儲部門負責，屬於內部作業。進貨是商品實際移入物流中心的起始作業，也是貨品權責轉換的交接點；分為進貨或稱收貨（receiving）

以及驗收（inspection）二部分。此作業有時為了降低司機等待時間，可於進貨時僅先對數量進行對點，數量確認後駕駛即可離開（先收貨）。再由物流中心人員針對供應商的抽樣標準，於進貨暫存區進行商品抽檢與驗收（後驗收）。

1. **輸入事項**

    (1) 進貨通知單。

    (2) 內部品管標準或是供應商的抽驗標準。

2. **作業程序**

    (1) 由進貨人員檢視當日預計進貨通知單，掌握進場時序，以利安排作業月台與人力。

    (2) 當貨車抵達後於月台進行裝卸作業，並進行數量對點，完成後簽收送貨單。（收貨作業）

    (3) 安排驗收人員依據該供應商的抽樣標準，進行抽驗收作業。（驗收作業）

    若符合驗收標準，則填具進貨驗收數量，正式入帳（註：入帳的時間點隨各廠商的運作會有不同）；否則，則進行進貨退回作業。（註：此時庫存帳已加帳，然儲位帳仍列帳於「進貨暫存區」中）

3. **輸出事項**

    (1) 進貨驗收確認單或 (2) 進貨退回通知單。

4. **管理重點**

    (1) 驗收數量的績效（瞭解商品數量的達成率）。

    (2) 進貨時間的績效（瞭解進貨時間的達成率）。

    (3) 進貨品質的績效（瞭解驗收的合格率）。

三、儲存保管（storage）

此部分由倉儲部門負責，屬於內部作業。進貨驗收後，需要找尋合適的儲存地點進行商品保管，亦即進行上架歸位（put away）；用於掌握此批進

貨商品上架後的儲存位置。此外，需特別注意儲存「保管」中，保管的目的是維持商品數量、狀態與品質的一致性。因此，本作業須注意以合適的搬運方式以及合適的儲存位置來達成保管的目的。

1. **輸入事項**

(1) 進貨驗收單。

(2) 上架邏輯（此邏輯為倉庫儲存效率的重要影響因素）。

2. **作業程序：**（以下描述採「先產生儲位建議再進行放置」的方式）

(1) 依據上架邏輯，產生上架建議表來指定存放儲位。

(2) 進行貨品上架作業。

(3) 進行上架確認。（確保貨品放置到所指定的位置）

3. **輸出事項：**上架確認單。

4. **管理重點**

(1) 上架邏輯的效率。

(2) 上架正確性。

四、流通加工（value-added processing）

　　流通加工是現代化物流中心重要的功能，指為了促進銷售、提高物流效率或進行商品加值目的而進行的加工活動。基本上，在流通階段的加工，通常不會改變商品的性質，且不進行複雜的深度加工。此部分的單據作業由業務部門負責，並與貨主進確認；而加工作業則由倉儲部門負責。

1. **輸入事項**

(1) 加工通知單（WO, work order）。〔單據作業〕

(2) 商品材料表（BOM, bill of material）。

(3) 加工方式說明。

2. **作業程序**

(1) 依據加工通知單以及商品材料表，產生領料單。

(2) 進行領料作業。

(3) 進行商品流通加工。

(4) 完成品上架或是出庫。

(5) 工單結案。

3. **輸出事項：**工單結案資料。

4. **管理重點**

(1) 耗材管理。

(2) 流通加工績效統計。

5-2 出貨相關作業

一、訂單處理（order processing）

此部分由業務部門負責，屬於對外的單據作業。此作業為物流中心出貨的起點。一般言物流中心的貨主，提供多種下單方式供客戶使用（例：電子訂單轉檔、網路下單、傳真、電話等），接單後需確認商品數量與狀況，並可讓貨主即時查詢訂單處理狀態。因此，貨主的訂單管理系統（OMS, order management system）與物流中心的系統需進行一定程度的連結，協助貨主進行商品數量／狀況以及相關的訂單處理狀態查詢。

1. **輸入事項：**客戶訂單。

2. **作業程序**

(1) 依據訂單數量進行庫存檢核。若不足，則依據配量原則進行配貨或是通知貨主確認後續處理方式。

(2) 選取欲處理的訂單產生一個批次，以進行揀貨前置作業（實務上稱為「排單」）。

(3) 列印出貨單或是發票。

3. **輸出事項：**出貨單或是發票。

4. **管理重點：**以訂單爲主的後續管理作業包含：

(1) 完美訂單（perfect order）統計。

(2) 訂單錯誤率統計。

(3) 訂單缺貨率統計。

(4) 訂單週期時間統計等。

(5) 商品效期（date code）管理。

(6) 通路別管理（例：不同通路有不同要求的效期）。

(7) 結單時間設定。

二、揀貨包裝（order picking & pack）

　　此部分由倉儲部門負責，屬於內部作業。揀貨（picking）作業在現今少量多樣高頻率的流通環境中，是物流中心正常作業中耗費人力最多且最易出錯的作業。因此大多物流中心藉由揀貨設備，來提高效率並降低錯誤。揀貨完成後，在包裝容器（或稱單元負載）上，大致可依據店配或是宅配不同的模式，來考量使用不同的包裝容器。一般言，店配的商品若配送頻度高且多樣少量，會採取可回收的物流箱作爲運送的包裝容器；而宅配的商品，則因不定期的配送故多採用紙箱爲包裝容器。也有一些物流中心因爲採用自動化物流設備，在內部搬運上可能使用固定的搬運容器，到揀貨末端才轉換爲紙箱。

　　對於揀貨作業，一般可依其揀取方式分爲二種型式：一爲摘取式揀貨，一爲播種式揀貨。所謂摘取式是指揀貨人員依據特定訂單商品至特定儲位，由貨架摘取商品至出貨箱中（類似農夫摘取果物的動作，故亦稱摘果式）。

　　所謂播種式是指先將單一品項商品彙總特定批次訂單的總數量一次揀取後，由合適的搬運工具將該品項移至每一店家的出貨箱前，再將該店家所需的數量撥放至出貨箱中（類似農夫插秧的動作，故稱播種式）。通常摘取式揀貨，是採取一張訂單依序揀取該訂單的品項與所需數量，且經常採用電子燈號揀貨系統（DLPS, digital light picking system）輔助，故稱爲訂單別摘取式揀貨（pick-to-light）。

同樣地，播種式則是將許多訂單中對各品項需求量加總產生匯總揀貨單，之後再由單品項的分貨單進行各品項分至各店出貨箱的播種式揀貨（put-to-light），因此播種式揀貨通常都會先配合進行彙總揀貨作業，如圖5-1。

摘取式揀貨　　　　　　　　　　　播種式揀貨

圖 5-1　摘取式與播種式揀貨模式

有關出貨包裝主要是處理宅配訂單，將同筆訂單的商品彙集起來整理貨品（理貨）與裝箱包裝的作業。作業時需要考量採用的紙箱大小、緩衝包材等，並確認客戶資訊標籤的正確性。

1. **輸入事項**

    (1) 客戶訂單。

    (2) 儲位儲存資料。

2. **作業程序**

    (1) 依據訂單產生揀貨單（可能因為區域不同、作業方式不同產生多張揀貨單）。

    (2) 進行訂單揀貨作業（有些狀況需先準備物流箱並列印箱條標籤）。

    (3) 揀貨確認。

    (4) 進行整理貨品（理貨）包裝作業（若需包裝者則需進行此步驟）。

    (5) 包裝完成確認。

3. **輸出事項**：揀貨確認資料、包裝完成資料。

4. 管理重點

(1) 誤揀率。

(2) 揀貨時間效率。

(3) 包裝績效統計。

三、集貨出貨（consolidation & shipping）

此部分由倉儲部門負責，屬於內部作業。集貨作業乃因揀貨作業分散在儲區中不同作業區域，或是應用不同的作業方式進行，導致揀貨完畢後需要將同一訂單貨品集中到特定的地點（實務上亦可稱為合流作業）。出貨是指將貨品交接給配送人員的作業。出貨確認後，貨品則由庫存帳與儲位帳中扣除，轉列為配送在途量。

1. 輸入事項

(1) 揀貨單與訂單的關聯資訊。

(2) 出貨單或是發票。

2. 作業程序

(1) 依據訂單進行集貨作業（通常在揀貨單上會有集貨地點的訊息）。

(2) 進行出貨前覆點作業（此為倉管內部品管作業）。

(3) 與配送人員進行出貨對點以及單據交付（出貨單或是發票）。

(4) 出貨確認（在帳務上將貨品轉為配送在途量）。

(5) 配送人員裝車作業。

3. 輸出事項：出貨確認單。

4. 管理重點：出貨覆點績效統計。

四、配送（delivery / distribution）

此部分由配送部門負責，屬於內部作業的外部活動。配送作業因為已經離開物流中心範圍，在管理的掌握度上較差。而客戶或是貨主在進行訂單查詢作業時，仍直接向客服人員查詢；因此，目前有許多的設備可以輔助配送作業，以即時掌握相關情況，因應貨況即時追蹤的需求。

1. **輸入事項**

   (1) 派車單（出勤日報表）。

   (2) 出貨單或是發票。

2. **作業程序**

   (1) 依據派車單上的任務進行配送作業（配送順序的決定依據類型不同有不同的方式）：在連鎖便利商店因多採定點定線，故有一定的配送順序。一般而言，則多交由駕駛自行安排路順。

   (2) 進行送貨驗收作業（連鎖便利商店多採快速驗收作業，其他則視不同客戶的需求狀況而定）。

   (3) 單據簽收作業並繼續下一個配送作業。

   (4) 完成該趟次所有配送作業後，將簽單繳回物流中心。

3. **輸出事項：**出貨單簽收回聯、派車單（出勤日報表）的記錄。

4. **管理重點：**路線安排、配送準時率。

五、回單計價（proof of delivery & billing）

依據配送作業簽收回聯，進行單據整理與登錄的作業，實務上稱為回單作業，此部分由業務或財會部門負責，屬於內部作業。回單是物流中心對客戶進行應收計價的依據，也是對於外包商（如果有的話）進行應付計價的基礎。簡言之，在完成配送後，依據配送數量與狀態，來進行應收應付之帳務處理過程，正是本作業的主要工作內容；付款／請款等帳務作業則由財會部門處理。

1. **輸入事項**

   (1) 派車單（出勤日報表）回聯。

   (2) 出貨單回聯。

2. **作業程序**

   (1) 進行回單單據整理。

   (2) 進行回單登錄。

(3) 產生應收應付對帳單。

(4) 進行請款作業。

3. **輸出事項：**應收應付報表、請款進度表。

4. **管理重點：**回單異常狀態統計、回單週期時間績效。

5-3　退貨與報廢相關作業

一、退貨（return）

　　此部分由客服部門進行單據處理，屬於對外作業。而收完退貨後之入倉則屬倉儲部門處理。退貨為逆物流作業之一，在操作的難度上也較正向物流複雜。目前退貨管理在各類的物流中心，都是一個較為頭痛的問題。

　　不同商品的退貨情況差異很大，一般來說書報雜誌的退貨比例很高（有時高達 40%）。此外，目前因為無店鋪通路（網路購物、電視購物、郵購、直銷等）銷售比重愈來愈高，在保護消費者的立場下，有所謂免費鑑賞期，這也導致退貨作業更加頻繁。

1. **輸入事項：**退貨通知單。

2. **作業程序**

(1) 依據退貨通知安排收退貨趟次。

(2) 進行收退貨作業（至收貨點進行退貨商品點收及收退貨單據簽收）。

(3) 完成後回物流中心進行退貨貨品與單據點交。

(4) 倉管人員將貨品放至於退貨暫存區，等待進行貨品分類作業。

(5) 進行貨品分類；區分為 (1) 可再售、(2) 不可再售。

(6) 將可再售產品重新整理後入帳並儲存等待下次出貨。

(7) 將不可再售產品轉放置壞品區等待報廢或退回供應商並進行相關的帳務調整。

3. **輸出事項：**退貨處理狀態報表、報廢報表。

4. **管理重點：**退貨處理週期統計、退貨狀態統計。

二、報廢（scrap）

此部分由財會部門爲主進行處理，屬於對外作業。而倉儲部門乃協助依據法令協助備妥欲報廢的商品進行後續監毀處理。報廢作業乃須依營利事業所得稅查核準則規定辦理，其規定如下：『營利事業之商品或原料、物料、在製品等因過期、變質、破損等因素而報廢者，除公開發行股票之公司，可依會計師查核簽證報告核實認定其報廢損失者外，應於事實發生後 15 日內檢具清單報請該主管稽徵機關派員勘查監毀，或事業主管機關監毀並取具證明文件，核實認定。又報廢之商品或原料、物料、在製品等如有廢品出售收入，應列爲其他收入或商品報廢損失之減項。…』本作業在倉儲作業的重點，在於須配合監毀時報廢商品的準備。

1. **輸入事項：**報廢申請通知單。

2. **作業程序**

   (1) 依據報廢通知的品項、批號、數量移出貨品至指定儲區。

   (2) 視查核人員指示進行商品抽查確認。

   (3) 商品監毀前由財會部門準備報廢清單，以利監毀及後續稅務／帳務處理。

3. **輸出事項：**報廢處理狀態、報廢清單、報廢報表。

4. **管理重點：**報廢數量分析統計、報廢原因分析統計、報廢工時分析。

5-4　盤點相關作業

此部分由財會部門爲主進行處理，屬於對外作業；內部實盤則由倉儲部門協助。倉庫盤點（stocktaking）作業，是指對在庫的物品進行帳務和實物數量上的清點作業。事實上，盤點主要乃爲帳務上的需求，所進行對於庫存帳進行料帳是否相符的確認。實務上，一定規模的企業多採永續盤存制（Perpetual Inventory System），是將每種商品分別設帳，記錄有關進貨及出貨（銷貨）的情形，對於各項存貨的進貨、出貨（銷貨）、存貨的明細帳目隨時記錄，因此帳上隨時均可查知應有的存貨量。

　　爲保持料帳相符，故須進行實地盤點，通常實地盤點需要大量人力並暫停作業，一般常見有年度盤點。同時，爲了較不影響作業，亦可採循環盤點（cycle counting）採分類／分區／分期／分項方式進行盤點。此外，爲了提升帳務正確性，有些業者採取於每日作業前先進行每日異動盤點，亦即僅針對前一日有異動過的儲位進行盤點。

1. **輸入事項：**盤點任務通知單。

2. **作業程序**

　　(1) 依據盤點通知進行盤點作業準備。

　　(2) 依據盤點方式（明盤／暗盤等）進行實地盤點。

　　(3) 產生盤點結果（盤贏／盤虧）並確認差異。

　　(4) 盤差檢討與處理。

3. **輸出事項：**盤點結果報表。

4. **管理重點：**盤差分析統計、盤差原因分析。

本章相關英文術語解說

• Bill of Materials（B/M or BOM） 物料清單

一份包含所有物料需求數量及名稱的清單，乃用來表示一產品（成品或半成品）是由那些零組件或素材原料所結合而成之組成元素明細，其該元素構成單一產品所需之數量稱之為基量。「物料清單」BOM 是所有物料需求規劃系統（MRP）的一個基礎以及必要的要素，如果 BOM 表有誤，則所有物料需求都會不正確。物料清單是公司規劃、採購、生產、商務、成本核算及技術管理的重要基礎數據。物料清單是否準確，直接影響到市場、商務、計畫、生產等相關業務的運作。

• Cycle Counting 循環盤點

對現場庫存品進行實際清點的作法，是按照 ABC 分類，將庫存品平均分割為固定週期（例如每週），每週期實際清點該週期所屬的庫存品項，實際清點的作業以持續方式進行，不會中斷影響生產或庫房作業，也稱為持續存貨控制。

• Discrete Order Picking 訂單別揀取

這種作業方式是揀貨員獨立負責每張訂單的揀貨工作，揀取每一張訂單的貨物，直接揀取貨物放置在揀貨台車（容器）中。在一些小型倉庫，訂單的物品少，可以同時進行多個訂單揀選，其優缺點如下所示：

訂單式揀取作業的優缺點	
優點	缺點
1. 訂單處理前置時間短，且作業簡單。 2. 導入容易且彈性大。 3. 作業員責任明確，派工容易、公平。 4. 揀貨後不必再進行二次分類，適用於大量少品項訂單的處理。	1. 商品品項多時，揀貨行走距離增加，揀取效率降低。 2. 揀取區域大時，搬運系統設計困難。 3. 少量多次揀取時，造成揀貨路徑重複費時，效率降低。

- **Economic Order Quantity（EOQ） 經濟訂購量**

  一種訂購數量的模型，說明持有成本與訂購成本兩項存貨成本項目的關
  係，其中持有成本隨著訂購數量增加而增加，而訂購成本則隨著訂購數量
  增加而減少，因而形成兩者此消彼長的關係。最終並以兩項成本加總之最
  低成本值推導出經濟訂購批量，也就是本模型中的最適訂購量。雖然經濟
  訂購量的觀念可以使用於不同的方面，但現今通常用於再訂購點存貨管理
  中，針對獨立需求項目的規劃。

- **Follow-Up 跟催**

  為了確保如期交貨，而採取的監控採購現況的行動。

- **Inventory In Transit 在途存貨**

  在運送途中的存貨，也可指在運輸途中的原料、零件、完成品的資金成
  本。其計算方法，係將「所有機會成本比例」，乘以「存貨價值」，再乘
  以「貨物存在運送途中的時間百分比」（以年為基準），再加上原料本身
  的成本。

- **Packing List 裝箱單**

  由出貨人發出，是發票的補充單據，它列明買賣雙方約定的有關包裝事宜
  的細節，並詳細列舉裝箱內容之明細表，便於國外買方在貨物到達目的港
  時供海關檢查和核對貨物。

- **Perpetual Inventory System 永續盤存制度**

  一種庫存管理記錄系統，亦稱帳面盤存法，要求每一庫存項目的異動（存
  放及提領）都得立即登錄，如果登錄正確，庫存記錄就能及時反應倉庫中
  真正的庫存量。

- **Procurement　採購**

  這個用語有廣義以及狹義兩種定義，廣義的定義通常包括的工作諸如規格的制定、價值分析、供應商市場調查、議價談判、採購、合約管理、甚或庫存管理、貨物運送、點收、入庫。狹義的定義則通常用於與政府相關的活動，只包含事前合約制定過程，而非事後合約執行經過。

- **Purchase Order（PO）採購訂單**

  由買方準備的書面契約文件，敘述採購的所有交易條件。

- **Receiving Inspection　進貨驗收**

  於收料區所進行之檢驗，用以確定所運送之物品數量及材料種類，並確定材料之受損狀態等，這種檢驗有別於後續執行之對品質之技術性檢驗。

- **Reorder Point　再訂購點**

  庫存量降到某一水準時就發出某個數量的訂單，該水準稱為再訂購點（Reorder Point），該數量稱為訂購批量（Order Quantity）。訂購點為前置時間內的消耗量，訂購批量則通常是經濟訂購量。需注意的是，再訂購點法假設需求是穩定的。

- **Safety Stock　安全庫存**

  為了因應前置時間的需求不確定，或因前置時間的不確定性所產生的總需求變異，所保存的超額庫存，以降低存貨短缺的機率，維持一定的服務水準。因此安全存量的決定需考慮三項因素：

  1. 服務水準的高低
  2. 前置時間變異性的大小
  3. 需求率變異性的大小

- **Stock In Transit　在途庫存**

在供應鏈上移動的貨物。例如在供應鏈中，離開倉庫但尚未抵達目的地的存貨項目；或是離開製造工廠但尚未抵達配銷中心的產品，也稱為「運輸線上存貨（Pipeline Inventory）」。

- **Stock Keeping Unit（SKU）　庫存持有單位**

儲存在一特定倉庫地點之個別單位或產品，即稱為庫存單位或單品。在生產者或流通業者於執行庫存管理或商品管理時，商品之最小分類單位。舉例來說，大中小號三種不同尺寸的牛仔褲，就會產生三個不同的庫存持有單位。

- **Tracking　追蹤**

跟隨從供應商生產場所，到交貨目的地之間路途上的所有活動。追蹤能力是所有運輸型態的一個重要功能。

本章綜合練習題

一、選擇題（單選）

( ) 1. 物流中心的十大作業包含：

(1) 採購　(2) 進貨驗收　(3) 儲存保管　(4) 流通加工　(5) 訂單處理
(6) 揀貨包裝　(7) 集貨出貨　(8) 配送　(9) 回單計價　(10) 退貨
請問哪項作業並非可由第三方物流業者主導處理？

(A) 採購　(B) 流通加工　(C) 配送　(D) 退貨。

( ) 2. 物流中心的十大作業包含：

(1) 採購　(2) 進貨驗收　(3) 儲存保管　(4) 流通加工　(5) 訂單處理
(6) 揀貨包裝　(7) 集貨出貨　(8) 配送　(9) 回單計價　(10) 退貨
請問對應至進向（inbound）物流的作業為哪些？

(A) 僅有 (1)　　　　　　　　(B) (1 ～ 2)
(C) (1 ～ 3)　　　　　　　　(D) (1 ～ 4)。

( ) 3. 物流中心的十大作業包含：

(1) 採購　(2) 進貨驗收　(3) 儲存保管　(4) 流通加工　(5) 訂單處理
(6) 揀貨包裝　(7) 集貨出貨　(8) 配送　(9) 回單計價　(10) 退貨
請問對應至內部（internal）物流的作業為哪些？

(A) (1 ～ 3)　　　　　　　　(B) (3 ～ 4)
(C) (3 ～ 6)　　　　　　　　(D) (3 ～ 9)。

( ) 4. 物流中心的十大作業包含：

(1) 採購　(2) 進貨驗收　(3) 儲存保管　(4) 流通加工　(5) 訂單處理
(6) 揀貨包裝　(7) 集貨出貨　(8) 配送　(9) 回單計價　(10) 退貨
請問對應至出向（outbound）物流的作業為哪些？

(A) (1 ～ 4)　　　　　　　　(B) (2 ～ 7)
(C) (7 ～ 9)　　　　　　　　(D) (3 ～ 9)。

(　　) 5. 物流中心的十大作業包含：

(1) 採購　(2) 進貨驗收　(3) 儲存保管　(4) 流通加工　(5) 訂單處理

(6) 揀貨包裝　(7) 集貨出貨　(8) 配送　(9) 回單計價　(10) 退貨

請問完整的正向物流作業為哪些？

(A) (1 ～ 6)　　　　　　　　(B) (1 ～ 7)

(C) (1 ～ 8)　　　　　　　　(D) (1 ～ 9)。

(　　) 6. 有關採購作業涉及商品的存貨管理策略，以下何者不正確？

(A) 定期模式（P 模式）表固定周期進行採購

(B) 定量模式（Q 模式）表低於在訂購點時購買一定數量

(C) A 類商品多採定期採購

(D) C 類商品多採定期採購。

(　　) 7. 有關採購作業涉及商品的存貨管理策略，以下何者不正確？

(A) 定期模式較定量模式在資訊紀錄的要求較低

(B) 第三方物流中心不可以逕行採購且未經貨主同意

(C) 定量模式是指庫存低於再訂購點時發出固定數量的採購單

(D) 定量模式是指庫存少於安全庫存量時發出固定數量的採購單。

(　　) 8. 有關進貨驗收作業，以下何者不正確？

(A) 掌握預計進貨通知單時可便於進貨人力安排

(B) 管理的重點包含正常驗收數量的比率

(C) 管理的重點包含上架正確性的比率

(D) 管理的重點包含進貨時間的績效。

(　　) 9. 有關儲存保管作業，以下何者不正確？

(A) 上架儲位指派（上架邏輯）直接影響了儲存效率

(B) 儲存貨架類型與作業效率有關

(C) 所謂保管僅需注意數量的正確性即可

(D) 管理的重點包含上架儲位的正確性。

（　）10. 有關流通加工作業，以下何者不正確？

(A) 通常不會改變商品的性質

(B) 加工材料表（BOM）表是重要的輸入要件

(C) 包含了促進銷售或提高物流效率或是商品加值的目的

(D) 通常也包含深度加工的作業。

（　）11. 以下何者為物流中心發動出貨程序的起始作業？

(A) 採購　(B) 進貨驗收　(C) 訂單處理　(D) 揀貨。

（　）12. 有關訂單處理作業所包含的事項，以下何者不正確？

(A) 訂購數量與庫存量的檢核

(B) 庫存不足時的配量作業

(C) 產生揀貨單

(D) 選取訂單產生批次後進行揀貨前置作業。

（　）13. 有關訂單管理所包含的事項，以下何者不正確？

(A) 通路別管理舉例言指不同通路不同商品效期的要求

(B) 結單時間的設定

(C) 產生對帳單

(D) 訂單錯誤率統計。

（　）14. 關揀貨作業，在現今少量多樣多頻度的流通環境中，以下何者不正確？

(A) 成為耗費人力較多的作業

(B) 所謂播種式揀貨是指依據每張訂單的品項逐項一一揀取整張訂單所需的品項與數量

(C) 播種式揀貨會產生單品項的彙總揀貨單以及分貨單

(D) 大多物流中心藉由揀貨設備來提高效率並降低錯誤。

（　）15. 以下何者不正確？

(A) 揀貨時可能因不同作業區域或是作業方式而區分為不同的揀貨區段與單據，因此有揀貨單合流的集貨作業

(B) 出貨作業是倉儲人員與配送人員的作業交接點

(C) 出貨確認後該貨品數量對物流中心言轉為「預計到貨量」

(D) 出貨作業是確認貨品由儲位帳扣除的作業點。

（　）16. 有關配送作業的描述，以下何者不正確？

(A) 在管理的掌握度較物流中心其他作業來得低

(B) GPS 車機可以提高對車輛的掌握程度

(C) 現行實務上每車趟的配送順序多由運輸經理決定

(D) 基本上每個配送作業完成後須進行單據簽收。

（　）17. 以物流中心的運作言，以下何者正確？

(A) 依據配送作業簽收回聯進行單據整理與登錄的作業，實務上稱為出貨作業

(B) 當完成訂單作業後就可進行計價請款作業

(C) 當完成出貨作業後就可進行計價請款作業

(D) 當完成回單作業後方進行計價請款作業會較準確。

（　）18. 有關退貨作業的描述，以下何者不正確？

(A) 退貨為逆物流發生的原因之一

(B) 退貨發生的機率不高而且處理的困難度較正向物流低

(C) 無店舖通路的興起導致退貨作業更加頻繁

(D) 退貨處理後不堪用的貨品將轉入報廢程序。

（　）19. 有關 Gooddeal 的發展，下列描述何者不正確？

(A) 主要提供電商物流服務

(B) 亦有提供跨境電商的物流服務

(C) 已提供雲端 WMS 服務

(D) 亦提供專用迷你倉服務。

(　　)20. 以下描述正確有哪些？(1) 當庫存降低至某一特定庫存水準時，則進行採購，此稱為「再訂購點」；(2) 當庫存降低至某一特定庫存水準時，則進行採購，此稱為「安全庫存」；(3) 因應前置時間變異性或是需求變異性，所保有超額庫存稱為「安全庫存」；(4) 因應前置時間變異性或是需求變異性，所保有超額庫存稱為「在途庫存」

(A) (1)、(2)　(B) (1)、(3)　(C) (1)、(4)　(D) (2)、(4)。

二、簡答題

1. 物流中心有哪十大作業？
2. 試簡述進貨驗收的作業程序。
3. 試簡述流通加工的作業程序。
4. 試簡述訂單處理的作業程序。
5. 請簡述揀貨的作業程序。
6. 何謂摘取式揀貨？
7. 何謂播種式揀貨？
8. 試說明集貨作業及其作業程序。
9. 請簡述配送作業之輸入事項、輸出事項以及管理重點為何？
10. 何謂回單作業？其輸入事項、輸出事項以及管理重點為何？
11. 請簡述採購模式中定期採購與定量採購的意義為何？若與 ABC 管理結合的話，請問針對 C 類商品你建議的採購方式為何？（請說明原因）
12. 請說明為何上架邏輯很重要？其如何影響儲存的效率？

NOTE

CH06

配送作業

本章重點

1. 配送作業概述
2. 配送到店的特性與作業
3. 配送到府的特性與作業
4. 其他配送方式及最後一哩的挑戰

核心問題

　　最後一哩的配達，已成為商業競爭的重要關鍵；因應千禧世代對於便利生活的需求，想想看有哪些善用配送作業的創新生活物流服務？

思考案例

　　請由 Boxful 任意存的服務，探索一下 Boxful 與其他迷你倉的異同為何？其中配送在此服務所扮演的角色與重要性為何？

以往運輸活動將「配送」（delivery／distribution）包含在內，並視「配送」為短途運輸。至於長途運輸：若是國與國之間移動，稱為國際運輸（international transportation），在城市之間移動稱為城際運輸（intercity transportation）；短途運輸則屬城內運輸（intracity transportation），在物流領域則稱為市內配送（或是同城配送）具多點小量運送的特性。

簡言之，在流通領域的物流運作中，通常將進貨視為運輸活動（數量大、停卸點數少）、而將出貨視為配送活動（量小、多點停卸）。此外，隨著通路型態由現代化通路到電商通路，到現今新零售全通路的進展；配送架構也由配送到店（店配）、配送到府（宅配）到最後一哩的隨需配送（隨配，on demand delivery）。〔註：本教材主要以流通階段的物流配送為探討範圍。相關通路發展與配送運作的對應彙整如表 6-1 所示。〕

表 6-1　通路發展與配送運作的對應表

年代 比較 類型	1980 年～	2000 年～	2016 年～
通路 型態	現代化通路 (便利商店／超市…)	無店鋪通路 (電商／電視購物…)	全通路新零售 (虛實整合／外送平台…)
物流 架構	集中式物流中心 (DC) (管理單位：訂單商品)	軸幅架構網路 (轉運中心 + 營業所) (管理單位：貨件)	既有集中式 DC+ 軸幅架構之外， 增加「分散式存貨點 (前置倉)」 (管理單位：貨件)
配送 型態	店配 (隔日配，D+1)	1. 宅配 (隔日配／當日配) 2. 跨境配送	1. 到府 (宅配) 2. 到店 (如：超商取貨，簡稱「超取」) 3. 到櫃 (如：i 郵箱) 4. 速配 (<6 小時)* 5. 隨配 (<1 小時)* 〔配合前置倉或店面發貨〕
訂單 特性	店家訂單 (小量／多樣／多頻次)	單筆訂單 (小量／少樣／不固定頻次)	單筆訂單 (小量／少至多樣／不固定頻次)

比較類型 ＼ 年代	1980 年～	2000 年～	2016 年～
取貨方式	到店購買	配達指定地點	多元取貨方式 （超取／櫃取／宅配） ＋配達指定地點
使用運具	貨車	貨車／機車 （跨境：空／海／陸複合運具）	貨車／機車／腳踏車／電動三輪車

＊：動態指定地點

6-1 配送作業概述

　　此部分由配送部門負責，屬於內部作業的外部活動。配送作業因爲已經離開物流中心範圍，在外部開放的環境中，路況、車況與貨況等充滿各種變數，隨時動態變化，故對於管理是一大挑戰。一般配送管理分爲三個階段：配送前（排車計畫）、配送時（即時追蹤監控）、配送後（績效管理）。

一、配送前

　　當物流中心收到出貨訂單後，配送部門即可針對出貨訂單進行路線與車輛規劃的安排。傳統作法會依據歷史經驗，將配送區域先進行分區（或分路線），對於連鎖便利商店通路，因配送週期固定、頻率高，且有固定的配送時間窗要求，故多採定點定線方式安排，亦即路線順序（路順）已先決定。

　　然不論是分區域或是分路線，均可能因爲每次每店家訂單數量不同，而需要進行車輛與路線的對應安排。此即爲配送前最重要的排車計畫擬定，是一項很複雜的決策問題。因此目前亦有採用 AI 來進行路線規劃，以工研院研發出 iRouting 排程決策技術爲例，該系統可以支援 10,000 站點以上的路線規劃。其以資深物流士的經驗訓練系統，最佳化每一個地區的行駛路線。

　　實務上，當訂單路線確認後，揀貨與集貨作業便可據此進行依路線別揀貨與集貨的作業方式。出貨時須由倉管人員與配送人員（物流士）完成貨品

對點與單據交接，此時貨品權責已轉移至配送人員身上；配送人員依據路順後到先上的原則進行裝貨上車。離開物流中心時經門禁管制，確認該趟次配送作業已經離場進行配送。

二、配送時

配送人員依據預排路順或是動態狀況進行配送順序的調整。到店後依據出貨單資訊卸貨，並依據雙方同意的作業原則與店家進行貨品點收與單據簽收。同時在出勤日報表上記錄配送時間、狀況別等資訊。目前這些作業均可採手持裝置電子化方式處理，以上是屬於貨況的處理。至於車行狀況與動態則可藉由車機的裝設，隨時掌握車況。簡言之，所有配送點的貨況與車況的紀錄，是達成訂單追蹤（order tracking）的重要資訊來源。

三、配送後

配送人員完成所有配送作業後，須將出貨單回聯送回物流中心，進行回單處理。針對配送的狀況別進行相關績效分析，實務上有所謂完美訂單率（perfect order）的指標，該指標可參考物流的七個正確與貨主共同商定。例如：由商品、時間、地點、數量、品質等與目標的差異性，進行績效統計與分析，以利持續不斷改善。

6-2　店配架構及其作業

隨著現代化通路的發展，配送活動愈顯重要。以連鎖通路（如超市、連鎖便利商店、藥妝店等等）為例，其需要小量多樣多頻次的配送，方可符合消費者多樣性的要求，但如何構建合適的配送架構，方可同時達到消費者需求並持續降低運作成本，則是一大挑戰。以下從三個層面稍作說明：

一、策略面（決定物流網路架構）

物流策略是行銷策略的重要支撐。因此，對於通路發展目標與績效要求，必須進行充分的理解，以利進行物流體系的規劃。通常通路據點數量或

訂單數量達到一定規模時，為了讓物流能力的掌握度提高，自建物流是一個必要的選項。此規劃需包含物流中心類型（溫別／規模大小）、數量等議題。

　　若以全聯的發展為例，為配合全聯通路發展、店型調整及展店策略，全聯於 2011 年啟動自建物流規劃，到 2012 年正式成立自建物流體系，至 2020 年累計投資達 250 億元。全聯於 2012 年成立觀音與岡山自建物流中心時，總店數約 640 家；迄 2021 年 1 月總店數約達 1,020 家。其物流架構區分為常溫與低溫體系；常溫體系迄 2020 年已完成觀音（北）、梧棲（中）、岡山（南）三大物流園區。

　　各物流中心的自動化程度均很高，特別是於 2020 年中岡山物流中心升級為自動倉，結合越庫倉、棧式立庫（自動倉庫）、整箱寄庫倉、拆箱寄庫倉、棧板設備、箱式立庫（自動倉庫）、分揀機、卸棧設備共八大功能，透過 AI 人工智慧協助，擁有高效率的集貨與揀貨能力，是臺灣零售業最大的自動倉儲。

　　低溫體系迄 2018 年，共有 6 座處理中心，分別是生鮮和蔬果商品各 3 座，其中生鮮中心位於五股、大肚及岡山，蔬果中心位於新店、潭子、岡山。以打造全台最大冰箱的目標。總體物流策略是全店舖能達成「今日生產、今日到貨」的戰略目標。

二、戰術面（決定路線規劃方向）

　　連鎖體系需配合展店與閉店的規劃，動態調整配送區域與路線的規劃。通常分區與路線的規劃，乃基於一個時間段內（如淡／旺季）的平均貨量作為規劃的基礎。此外，須配合策略面上對於不同品類與不同溫層等特性，進行不同車隊規模的運能規劃。亦即，此階段的產出為決定配送區域與店家的對應關係，以及車隊規模的預估（包含車輛噸數／數量）。實務上，這些規劃與調整多是派車人員多年經驗所累積。此階段隨著數據分析能力的增強，開始有更多元的思考，例如考慮天氣變化、正負評口碑效應等，套入合適的數據分析模式進行相關預測，作為事前準備與因應。

三、作業面（決定趟次）

對於每日的排派車作業，主要先依據分區路線彙集訂單，再依據訂單貨量調整車型或是車輛數、趟次安排等，指定駕駛與車輛後執行配送任務。近年來，一則因為人才斷層日趨嚴峻，為了降低有經驗排派車人員流失與異動的風險；再則，面對競爭加劇，如何增加運作效率並降低成本。因此，電腦化／智能化的自動排派車系統，領先群的業者已紛紛開始採用。例如，先前提到工研院 iRouting 排程決策技術，已導入至全日物流、捷盛、萊爾富等業者。

🔁🏷 6-3　宅配架構及其作業

電商與宅配的發展有著互為因果的加乘效果。宅配是傳統貨運的一種特殊形式；傳統貨運是以企業與企業間的運輸為主，與店配最大不同在於店配於出貨單會載明各項商品名稱與數量，而貨運則以外包裝為單位（以「貨件」為單位），並不以內容物為驗收之基礎（故簡稱「貨件」）。

隨著配達至消費者的需求逐漸增加，業者看好小貨件的成長性，將貨件規格限定至特定標準內（如：長寬高合計 150 公分以下，20 公斤內，此類貨件亦稱為「包裹（parcel）」），推出了「宅配」此一特殊的服務。然宅配服務正巧補足電商購物，需要配達至消費者的物流服務缺口。

西元 2000 年是臺灣宅配產業的元年；宅配通與統一速達，此二個宅配品牌於該年相繼推出。但二者初期發展策略很是不同，宅配通以（B2C 與常溫包裹）作為規劃的假設，並據此進行系統構建；統一速達則以（C2C 與多溫包裹）作為規劃的假設，據此進行系統構建。因此，在切入市場的速度與系統建置成本均有一定的差距，此差距也反映雙方對於市場區隔的設定。

為了達到全範圍配送到府且效率化運作，觀察美日先進國家對於包裹快遞業的發展歷程，可發現軸輻式架構（hub and spoke）為發展主流，如圖 6-1 所示。所謂軸輻式架構乃藉由轉運中心（hub）的區域集散能力，以彙集形

成作業規模；再由轉運網路快速轉送至目的區域的轉運中心，再進行配達作業。軸輻式架構定義了不同層級的運作單元，以日本大和控股發展的宅急便服務為例，其定義轉運中心（base）、營業所（center）與衛星所（depot）的三層架構；藉由衛星所 → 營業所 → 轉運中心的集貨作業；轉運中心（發送）→ 轉運中心（到著）的轉運作業；再經轉運中心（到著）→ 營業所 → 衛星所的配達作業。名詞雖有不同，但運作邏輯相同。

在臺灣統一速達、宅配通、中華郵政，亦均採用軸輻式架構來運作。目前統一速達在臺灣的軸輻式架構，計有 4 個轉運中心、約 70 個營業所、以及約 260 個衛星所；此外，有關轉運中心的運作，可上網查找黑貓宅急便中壢綜合轉運中心的介紹，可建立初步了解。（https://reurl.cc/5o8Njy）。

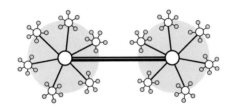

◯ Hub【轉運中心】　◉ Spoke【地區場站】

圖 6-1　軸輻式架構（hub and spoke）示意圖

以網路家庭（PChome）為例，其於 2007 年推出 24 小時購物服務開始，即結合宅配業者的運能，以達成下單後 24 小時內配達的服務水準。因此，需要緊密結合倉儲作業與配送作業的實體及資訊的銜接與交換，以提供消費者可即時查詢訂單狀態。

2013 年起，更提供雙北地區 6 小時的到貨服務。2018 年起 PChome 成立「網家速配」運輸物流公司。設置主要原因有二：一則，因為宅配業因應一例一休導致的運作成本提高、以及假日運能降低的情況；再則，為了雙北維持 6 小時配達以及同業競爭的壓力。此外，觀察國外的發展，亞馬遜 Amazon Prime Now，已經將配達週期壓縮至 1 小時，其運作方式值得研究，且可進一步探討其商業模式的獲利模式與成本結構之關係，作為國內發展的參考。

6-4 最後一哩的發展與挑戰

隨著電商與實體通路業者彼此間的較勁，最後一哩配送（last mile delivery）已成為決戰的重要核心能力。根據未來研究所的調查與研究顯示，當 2020 年全球產業因 COVID-19 疫情影響而陷入沉寂，電商產業迎來營運的高峰，因此最後一哩配送也更受重視。首先，電商業者推出短鏈策略來縮短配達時間。2020 年 5 月，momo 成立貨運子公司「富昇物流」，成為臺灣第 2 個以電商之姿自建配送隊伍的大型集團。同年 7 月 momo 進一步宣布與全家便利商店展開合作，推出生鮮電商低溫店取服務、同時也將 myfone 門市取貨服務全面升級為 24 小時快速取貨。

2020 年 6 月迎來成立 20 周年的 PChome，也宣布將電商物流做為下一個關鍵戰略目標，大舉承租倉儲空間達 4.5 萬坪的中華郵政物流園區物流中心，同時瞄準跨境電商市場的成長潛力，7 月正式上線整合商流、物流、金流的跨境 PChomeSEA 銷售服務。

除了電商集團外，以線下銷售為營運主力的實體零售企業也全力參戰：7-ELEVEn 針對微型社群電商賣家推出的「賣貨便」服務，2020 年 3 月正式突破 100 萬服務人次、並於 6 月份將國際交貨便服務正式擴大至 7 個海外國家以及離島地區；同時與智慧開店平台 SHOPLINE 合作，除了在臺灣境內提供超商取貨（超取）服務外，進一步提供橫跨星馬港 3 地、近 3,000 間海外 7-ELEVEn 門市的跨境取貨服務。全家便利商店也在 6 月宣布推出電商開店平台，並持續擴大店內低溫存儲空間，強化做為低溫商品最後一哩取貨的戰略角色。臺灣強大的便利商店系統強勢進化，已成為電商物流鏈中的關鍵基礎設施。

不過，就在熱火朝天的景況下，2020 年 4 月來自英國的 deliveroo 宣布撤出臺灣市場，6 月份掌櫃智慧生活亦決定暫停營運，先後退出關鍵最後一哩的兵家必爭之地。不難看出臺灣電商物流領域已成為競爭強度極高的企業戰場，不僅大型集團拉高資本投注力量以創造規模經濟，擁有豐沛科技創新能量的新創企業也積極參戰，共同形塑出烽火漫天的臺灣電商物流產業競爭地圖。

　　由上述的發展趨勢觀察，可發現電商產業與實體通路均各自展開其最後一哩的布局，但亦存在著競合關係，例如電商業者提供超取取貨選項，給消費者多元的配達選擇。與全球產業趨勢相同，臺灣大型零售與電商集團亦紛紛布局自營物流服務，集團化的競爭態勢逐步成形。2018 年 PChome 展開內部第三次物流革命，成立 100% 持股子公司網家速配，提供宅配運輸服務，成為臺灣第一家跨足末端物流配送的電商集團，電商自建物流的重資本模式至此正式進入臺灣。

　　如今網家速配已能夠承載網家 20% 的訂單規模，且比例仍在持續提升。而 2020 年 5 月才正式成立的富昇物流，搭配大量自建衛星倉，現階段也已經能夠負擔 momo 約 10% 的訂單量。不過，若與 Amazon 對照可以看到，2019 年 Amazon 自營配送比例高達 48%，顯然臺灣電商物流自建配送比例未來還有相當大的成長空間。

　　此外，超商取貨系統也已發展成為臺灣電商物流中獨樹一格的集團競爭戰場，以統一超、全家為首的兩大領先企業積極挹注資源，將超商體系背後的物流倉儲資源結合龐大的實體門市優勢，以門店為核心，搭配高彈性配送服務，全力搶進電商短鏈配送市場，成功樹立起具備強烈臺灣特色的店寄店取體系。例如統一超做為博客來 24HR 取貨據點、全家搭配 GOGOX（前稱 GOGOVAN）於台北地區推出店到店當日配服務等各種創新服務模式。

　　另外有關超市方面，全聯於 2021 年 1 月初推出實體店商服務，採用 PXGo! 及 UberEats 雙平台方式開通服務，都同樣主打一小時內把生鮮食物送到府，更訴求價錢與店裡一致，其後續發展值得繼續關注。臺灣地狹人稠的高密集城市化特色，加上便利商店、超市集團綿密的實體網絡優勢基礎，為電商物流架構出覆蓋廣泛的最後一哩快速配送與多元取貨服務，已成為臺灣相當鮮明的產業優勢。此外，產業間競合關係的挑戰也會因為服務的創新而有不同的挑戰。

本章相關英文術語解說

- **Hub　轉運中心**

管理不同客戶的物流需求，有換車、貨物裝卸、中繼轉運的功能。例如不同託運人的貨物在此裝卸貨，經由不同車輛運送出貨。

- **Hub And Spoke　軸輻式架構**

由轉運中心（Hub）整合運輸，並且重新安排運輸路線到位於輪幅（Spoke）終端的場站。理論上，軸幅式的運輸系統的結構類似於車輪，但輪幅終端之間並沒有連結。通常被使用於空運運輸業，但也使用於卡車與海運業。舉例言：若要從台北搭機到布拉格，則可先由台北→香港（Hub）→ 阿姆斯特丹（Hub）→布拉格。目前這樣的架構亦已應用至商電物流訂單履行中心（Fulfillment center）的運作，現今所謂短鏈最後一哩的亦即在大型履行中心之下，設置若干的微型履行中心（MFC, micro-fulfillment center）。（如圖 6-1）

- **On demand delivery　隨需配送**

隨需（on demand）是指應客戶要求可即提供的服務，此要求可以是時間（隨時即送）、地點（指定地點）等等。餐飲外送平台提供「立即點、馬上送」的餐飲隨需配送服務；目前已擴展至其他商品的「立即訂、馬上送」的商品隨需配送服務（如：ubereat, foodpanda 等）。此外，DHL 於 2017 年推出 on demand delivery 自訂派件服務：客戶可透過服務啟用指定送件選項，主動通知收件人貨件的付運進度，收件人則可透過兼容各種流動裝置的網上平台，選擇所需的速遞安排。系統即時傳送至 DHL Express 速遞員，確保貨件於最適當時間以最便捷的方式送到收件人手上。

本章綜合練習題

一、選擇題（單選）

( ) 1. 請問最後一哩的配送不包含以哪種形式？ (A) 宅配 (B) 店取 (C) 到店購買 (D) 隨配。

( ) 2. 為了達到速配／隨配的目的，主要於物流架構中增加了哪種據點？ (A) 轉運中心 (B) 集中式 DC (C) 營業所 (D) 分散式存貨點（前置倉）。

( ) 3. 城內配送的英文，以下哪個比較不合適？ (A) delivery (B) intracity transportation (C) distribution (D) linehaul。

( ) 4. 請判斷以下描述的正確性？
(1) 傳統店家下單配送到店（店配），驗收作業是以「訂單商品」來進行
(2) 宅配簽收是以「訂單商品」來進行
(A) (1)、(2) 均正確　　　　　(B) (1)、(2) 均不正確
(C) (1) 正確、(2) 不正確　　　(D) (1) 不正確、(2) 正確。

( ) 5. 通常通路據點數量或訂單數量達到一定規模時，為了讓物流能力的掌握度提高，會採取的作法有？ (A) 加大委外的規模 (B) 物流體系自有化 (C) 提高委外費率單價以提升品質 (D) 降低委外費率單價以節省成本。

( ) 6. 請判斷以下描述的正確性？
(1) 電商物流業者，除自建物流中心以外，亦開始投入自建配送車隊
(2) 最後一哩配送已成為支持銷售的關鍵活動
(A) (1)、(2) 均正確　　　　　(B) (1)、(2) 均不正確
(C) (1) 正確、(2) 不正確　　　(D) (1) 不正確、(2) 正確。

( ) 7. 有關蝦皮發展店到店並自建物流的考量，何者比較不正確？

(A) 因增加物流自主性

(B) 強勢通路如 7-11、全家等不一定能配合公司的政策

(C) 因物流利潤較高

(D) 考慮到物流總成本與客戶體驗優化之權衡。

( ) 8. 以下有關軸幅式架構之描述，正確有哪些？ (1) 貨件由營業所到集貨轉運中心稱為『集貨作業』；(2)) 由集貨轉運中心送到配送轉運中心稱為『到著作業』；(3) 集貨轉運中心又稱為『發送轉運中心』；(4) 配送轉運中心又稱為『到著轉運中心』

(A) (1)、(2)   (B) (1)、(2)、(3)

(C) (1)、(3)、(4)   (D) (1)、(2)、(4)。

二、簡答題

1. 請簡述何謂軸幅式架構？試繪圖說明。

2. 請問何謂最後一哩的隨需配送（on demand delivery）？

3. 請說明在全通路新零售的發展下，配送運作於物流架構、配送型態、訂單特性方面有哪些特點？

4. 請闡述全聯於 2011 年啟動「全聯物流運籌全球」的物流策略，主要做了什麼重大的轉變？並於策略擬定後作了哪些布局？

NOTE

CH07

物流資訊與相關技術

本章重點

1. 物流資訊系統發展概述
2. 物流資訊系統功能層次
3. 介紹物流資訊的相關技術
4. 物流應用軟體簡介

第三篇
物流資訊與設備篇

核心問題

　　物流資訊系統是物流運作的大腦，然發展物流資訊系統的核心除了資訊能力以外，請想想還有哪些？

思考案例

　　請由耀欣數位科技的發展，探索一下物流資訊系統應該扮演何種角色，方可達成系統整體目標？學習本課程可增加哪方面的能力？

7-1 物流資訊概述

物流資訊存在於從生產到消費間各個物流活動發生的環節中，包含從包裝、裝卸搬運、運輸、儲存、流通加工、配送等各種物流活動所產生的任何資訊。精確且即時掌握各階段物流資訊，乃是物流效益化與效率化的重要基礎。簡言之，物流資訊系統乃指使用電子化形式來收集、分析、評估數據，以協助進行各種物流活動的規劃、執行與控制的管理系統。

隨資訊與通訊技術（ICT, Information and Communication Technology）的發展，現行資訊系統運作結合物聯網技術（IoT, Internet of Things）、雲端計算（Cloud Computing）、人工智慧（AI, Artificial Intelligence）等，已進入到智慧物流（smart logistics）的時代。

德國弗勞恩霍夫物流研究院（Fraunhofer IML）院長 Michael ten Hompel 博士，亦曾說物流是任何行業運作成敗最具決定性的因素，沒有物流就沒有工業 4.0，因此工業 4.0 時代其實就是物流 4.0 時代。面臨智慧物流發展，資策會專家亦認為應考量以下幾項基本重點：

1. 消費者需求多元、細分化，商品品項趨向多樣少量，相關數據量大增，對該數據的管理與迅速處理為基本要求。

2. 面對市場需求、法令規範變化、商品替換、原料變更等各種調整，須具備快速且彈性的因應能力。

3. 物流運籌流程中產生數據的掌握，進行問題即時分析，乃至未來預測與預先防患，更是競爭力提升的關鍵。

4. 物流運籌體系複雜，含訂單管理、庫存管理、配送管理等子系統，各子系統無縫連接、協同運作，及數據同步更新，為達最佳化的基礎。

5. 無人載具的運用將對物流模式帶來重大衝擊，但普及化時間點牽涉複雜因素，除技術發展外，亦應掌握法規、保險制度修訂等，以確保能快速因應。

一、物流資訊系統的定義

物流資訊系統是把物流活動和物流資訊有機結合的一個系統。在大量累積的資料中，隱藏了許多物流作業的過程與結果，而高品質且即時的資訊是支持管理決策成功的重要因素。管理者可利用各種方式收集與物流規劃、業務、統計相關的各種數據，根據管理工作的要求與特定目的，對原始數據進行處理、轉換、分析等工作，產生對管理工作有助益的資訊。

二、物流資訊系統的作用

物流資訊系統是有效地建立物流系統並展開物流活動的必備條件。主要效果的呈現可發生在以下方面：(1) 縮短訂單周期時間、(2) 降低庫存、(3) 提高搬運效率、(4) 提高運輸效率、(5) 提高訂單處理能力、(6) 提高訂單處理精確度、(7) 增加客戶服務的可靠性、(8) 調整需求和供給的不確定性等等。

三、建立物流資訊系統的意義

現代物流管理以資訊為基礎，因而建立物流資訊系統越來越具有戰略意義。

（一）物流資訊系統是物流系統正常營運的保障（作業層次）

資料與資訊是物流系統的輸入要素，是物流系統運轉的前提。物流系統透過物流的活動、所有權的轉移和資訊的接收、發送，與外界不斷循環作用，實現對物流的控制，形成物流系統正常運作的保障。

採購、運輸、儲存以及銷售等活動在企業內部互相作用，形成一個有機的系統。整個系統的協調性越好，內部損耗越低，物流管理水準越高，企業就越能從中受益。物流資訊的傳送連接了物流活動的各個環節，並做為指導各個環節工作的輸入要項，藉以發揮即時溝通與管控的作用。

（二）物流資訊系統加強物流系統的管理能力（戰術層次）

物流資訊可以幫助企業對物流活動的各個環節進行有效的規劃、執行、協調與控制，以達到系統整體優化的目標。每一項物流活動都會累積大量的

物流資訊，透過現代資訊技術的合理應用，對相關資訊進行挖掘和分析，而得到每個環節下一步活動的指示性資訊。管理者藉由這些資訊的回饋，對各個環節的物流活動，可進行協調與控制。

（三）物流資訊系統提高企業運籌決策能力（戰略層次）

物流資訊有助於提高物流業的科學管理和決策水準。藉由加強供應鏈中各實體活動間的資訊交流與協調，使其中的物流和金流得以保持暢通，實現供需平衡的狀態。物流運籌管理中的一些基本決策問題，例如：位置決策、庫存決策及運輸配送決策都需要借助於物流資訊來協助。

7-2 資訊系統的功能層次

基本上，物流資訊系統是把各種物流活動中所涉及的資訊與流程整合在一起的過程。整合過程建立在三個層次上：作業層次、管理控制層次以及戰略計畫層次。

一、作業層次系統

作業層次系統主要是用於啟動和記錄個別的物流活動資訊的最基本層次，亦稱之為交易層次（transaction level）。這些資訊一般都是即時性的，也是整個資訊系統基礎數據的來源。由於日常作業活動包羅萬象，根據業務的不同所需要的資訊類型也不相同。主要包括訂貨內容、安排儲位、作業程序選擇、配送貨物、計價核算和單據檢核，以及提供客戶查詢等等。

日常作業系統的特徵是：格式規則化、通信交互化、交易批次化以及作業即時化，主要強調資訊系統的效率以及資訊傳遞的速度。

二、管理控制系統

管理控制系統主要是根據日常作業系統提供的資訊，進行衡量並作出報告。績效衡量主要是反應企業服務水準和資源管理的成效，當管理者想藉由

物流資訊系統瞭解過去的物流系統績效表現時，是否能夠於系統中進行控制或找出異常情況是非常重要的。

三、戰略計畫系統

戰略計畫系統著眼於物流運籌戰略的開發與規劃，此乃建立在各類資訊的基礎上。這類決策往往是管理控制層次的延伸，一般以長期計畫為主。相關運籌決策包括進行策略聯盟以促成夥伴間的協同合作，包含廠商開發市場機會的能力，以及對顧客服務的改進。物流資訊系統的戰略計畫，必須把較低層次的數據，以更廣的範圍整合出較高層級的資訊，協助評估各種戰略的成功機率和損益決策模型。

7-3　物流資訊系統相關技術

一、資料擷取技術（Data Capture）

資料擷取早已由人工輸入，進入到自動識別和資料擷取（AIDC, Automatic Identification and Data Capture）的世代。其乃指自動識別對象物，收集其資料，並將之直接輸入資訊系統而無需人為干預的方法。通常其技術包括條碼（Bar Code）、無線射頻識別（RFID）、生物識別（如虹膜和臉部識別系統）、磁條、光學識別（OCR），智慧卡、語音識別與視覺影像偵測（VID, Video Image Detection）等。

自動識別和資料擷取是獲取外部資料的過程或手段，特別是透過分析圖像，聲音或視頻等方式。為了擷取資訊，其採用轉換技術，將實際的圖像或聲音轉換為數位文件。然後將數位文件儲存起來，再通過電腦進行分析，或與資料庫中的其他文件進行比較以辨識、驗證身份或提供進入安全系統的權限。以下分就條碼技術、無線射頻辨識技術與視覺影像偵測技術進一步說明。

（一）條碼技術（Bar Code）

條碼技術是使用最為廣泛的自動識別技術之一，也是物流系統中最重要的組成元素，幾乎在所有消費品的包裝上都能見到條碼。

條碼是由一組規則排列、寬度各異的平行黑條紋所組成，條紋和條紋之間的間距是不等的。條紋的形狀和間距表達了一些商品的資訊或者物流資訊，例如：字母、數字以及特殊的文字，這些條碼代表物品的名稱、產地、價格及種類。為了增加條碼承載資訊的能力，目前二維條碼的應用亦漸漸普及。

條碼通常被貼置在物品、包裝外箱、貨櫃、棧板上，主要應用在零售系統、物流倉儲系統以及貨品追蹤系統上。

條碼技術在應用上，主要的問題是不同的編碼標準間彼此不相容。當要將產品高效率地通過整個供應鏈時，整個編碼標準的一致性、標準化是十分必要的，尤其是在國際物流或全球運籌物流活動之中更是如此。

（二）無線射頻識別技術（RFID, radio frequency identification）

RFID 是非接觸式自動識別技術或射頻技術的一種，這項技術誕生於第二次世界大戰期間，主要用來識別己方的飛機。最簡單的 RFID 系統由標籤（Tag）、讀取器（Reader）和天線（Antenna）三部分組成，在實際應用中還需要其他硬體和軟體的搭配。

其工作原理為：標籤進入磁場後，接收讀取器發出的射頻信號，藉由感應電流所獲得的能量，發送出儲存在卡片中的產品資訊（Passive Tag，被動標籤），或者主動發送某一頻率的信號（Active Tag，主動標籤），讀取器讀取資訊並解碼後，送到應用資訊系統進行有關數據的處理。

將射頻識別技術應用於貨櫃運輸時，RFID 專用設備或運輸設備會對貨櫃以及其運載物品進行識別。此外，RFID 亦已應用於追蹤火車運輸方面的相關事務。

射頻標籤具有儲存較多產品資料、快速掃描及非接觸式讀取等特性，因此，RFID 的發展，被視為取代現今條碼的明星產業。然此過程仍充滿許多的挑戰與變數，因此短期間的大規模取代條碼，仍不太可能發生。

　　以下就 RFID 特性與頻率，作簡單說明：

1. **RFID 特性**

　　(1) 資料讀寫（Read Write）機能

　　　　採非接觸方式，直接讀取晶片上的訊息，除可進行高速移動讀取外，且能同時處理多個標籤，並可將處理的狀態寫入標籤，供下一階段物流處理的讀取判斷之用。

　　(2) 體積小且多樣化

　　　　小型的 RFID 可能與一顆沙粒相仿，可貼附在任何大小的商品上；由於使用無線傳輸，故在讀取上並不受尺寸大小與形狀之限制，不需為了讀取的精確度而固定紙張的規格和印刷的品質。

　　(3) 耐用性（堅固性）

　　　　RFID 技術能防水、防磁且耐高溫，另對油和化學藥品等物質有強力的抗污性。故在黑暗或嚴酷、惡劣與髒污的環境之中，也能有效判讀。

　　(4) 可重複使用

　　　　由於 RFID 為電子數據，可以反覆被覆寫，因此可以回收標籤重複使用。

　　(5) 穿透性

　　　　RFID 具有優秀的穿透性，即使有遮蔽物（如被紙張、木材和塑料等非金屬或非透明的材質包覆），也可以進行穿透性通訊。但如果是金屬物質，則難以發揮功能。

　　(6) 數據的記憶容量大

　　　　目前晶片已可有 96 bits 的高容量，可辨識 1,600 萬種產品，680 億個不同序號，且隨著記憶規格的發展，可攜帶的資料量將愈來愈大。

(7) 安全性

RFID 有密碼保護，高度安全性的保護措施，使之不易被偽造及變造。

2. RFID 頻段

RFID 頻段分為低頻、高頻、超高頻、微波等四個頻段，其中目前以高頻及超高頻及微波為主要應用。

(1) 低頻（LF）：125～135KHz

(2) 高頻（HF）：13.56MHz

(3) 超高頻（UHF）：433MHz 及 860～960MHz

(4) 微波（Microwave）：2.45GHz

各頻段比較整理如表 7-1。

表 7-1　RFID 頻段比較表

	低頻（LF）	高頻（HF）	超高頻（UHF）		微波
頻率	125~135KHz	13.56MHz	433MHz	860~960MHz	2.45GHz & 5.8GHz
識別距離 (被動式)	<0.5m	<1m	～3m	～3m	～1m
傳輸方式	電磁感應	電磁感應	電波感應	電波感應	電波感應
運作方式	被動	被動	主動	主動 / 被動	主動 / 被動
特性	•受環境影響小 •安全性較差 •單一讀取	•受環境影響小 •安全性較高 •可多重讀取	•長距離 •可大量讀取 •主動式 •多用於醫院	•長距離 •可大量讀取 •用途廣 •受水 / 金屬影響	•距離略長 •可大量讀取 •金屬影響小 •與 WLAN 相同頻率
指向性	廣	廣	中	中	窄
應用例	1. 動物晶片 2. 門禁 3. 停車場	1. 交通卡 (例：悠遊卡) 2. 門禁 3. 圖書館	1. 醫院病患 2. 監護	1. 物流 2. 零售流通	物流

RFID 與其他辨識方式的比較整理如表 7-2。

表 7-2　RFID 與其他辨識方式比較表

	條碼	光學辨識	聲音辨識	指紋測定	Smart Card	RFID UHF（被動式）
一次讀取個數	一個	一個	一個	一個	一張	多個
資料存放密度	低	低	高	高	非常高	非常高
資料可讀性（肉眼）	有限度	簡單	簡單	困難	不可能	不可能
讀取狀態	靜態	靜態	動態	靜態	靜態	動態
讀取速度	慢	慢	非常慢	非常慢	慢	非常快
最大讀取距離	0 ～ 50 公分	小於 1 公分	0 ～ 50 公分	需直接接觸	需直接接觸	<10 公尺

（三）視覺影像偵測技術

視覺影像偵測技術（VID, Video Image Detection）是將影像輸入至分析的儀器中來進行影像分析，尤其廣泛應用在影像監控系統。電商巨擘亞馬遜於 2018 年推出 Amazon Go 智慧商店，其採用 Just Walk Out 技術，該技術結合電腦視覺、深度學習演算法、感測器融合等技術，可謂是將電腦視覺應用於零售賣場的一大躍進。

此外，工研院服務科技中心，則將影像辨識應用於儲位的商品盤點以及材積偵測等方面。隨著技術更加成熟，相信會有更多的實務應用出現。

二、資料交換技術

電子資料交換（EDI, electronic data interchange），指的是「將企業與企業之間業務往來的商業文件（如訂單、發票與應收帳款等）以標準化的格式，無須人為的介入直接以電子傳輸的方式，在雙方的應用系統間互相傳送。以加速企業間資料的傳遞，減少錯誤的一種跨組織資訊系統」。利用

EDI 標準傳遞資料可縮短文件傳遞的時間（速度）、節省紙張（環保）、減少轉換軟體開發的成本與時間（經濟）、減少人工登錄資料的錯誤（準確）、可整合公司內部與交易夥伴間的資訊系統（相容），避免文件轉換格式不一所帶來的困擾，若能再透過加值網路中心回存資料，就可把業者的通訊方式一致化。

多年來，EDI 已經證明是一種企業之間跨平台溝通的通用解決方案，但是它的執行費用頗高。因此另一種新的用於跨平台交互作用的通用標準，也開始作為資料交換之用，稱為「可延伸標示語言」（XML, extensible markup language）。其可使資料使用者直接使用網路瀏覽器，並利用網際網路準確而安全地傳輸資料。這就是為何最近幾年網際網路的發展，對商業產生如此重要影響的原因之一。

藉由網際網路快速並可靠地傳輸資料，使供應鏈的每一個階段均可以與其他使用不同作業系統的公司相互溝通。因此使供應鏈中的不同企業能夠追蹤或修正一些經常性、即時性的資料，使資訊流動更流暢、即時、正確且更經濟。

三、資料儲存技術（Data Storage）

從各種研究與物聯網應用發展趨勢來看，未來資料量將會快速且大量的累積。使得儲存系統成為未來支撐各類物聯網創新應用的重要基礎，根據國際研究機構 Gartner 推估，截至 2020 年全球有高達 260 億台物聯網相關設備，而物聯網相關產品與服務創造超過 3,000 億美元產值。

物聯網科技會產生大量數據，透過導入雲端技術或是系統架構來協助處理及儲存數據。故而催化儲存設備與相關軟體技術往三個關鍵方向發展，包含：儲存系統快速擴充、高彈性儲存架構、高儲存／傳輸效率。其發展重點的變遷，從 1990 年代強調高單價且高容錯性的單一硬體系統，如 Mainframe 及高價 Server，到 2000 年代前期透過改良磁碟陣列設計以及儲存管理軟體的模式來提供儲存設備運作效率，並進行最佳化。

從 2011 年以後，隨著企業處理大量、即時、多樣資料的需求，儲存設備開始更加著重水平擴充而非垂直擴充，並帶動包含低單價、雲端、超高速網路傳輸、以及創新媒介硬體技術（Flash/SSD）成為儲存產業的新興發展趨勢。

四、物聯網（IoT）技術

物聯網（IoT, Internet of Things）乃 1998 年美國麻省理工學院 Auto-ID 中心主任愛斯頓（Kevin Ashton）教授所提出，其為全球化的網路基礎建設，藉由資料擷取以及通訊能力，連結實體物件與虛擬資訊，進行各類控制、偵測、識別及服務。

物聯網將現實世界數位化，應用範圍十分廣泛，可拉近分散的資訊，統整物與物的數位資訊，其應用領域主要包括以下方面：運輸和物流領域、健康醫療領域範圍、智慧型環境（家庭、辦公、工廠）領域、個人和社會領域等，具有十分廣闊的市場和應用前景。

當 Auto-ID Center 在架構 EPCglobal Network 時，所提及之物聯網是以 RFID 的技術為基礎的分散式資訊交換分享網路框架，它是否足以說明物聯網？ GS1 Taiwan 的專家曾為文指出，可從各方的定義、概念與 IoT 技術架構來闡明何謂物聯網。

1. 歐盟 CASAGRAS 專案計畫定義

「全球網絡基礎設施，經由資料擷取與通信能力之開採以連結實體與虛擬物件。基礎設施包括現存與演化中的網際網路發展。它將以自主性的聯盟化服務與應用為基礎，提供特定物件識別、感應器與連結能力。具有高度自動資料擷取、事件資訊轉換、網路聯通性與互容性的特徵」。更簡潔的概念是：「物聯網是一個『物』（Things）能自動對電腦通信，物件本身也能彼此互通的世界，它以人類利益為服務要件。」

2. **中國物聯網定義**

物聯網就是「物物相連的互聯網」，通過 RFID 裝置等信息傳感設備，把任何的物品和互聯網（Internet）連接，進行通信和信息交換，以實現智能化的識別、定位、跟蹤、監控與管理。

3. **從技術架構看 IoT**

從以上的定義或概念可以歸納 IoT 有以下主要特性：

(1) 連結（Linking）實體與虛擬物件

(2) 物件識別（Identification）

(3) 自主的資料擷取（Data Capture）與感應

(4) 資料傳輸（Communication）

(5) 網路聯通性（Network Connectivity）

(6) 聯盟化服務（Federation）

(7) 全球網路基礎設施（Global Network Infrastructure）

五、AR ／ VR ／ MR 互動技術

依據工研院專家發表的文件，首先簡單定義 AR ／ VR ／ MR 技術：擴增實境（AR, Augmented Reality）是一種即時計算攝影機影像的位置及角度並加上相應圖像的技術，這種技術的目標是在螢幕上把虛擬世界套在現實世界並進行互動，此種技術約於 1990 年被提出。

虛擬實境（VR, Virtual Reality）是利用電腦模擬產生一個三維空間的虛擬世界，提供使用者關於視覺等感官的模擬，讓使用者感覺彷彿身歷其境，可以即時且沒有限制地觀察三維空間內的事物。使用者進行位置移動時電腦可以立即進行複雜的運算，將精確的三維世界影像傳回產生臨場感。該技術整合了電腦圖形、電腦模擬、人工智慧、感應、顯示及網路平行處理等技術的最新發展成果，是一種由電腦技術輔助生成的高技術模擬系統。

混合實境（MR, Mixed Reality）指的是結合真實和虛擬世界創造了新的環境和可視化，物理實體和數位化對象共存並能即時相互作用，以用來模擬真實物體。混合了真實環境增強現實、增強虛擬和虛擬現實的擬現實技術。

簡言之，AR 就是透過 see through 裝置（例如：AR glasses 或手機），將一些數位資訊顯示在這些裝置上，並透過視覺產生數位資訊與實境結合（例如：寶可夢遊戲）。VR 就是透過頭盔完全遮住視野以產生代入沉浸感（immersive），經由全虛擬畫面呈現出完全的虛擬世界（例如：HTC vive 的 VR 遊戲）。MR 則是將虛擬資訊與現實環境的匹配與整合，並經過虛擬資訊與真實環境精準定位後所產生的虛實互動（interactive）與匹配應用（例如 Microsoft 的 HoloLens），其與 AR 主要差異就是虛實精準定位產生的虛實互動與匹配。

目前阿里巴巴菜鳥網智慧物流亦研發了 AR 揀貨，後續發展值得持續關注。（參考資料來源：https://kknews.cc/tech/qzmp3y.html）

六、全球定位系統（**GPS, global positioning system**）

全球定位系統是由美國國防部發射的 24 顆衛星組成的全球地理位置定位、導航和授時系統，24 顆衛星分別分布在高度為 2 萬公里的 6 個軌道上擁有 4 顆衛星；在地球任何的一個點，任何時刻都可以同時接收來自於四顆衛星發出來的信號，所以說全球定位系統可以覆蓋全球。為了提高準確度，截至 2018 年在軌的工作衛星已達 31 顆（不含備用衛星）。

全球定位系統由空間衛星系統、地面監控系統和用戶接收系統三大子系統構成。與其他定位導航系統相比，全球定位系統的主要特點是：

1. **連續覆蓋全球地面**：將工作衛星分佈在 6 條軌道上，所以地球上任何一點、在任何時刻都可以連續即時接收方位和時間資訊，從而保證了全球、全天候持續的導航與定位的需要。

2. **系統功能多，精度高**：全球定位系統可以為用戶提供連續即時的三維位置、速度和時間的資訊。

3. **系統速度快**：全球衛星定位系統的接收機可以在一秒以內完成定位和測速工作，工作速度極快。

全球定位系統的主要應用包括：

（一）採用 GPS 技術的車輛監控系統

車輛監控系統是將全球定位技術、地理資訊技術（GIS）以及通信技術結合在一起的高科技系統。這一監管系統，針對安裝有 GPS 接收器的移動目標，將其位置、時間、狀態等資訊即時傳遞至主監控中心；然後，在具有地理資訊顯示和查詢功能的電子地圖上，顯示出移動目標的移動軌跡，從而實現對移動目標的監控和調度。實務上，將具有 GPS 接收器的設備稱為車機，車機上可增加通訊模組來達到即時通訊的目的。

（二）採用 GPS 技術的智慧車輛導航設備

智慧車輛導航設備安裝在車輛上，透過 GPS 接收機即時獲得車輛的位置資訊。並以電子地圖為顯示平台，在電子地圖上即時顯示車輛的行駛軌跡的一種設備。有時，這種導航設備還有語音提示功能。使用這種導航設備，無論對行駛路線是否熟悉的司機都可以在提示下順利到達目的地。

（三）採用 GPS 技術的貨物追蹤管理系統

貨物追蹤管理系統是指利用現代資訊技術即時獲取有關貨物運輸狀態的資訊（如貨物品項、數量、在途狀況、交貨期限、出發地、目的地、貨主資訊以及運送車輛和人員等）的方法。為達到此目標，可藉由 GPS 車機獲取位置與時間資料，並以行動化設備獲取交貨狀態資訊，達到貨物追蹤管理的目的。

七、地理資訊系統（**GIS, geographic information system**）

地理資訊系統，是指以地理空間數據為基礎，採用地理模型分析方法；適時地提供多種空間的和動態的地理資訊，是一種可作為地理研究和地理決策的電腦技術系統。

地理資訊技術可用於物流分析，如建立物流系統的車輛路線模型、最短路徑模型、物流網路模型和物流系統之場站設施區位模型等等。

接下來談談座標系統。為了進行地圖投影，必須先定出地球的長短半軸大小，而隨著科技的進步，這兩個參數經歷好幾次修正，目前世界上最通用的標準是 1984 年世界大地座標系統（WGS84）。國際上，最常見的投影座標系統為國際橫麥卡托（UTM, universal transverse mercator）投影座標系統（屬於圓柱投影），它的特點如下所示：

1. 圓柱繞兩極軸線。
2. 每 6° 分一帶，全球分成 60 個分帶（1 ～ 60），由西經 180° 開始向東依序編號。而由於圓柱投影的關係，越靠近兩極畸變越大，因此並不適用於高緯度地帶。
3. 邏輯上各帶是以中央經線與赤道之交點為原點，不過為了不使分帶內的座標出現負值，因此會將原分帶情形進行適度的平移。

對於臺灣地區而言，6° 分帶的範圍實在過大，也會造成較大的誤差。因此，一般是改用 3° 分帶或 2° 分帶來進行投影與量測。目前臺灣本島地區使用最廣者，即為使用 2° 分帶之 2°TM 座標系統，是以東經 121° 為中央經線，而中央經線與赤道交點的座標為（250,000 m，0 m）。

7-4　物流應用軟體

物流主要應用軟體包含倉儲管理系統（WMS）、運輸管理系統（TMS）和訂單管理系統（OMS），各系統分述如下：

一、倉儲管理系統（WMS, warehouse management system）

在說明倉儲管理系統之前，為了作好倉儲管理，以下幾個重要的觀念必須先建立起來。

（一）存貨管理與儲位管理有所不同

1. **存貨管理**（inventory control）：對於存貨數量的管制，通常管理的範圍只以物流中心為單位，進行存量匯總與進出數量情況之查詢管理。

2. **儲位管理**（location control）：管理的細度是以每一個儲位的商品庫存數量與進出情況之查詢管理。

（二）儲位與儲區的不同

1. 儲位是儲存實體位置的概念（倉庫每一個可儲存的位置都可以被標示出來）。

2. 儲區是指一個（含）以上儲位所組成的區域，其可以是虛擬的概念（例如：可以將不相鄰的儲位設爲相同儲區，以利進行進貨上架儲位或是出貨揀貨儲位的設定）。

　　有了基礎的倉儲管理觀念之後，倉儲管理系統就是一種管理的輔助工具。其可從貨物入庫到出庫所有的過程提供管理支援，並進行全過程的記錄。目前市面上的倉儲管理系統均有其各自的功能，但一般言主要可分爲幾大模組：（一）基本資料模組、（二）物流作業模組、（三）物流管理模組、（四）帳務管理模組等。各模組功能簡述如下：

（一）基本資料模組

　　包含以下有關人、物、地（儲位）等的基本資料設定：

1. **貨主**：儲存在物流中心的貨物擁有者（有時第三方物流業者稱貨主爲客戶）。

2. **供應商**：物流中心需自行採購項目的供應者，或是貨主的供應來源廠商。

3. **客戶**：出貨對象（送貨地點）（有時第三方物流業者稱客戶爲店家）。

4. **員工**：可作爲權限控管與相關記錄之用。

5. **商品**：儲存商品的屬性（商品編號、名稱、尺寸、商品類別、最小訂購量、貨主、保存年限、溫層等等）。

6. **儲位**：儲位屬性（儲位編號、可儲存空間、狀態〔可用／不可用〕、所屬儲區、儲存型態〔例：重型料架〕）。

7. **其他功能**。

（二）物流作業模組

1. **進貨作業**：(1) 進貨通知維護、(2) 進貨驗收、(3) 上架儲位建議等等。

2. **流通加工作業**：(1) 加工單維護、(2) 領料作業、(3) 結案作業等等。

3. **出貨作業**：(1) 出貨訂單維護、(2) 揀貨作業（產生揀貨單）、(3) 出貨確認作業等等。

4. **補貨作業**：將保管區的貨品補至揀貨區。

5. **配送作業**：(1) 出勤日報表、(2) 簽回單作業等等。

6. **盤點作業**：進行定期盤點或循環盤點。

7. **儲位調整作業**：內部儲位移動的作業。

8. **退貨作業**：(1) 退貨通知、(2) 分類處理、(3) 報廢處理等等。

9. **其他功能**。

（三）物流管理模組

1. 商品查詢（產生報表）。

2. 訂單查詢（產生報表）。

3. 庫存查詢（產生報表）。

4. 儲位查詢（產生報表）。

5. 其他功能。

（四）帳務管理模組

1. 對帳作業。

2. 其他功能。

　　倉儲管理系統的應用，可以大幅減少訂單處理及庫存盤點的時間外，從客戶服務的角度來看，錯誤率也可大幅度減少。此外，倉儲管理系統有助於發展儲位指派的邏輯，改變傳統的儲區劃分，充分利用倉儲空間，提高出貨的品質、準確性及速度，減少顧客等待時間。總言之，倉儲管理系統為倉儲相關的活動提供即時而正確的資訊，使整個倉儲管理過程實現「無紙化」作業，並大大提高經營效率。

二、運輸管理系統（**TMS, transportation management system**）

運輸管理系統是對大型物流公司眾多車輛進行管理的軟體，對車輛調度、運行、裝運計畫、貨物裝載量、裝運方式、駕駛的勞務管理以及成本核算等，提供全方位的管理輔助。

運輸管理系統的應用，在於保證客戶服務的滿意度，同時盡可能降低成本，減少車輛閒置，並保證安全營運。其中，亦可能包含路線規劃的功能；所謂路線規劃是提供車輛運行路徑方案並進行優化的功能。該功能是根據多項商業邏輯及標準，根據地理資訊系統所提供的資訊，產生多種模式與多種配送路線的方案，並且提供不同條件下優化的建議。然而自動排車這樣的功能在實務的應用上，因為變數過多導致日常的使用並不普及。但對於中長期言，考慮不同運量與其他限制時，自動排車的演算法可以提供一個較佳的參考方案，供有經驗的排車人員作為參考。

對於配送系統或是轉運越庫（cross docking）的複雜運輸系統，TMS 亦可提供較佳物流運輸路線建議，因此具有相當程度的重要性。好的路徑規劃不但可以節約運費、減少司機的勞務負擔，且在複雜的運輸環境中，可保證準時到達以提高客戶的滿意程度。

另外，車輛監控功能是指結合移動通信技術、全球衛星定位技術、地理資訊系統及企業內部網路與網際網路技術，對物流設備、工具（例如：車輛等移動目標）進行監控與調度的功能。這個功能可以即時進行資訊收集、監測跟蹤、調度、資訊傳輸與發佈以及雙向通信，從而跟蹤移動目標，進行監控和指揮，向客戶提供在途情況、預計到達時間，根據現實情況，即時進行調度管理。其效果是，選擇最適合的物流路線、達到最快的物流速度、最大限度降低空載率和成本、保障安全，並使客戶能夠放心和滿意。

綜上所述，吾人可將運輸管理系統分為三個階段：配送前（排車計畫）→配送時（即時監控）→配送後（績效管理）。目前市面上的運輸管理系統各有其功能，以下乃參考工研院所發展的輸配送系統，分成五個模組：（一）

基本資料模組、（二）基本設定模組、（三）排車作業模組、（四）車輛管理模組與（五）績效管理模組；並對各模組簡述如下：

（一）基本資料模組

包含以下有關人、物、車、地（送貨地點）等的基本資料設定：

1. **貨主**：儲存在物流中心的貨物擁有者（有時第三方物流業者稱貨主為客戶）。

2. **供應商**：物流中心需自行採購項目的供應者，或是貨主的供應來源廠商。

3. **客戶**：出貨對象（送貨地點）（有時第三方物流業者稱客戶為店家）。

4. **駕駛**：基本資料、駕駛種類等等。

5. **商品**：儲存商品的屬性（商品編號、名稱、尺寸、商品類別、最小訂購量、貨主、保存年限、溫層…）。

6. **交通公司**：委外車隊的公司（公司名稱、統編、服務區域…）。

7. **車輛**：車輛的屬性（車號、車型、所屬公司、最大載重、最大載積、品牌、可用年限…）。

8. **其他功能**。

（二）基本設定模組

1. **區域資料**：設定分區、是否可跨區等等。

2. **成本資料**：設定車輛成本、作業成本等等。

3. **距離資料**：設定任二點間的距離與時間資料等等。

4. **其他功能**。

（三）排車作業模組

1. **人工排車**：產生趟次資料。

2. **電腦輔助排車**：產生趟次資料。

3. **排車調整**：進行趟次內與趟次間的送貨單順序調整。

4. **車輛人員指派**：設定各車趟之車輛與駕駛。

5. **其他功能**。

（四）車輛管理模組

1. **費用管理**：保險、油耗、維修等等。

2. **維修管理**：維修記錄。

3. **車輛監控**：即時監控、歷史軌跡查詢、超速查詢等等。

4. **其他功能**。

（五）績效管理模組

1. **時間管理**：出廠時間、配送到達時間、驗收狀況。

2. **績效管理**：各類績效報表。

3. **其他功能**。

三、訂單管理系統（**OMS, order management system**）

　　訂單管理系統是提供企業內部或者經認可的外部使用者，進行訂單建立與業務資訊查詢的系統。被授權使用者可進行高效率與多元的查詢，以隨時掌握貨物進出、庫存及倉庫的利用情況，獲得即時數據。例如：可與供應商和客戶分享資料，客戶和供應商無論在何時何地，只要登錄系統，就可以獲得最新的資訊。

　　此系統不僅是企業內部標準化、效率化管理所需要的，也是企業經營戰略的一種手段，因為此系統提供客戶及供應商即時而準確的資訊，使客戶和供應商可以即時調整自己的業務活動，如掌握和追蹤貨物的進出及庫存情況，以及和客戶進行網上的談判及約定，甚至進行對帳和結算。目前許多第三方物流服務商，多可提供其客戶上網查詢其訂單的狀況；舉例言，目前我們常見的宅配與快遞服務多可依據宅配單上的單號，上網查詢其宅配單處理的狀況。例如黑貓宅急便的貨物追蹤查詢服務（http://www.tcat.com.tw/Inquire/Trace.aspx）。

本章相關英文術語解說

- **Advance Shipping Notice（ASN） 預先出貨通知**

  一種標準的 EDI 表格，記錄了在送貨地點所收到貨物的詳列內容。

- **Application Service Provider（ASP） 應用軟體服務供應商**

  在網際網路上對企業提供 IT 業務應用服務和管理服務，主要透過軟體與硬體租用或租賃形式來實施，服務商的收入和利潤來自顧客的租金。

- **Barcode 條碼**

  為一種自動辨識技術，由黑白平行線條代表數字或字母，在產品或表單上，經由條碼閱讀機的閱讀，將條碼轉為數字或字母，可使資料的讀取加快並正確，而不需人為的輸入。有標準碼與縮短碼兩種編碼型態，又有一維條碼、二維條碼（Two DimensionalBarcode）與三維條碼（Three Dimensional Barcode）等分別。條碼為有效客戶回應的基礎，可管理、追蹤和控制物流。條碼在物流業的運用有入庫驗貨、出庫揀貨、分貨、盤點、退貨處理等。在運送業的運用有表單的條碼化或在貨件上貼條碼。表單的條碼有託運單、發送通知單、貨物收據等，在每一作業階段經由表單條碼的掃描可知表單的作業程度。

- **Data Mining 資料探勘**

  資料探勘意指從大量的資料中去尋找新的資訊或獲取新的知識，也就是所謂的 Knowledge Discovery in Databases（KDD），例如針對消費者交易與特徵作資料探勘。

- **Data Warehouse 資料倉儲**

  從不同交易系統所接收進來的資料，開放給企業內部不同階層的人員使用，是一個經過處理、整合之資料庫。

- **Electronic Data Interchange（EDI）電子資料交換**

電子資料交換訊息傳送的格式由 Uniform Code Council（UCC）與美國 American National Standards Institute（ANSI）所設定，為 International Standard Organization（ISO）的 Administration, Commerce and Transport 的標準。對企業與企業間或機關與機關間的資料，制定電腦可以讀取的標準格式，利用電子通訊來傳遞。使用電腦對電腦的通訊來傳遞文件，就好像在電腦設定標準的傳真模式一樣，以產生託運單、訂單和發票。透過供應商、配送者和客戶的資訊系統，可得知最新的訂單、存貨和配送狀況，使得資料傳輸的正確性與速度大幅提高，並減少紙張在商業交易過程中，所扮演角色與成本，例如行政費用、郵寄費用等。

- **Electronic Product Code（EPC）電子商品編碼**

電子商品編碼是正在由美國、加拿大的商品代碼管理機構 UCC 開發中的一個新的商品編號標準，能夠使用在無線射頻身份識別系統 RFID 中來辨識不同的商品。

- **GS1 GS1　商品條碼策進會**

GS1 為一全球性組織，設計並執行全球標準與解決方案，來改善供應與需求鏈的效率與能見度。GS1 為全球最廣被使用在供應鏈標準系統中的標準系統。

- **Inventory　存貨／庫存**

儲存某一數量的貨品，以備未來的需求。如定義較嚴格則為檢驗合格，存於倉庫指定儲位的物品，稱為庫存品。存貨有許多種類，就用途而言，可分成：(1) 生產用：例如原料、在製品等。(2) 客戶服務用：例如成品、零件等。在限制理論中（Theory of Constraints），存貨定義為購買後再出售的東西，包括原料、在製品、成品等，存貨的價值為購買的價格而已，不包括以後相關的費用。但是傳統上，成本會計計算存貨成本的方式，要加上直接勞力成本和生產過程中所需的成本，存貨亦稱 Stock。

- **Inventory Turnover　存貨週轉率**

  在一段時間內，通常以一年計算，存貨的銷售成本除以平均庫存。存貨週轉率越高，表示存貨流動越快，企業管理存貨越有效率。不同行業的存貨週轉率有行業特性的差異，所以比較一公司的存貨週轉率最好與同業比較。存貨週轉率的計算方法如下，例如期初存貨為 1,000 元，期末存貨為 900 元，存貨的銷售成本為 7,000 元。存貨週轉率為：7,000/（1,000 ＋ 900）/2）＝ 7,000/950 ＝ 7.37。亦稱為 Turnover、Turnover Rate、Stock Turn 等。

- **Replenishment　補貨**

  當物流中心特定區域（例如：揀貨區）的存貨降至事先設定的水準，就需要補貨。補貨有兩種方法：(1) 在物流中心中，把存貨從儲存區移至特定區域；(2) 直接從外面送貨到物流中心的特定區域。

- **Stock　庫存**

  放置於倉庫中的物料、耗材與產品，以滿足內部使用部門或外部買主的需要。

- **Stock Level　庫存水準**

  持有庫存數量的期望數量。

- **Universal Product Code（UPC）　統一商品條碼**

  是最早大規模應用的條碼，其特性是一種長度固定、連續性的條碼，目前主要在美國和加拿大使用，用於認定食品雜貨店和其他零售商店產品的標準條碼，由於其應用範圍廣泛，故又被稱萬用條碼。

- **Value-Added Network（VAN）　加值網路**

  一個中央資訊交換中心接收從組織內度來的相關表單，並以即時的方式與所需的格式，將其分發至接收單位。也稱為「第三者網路」。

- **Vendor 廠商**

  任何被動因應要求時間提供貨物的賣方。通常使用「供應商」一詞來描述一個會主動建議成本節省機會以及改善意見的供貨來源。

- **Warehouse Management System（WMS） 倉庫管理系統**

  管理倉庫或物流中心的應用軟體，由電腦軟硬體、RF 設備等組成，用以控制倉庫的活動，其功能包括進貨、入庫、存貨管理、盤點、接訂單、揀貨、包裝、補貨、出貨、人力管理、物料搬運、設備介面、使用無線電頻率與條碼等，提供即時正確的資訊，使實體動作和資訊流動能更迅速和正確。倉庫管理系統是物流系統中非常重要的一部分。

本章綜合練習題

一、選擇題（單選）

( ) 1. 有關資訊與通訊技術的描述，何者不正確？

    (1) 資訊與通訊技術簡稱 ICT

    (2) 資訊與通訊技術簡稱 ERP

    (3) 主要是指應用電子化的形式來收集、分析和評估數據

    (4) 主要是指應用計量分析模式來收集、分析和評估數據

    (A) (1)、(2)   (B) (1)、(3)

    (C) (2)、(4)   (D) (3)、(4)。

( ) 2. 有關資訊流的描述，何者正確？

    (1) 物流階段會伴隨發生資訊流

    (2) 物流階段不會伴隨發生資訊流

    (3) 資訊流一定是藉由電子化的形式

    (4) 資訊流不一定是藉由電子化的形式

    (A) (1)、(3)   (B) (2)、(3)

    (C) (1)、(4)   (D) (2)、(4)。

( ) 3. 有關資訊流的描述，何者正確？

    (1) 電話是一種資訊流的形式

    (2) 公文傳遞是一種資訊流的形式

    (3) 布告欄的公告是一種資訊流的形式

    (4) 電子郵件是一種資訊流的形式

    (A) (1)、(2)   (B) (1)、(2)、(4)

    (C) (2)、(3)、(4)   (D) (1)、(2)、(3)、(4)。

(　) 4. 有關物流資訊系統的描述，何者正確？

    (1) 是把物流活動和物流過程相關資訊有機結合而成的系統

    (2) 用各種方式收集與物流計劃、業務、統計相關的各種數據，採取任意性處理，並不需要達成特定的目的

    (A) (1)、(2) 均正確　　　　　　(B) (1) 正確、(2) 不正確

    (C) (1) 不正確、(2) 正確　　　　(D) (1)、(2) 均不正確。

(　) 5. 有關物流資訊系統的描述，何者正確？

    (1) 是有效地建立物流系統並展開物流活動的必備條件

    (2) 物流的各環節都依賴於物流資訊來進行規劃、執行和控制及其他各項管理活動

    (A) (1)、(2) 均正確　　　　　　(B) (1) 正確、(2) 不正確

    (C) (1) 不正確、(2) 正確　　　　(D) (1)、(2) 均不正確。

(　) 6. 關物流資訊系統的作用描述，以下何者不正確？　(A) 縮短訂單周期時間　(B) 可降低庫存　(C) 增加客戶服務的可靠性　(D) 增加管理的不確定性。

(　) 7. 關物流資訊系統的描述，何者正確？

    (1) 物流資訊系統對現代化的物流管理越來越具有戰略意義

    (2) 物流資訊系統可提高企業科學決策能力

    (A) (1)、(2) 均正確　　　　　　(B) (1) 正確、(2) 不正確

    (C) (1) 不正確、(2) 正確　　　　(D) (1)、(2) 均不正確。

(　) 8. 關物流資訊系統的描述，何者正確？

    (1) 物流資訊系統主要是作為日常營運，不具備戰略層級的意義

    (2) 物流資訊系統可強化物流系統的管理能力

    (A) (1)、(2) 均正確　　　　　　(B) (1) 正確、(2) 不正確

    (C) (1) 不正確、(2) 正確　　　　(D) (1)、(2) 均不正確。

(　　) 9. 有關物流資訊系統的描述，何者不正確？

　　(A) 可以幫助企業對物流活動的各個環節進行有效的計劃

　　(B) 可對相關資訊進行挖掘和分析，但無法提供下一步活動的指示性資訊

　　(C) 可以幫助企業對物流活動的各個環節進行有效的協調與控制

　　(D) 對物流活動的各個環節進行有效的協調與控制，是藉由資訊的回饋來達成。

(　　)10. 物流資訊有助於提高物流管理和決策水準，以下哪個決策較無法藉由物流資訊系統達成？　(A) 物流中心位置決策　(B) 運輸配送決策　(C) 採購決策　(D) 行政人員錄用的決策。

(　　)11. 物流資訊系統在功能層次的描述，以下哪個不正確？

　　(A) 作業層次是指日常運作也稱爲交易層次

　　(B) 作業層次的資訊一般都是即時性的，也是整個資訊系統基礎數據的來源

　　(C) 管理控制層次主要是進行衡量並作出報告

　　(D) 管理控制層次是戰略計劃向上層次的延伸。

(　　)12. 物流資訊系統在作業層次的特徵描述，以下哪個不正確？　(A) 格式規則化　(B) 作業即時化　(C) 通訊單向化　(D) 交易批量化。

(　　)13. 以下哪個不正確？　(A) 條碼屬於資料收集技術之一　(B) 條碼屬於資料庫技術之一　(C) XML 屬於資料交換技術之一　(D) RFID 屬於資料收集技術之一。

(　　)14. 以下對條碼的描述，哪個正確？

　　(A) 條碼屬於非接觸式的自動識別技術之一

　　(B) 條碼只能表示數字

　　(C) 採用與供應商相同的條碼編碼對純粹內部物流應用最爲重要

　　(D) 二維條碼的資訊承載力較一維條碼高。

(　　)15. 以下描述哪個不正確？

(A) 條碼屬於接觸式的自動識別技術之一

(B) RFID 具有非接觸式的特性

(C) RFID 是近 10 年所發展的新技術

(D) 條碼技術是使用最爲廣泛的自動識別技術。

(　　)16. 以下對無線射頻識別技術的描述，哪個不正確？

(A) 稱爲 RFID

(B) 主要由標籤、讀取器和天線組成

(C) 被動式標籤價格較主動式低

(D) 被動式標籤須有電池模組以供持續發送出訊號。

(　　)17. 以下對無線射頻識別技術的描述，哪個正確？　(A) 僅能讀取
(B) 受限印刷品質與讀取精確度因此需有一定的大小　(C) 抗污性
較條碼強　(D) 無法重複使用。

(　　)18. 以下對無線射頻識別技術的描述，哪個不正確？　(A) 資料可讀
寫　(B) 體積小多樣化　(C) 讀取率不受金屬或是液體影響　(D)
在黑暗髒汙環境中仍可使用。

(　　)19. 以下對無線射頻識別技術的描述，哪個不正確？　(A) 記憶容量
有彈性　(B) 可提供密碼保護　(C) 可高速讀取　(D) 一次讀取一
個。

(　　)20. 以下對無線射頻識別技術的描述，哪個不正確？

(A) 125 ～ 135 KHz 屬於低頻（LF）

(B) 1356 MHz 屬於高頻（HF）

(C) 433 MHz 屬於超高頻（UHF）

(D) 960 MH 屬於微波（Microwave）。

（　）21. 以下對無線射頻識別技術的描述，哪個正確？

(A) 交通卡（例：悠遊卡）屬於低頻（LF）

(B) 動物晶片卡屬於低頻（LF）

(C) 醫院病患監護常使用高頻（HF）

(D) 物流應用常使用高頻（HF）。

（　）22. 以下對無線射頻識別技術的描述，哪個不正確？

(A) 低頻（LF）識別距離較超高頻（UHF）短

(B) 主動式標籤識別距離較被動式短

(C) 主動式標籤配有電池

(D) 高頻（HF）識別距離較超高頻（UHF）短。

（　）23. 以下對資料交換技術的描述，哪個不正確？

(A) 電子資料交換簡稱 EDI

(B) 無法減少轉換軟體開發的負擔

(C) 可縮短文件傳遞時間

(D) 可藉此強化公司內部與交易夥伴資訊系統整合的可能性。

（　）24. 以下對資料交換技術的描述，哪個不正確？

(A) 現行 EDI 解決方案執行費用較高

(B) XML 技術可直接使用網路流覽器並藉 internet 傳輸資料

(C) 以 XML 技術來進行資料交換雖普及性可大增但費用較傳統 EDI 高

(D) XML 是可擴展的標識語言的簡稱。

（　）25. 以下有關資料庫的描述，哪個正確？　(A) 稱為 Database　(B) 稱為 Datawarehouse　(C) 稱為 Datacenter　(D) 稱為 Datamining。

( )26. 以下對於資料庫的描述，哪個不正確？
(A) 若要查看訂貨周期時間和過去半年內特定物品的供應商交貨滿足率的情況，則資料庫的使用是很重要的
(B) 微軟的 Access 是一個資料庫系統
(C) 微軟的 Excel 是一個資料庫系統
(D) 微軟的 SQL Server 是一個資料庫系統。

( )27. 請問條碼技術是屬於以下哪類型的技術？　(A) 資料收集　(B) 資料庫　(C) 資料傳輸　(D) 電子商務。

( )28. 以下對於全球定位系統的描述，哪個正確？　(A) 簡稱 GIS　(B) 簡稱 GPS　(C) 簡稱 GSM　(D) 簡稱 GPRS。

( )29. 美國的全球定位系統起初規劃是由幾顆衛星組成？　(A) 20 顆　(B) 21 顆　(C) 23 顆　(D) 24 顆。

( )30. 全球定位系統至少要接收幾顆衛星訊號方可定位？　(A) 6 顆　(B) 4 顆　(C) 8 顆　(D) 2 顆。

( )31. 全球定位系統的主要組成，不包含哪一項？　(A) 用戶傳送系統　(B) 用戶接收系統　(C) 地面監控系統　(D) 空間衛星系統。

( )32. 全球定位系統的主要特點，不包含哪一項？　(A) 可連續覆蓋全球地面　(B) 定位精度高　(C) 定位時間長　(D) 提供資訊多（包含位置／速度／時間等）。

( )33. 以下對全球定位系統可提供的資訊，哪項不正確？　(A) 三維位置　(B) 行進速度　(C) 油耗　(D) 時間。

( )34. 在車輛監控系統中車輛必要的設備是哪一項？　(A) 監控資訊平台　(B) 車機　(C) 條碼機　(D) RFID。

( )35. 以下哪一項不為 RFID 的特性？　(A) 可同時讀取多個　(B) 可重複使用　(C) 體積大　(D) 耐用性。

(　)36. 以下哪一項不為 RFID 的特性？　(A) 數據的記憶容量大　(B) 安全　(C) 須固定在紙張上　(D) 耐用性。

(　)37. 以下對於地理資訊系統的描述，哪個正確？　(A) 簡稱 GIS　(B) 簡稱 GPS　(C) 簡稱 GSM　(D) 簡稱 GPRS。

(　)38. 若以地理座標系統中的六度分帶劃分，請問可將地球分為幾個投影區帶？　(A) 60 個　(B) 40 個　(C) 180 個　(D) 120 個。

(　)39. 若以地理座標系統中的三度分帶劃分，請問可將地球分為幾個投影區帶？　(A) 60 個　(B) 40 個　(C) 180 個　(D) 120 個。

(　)40. 以下對於地理資訊系統的描述，哪個正確？

(A) 二度分帶系統較三度分帶誤差小

(B) 五千分之一的比例尺較二萬五分之一來得粗略

(C) 無法結合行政區人口統計資訊

(D) 二度 TM 座標系統以東經 120°為中央經線。

(　)41. 以下對於倉儲管理系統的描述，哪個正確？　(A) 簡稱 WMS　(B) 簡稱 TMS　(C) 簡稱 MIS　(D) 簡稱 OMS。

(　)42. 以下對於訂單管理系統的描述，哪個正確？　(A) 簡稱 WMS　(B) 簡稱 TMS　(C) 簡稱 MIS　(D) 簡稱 OMS。

(　)43. 以下對於倉儲管理系統的描述，哪個不正確？　(A) 從貨物入庫到出庫全過程提供管理支援，進行全過程的自動化記錄　(B) 包含路線規劃功能　(C) 包含儲位管理功能　(D) 包含驗收管理功能。

(　)44. 以下哪一項並非完全可由運輸管理系統來處理？　(A) 車輛管理　(B) 路線規劃與選擇　(C) 駕駛的勞務　(D) 訂單全程追蹤。

(　)45. 以下對於物流應用軟體的描述，哪個不正確？

(A) 訂單管理系統可作為與外部廠商整合的統一介面

(B) 訂單管理系統可以做為內部倉儲管理系統與運輸管理系統整合的統一介面

(C) 訂單全程追蹤最好是由倉儲管理系統來整合

(D) 訂單管理系統對於內外部使用者需有嚴格的權限管控機制。

二、簡答題

1. 物流資訊系統的作用主要表現在哪些方面？請舉出三項。

2. 作業層次系統包含了即時性的日常運作數據，它有哪些記錄（舉出兩項）？特徵是什麼（舉出兩項）？

3. 試舉出兩種資料收集的技術？並個別說明。

4. RFID 有哪些特性？請舉出三項。

5. 試解釋電子資料交換技術及其效益。

6. 全球定位系統有哪三項特點？請舉出二項。

7. 請簡述車輛監控需要用到哪些技術？

8. 倉儲管理系統（WMS）中於進貨作業所謂的上架建議所指為何？

9. 請問運輸管理系統（TMS）依配送的時間先後可分為哪三個階段？各階段的管理重點為何？

10. 請以作業層次、管理控制層次以及戰略計畫層次，分別來闡述物流資訊系統於各層次處理的重點為何？

11. 請說明有關存貨管理與儲位管理有何不同？

12. 請說明儲位與儲區的概念？二者間有何關聯？

13. 請舉一個實例來簡述訂單追蹤的過程。

NOTE

CH08

物流相關設備

本章重點

1. 瞭解標準化對於物流設備的重要性
2. 對於單元負載設備作概要說明
3. 對於儲存、搬運、揀貨等設備作概要說明

第三篇
物流資訊與設備篇

核心問題

　　工欲善其事，必先利其器。面臨數位轉型的現在，有哪些省人化、效率化、智慧化的設備，有助於智慧物流的發展？

思考案例

　　何謂智慧物流？新技術百花齊放，智慧物流如何為臺灣物流業帶來創新？

8-1　物流標準化

物流活動涉及了不同國家、地區和不同產業的很多企業，如果每個企業都用自己的標準進行物流活動，則必然導致各個企業之間無法溝通，使得物流活動很難國際化。因此若要實現國際化和效率化，其前提必然是需要建立國際共同的物流標準。

一、物流標準化定義

物流標準化是指在包裝、裝卸搬運、運輸、儲存保管、流通加工、配送、回收及資訊管理等環節中，對重複性事物和概念透過各類標準的制定與實施，以達到協調統一並獲得最佳效率以及企業與社會的效益。換言之，在物流標準化的基礎下，物流系統和其他系統之間亦可建立通用標準，以實現物流系統與其他相關系統的溝通和交流，來達成整體效率化與效益化的目標。

二、物流標準化的內容

物流標準化包括以下三個方面的涵義：

（一）總體性

從整體物流系統出發，制定其各子系統的設施、設備、專用工具等的技術標準以及業務工作標準。

（二）配合性

研究各子系統技術標準和業務工作標準的配合性，按相關作業之配合性要求，統一整個物流系統的標準。

（三）相關性

研究物流系統與其他系統的相關性，謀求整體物流系統的標準統一。

以上是從不同的物流層次上，來思考實現物流標準化的重要過程。然而此三方面間又存在交互影響的關係；例如，在進行標準化的過程中，企業可能會先在物流系統內部建立本身的標準作業；而整個物流系統標準的建立，又必然包括物流各個子系統的標準，而自身的標準又需依歸於產業總體之標準。因此，物流要實現最終的標準化，必經以上三個方面的共同思維方可竟其功。

三、物流標準種類

（一）基礎編碼標準

基礎編碼標準是對物流作業中相關的對象進行編碼，此對象可包含人、物、地點、設備等等；並可按物流過程的要求，轉化成適合的辨識方式（例如：條碼）。這是使物流系統能夠彼此銜接的最基本工作，也是採用資訊技術對物流作業進行管理的基礎。建立這標準之後，才可能實現電子資訊傳遞、數據交換、統計及核算等物流活動。

（二）物流基礎尺寸標準

物流尺寸標準化是指共同的單位尺寸，或系統中各標準尺寸的最大公約尺寸。在基礎尺寸確定之後，各個具體的尺寸標準都要以基礎尺寸為依據，選取其整數倍數為規定的尺寸標準。

由於基礎尺寸的確定，只需在倍數系列進行標準尺寸選擇，這就大大減少了尺寸的複雜性。物流基礎尺寸的確定，不但要考慮國內物流系統，而且要考慮到與國際物流系統的銜接，具有一定難度和複雜性。例如：棧板尺寸、貨櫃尺寸，車輛貨台尺寸等，藉由此基礎方可作為物流容器、設備、空間的一貫化設計。

8-2 單元負載

　　單元負載是利用適當的承載設備，如棧板、物流箱、紙箱、貨櫃等；將小件的或零散的貨物，集聚成較大件的貨物，成為一個物料搬運的單位。單元化主要目的在於進行物流的裝卸、搬運、運輸與配送活動時，能達到省力化與效率化目標。表 8-1 列出各式單元負載（unit load）供讀者參考：

表 8-1　各式單元負載

名稱	圖示	說明
棧板（pallet）（大陸用詞為托盤）		1. 常用標準如下： 　(1) 歐規：80×120 cm 或是 100×120 cm。 　(2) 日規（JIS）：110×110 cm。 　(3) 臺灣（CNS）：110×110 cm 或是 100×120 cm。 2. 材質：木質、塑膠、紙等等。 3. 叉口：單向、雙向。 4. 面向：單面、雙面。
物流箱		1. 作為周轉使用（亦即可多次重複使用）。 2. 需考慮回收時減少佔用之空間。 3. 連鎖便利店經常使用物流箱進行作業。
紙箱		1. 多為單次使用。 2. 多為不固定的出貨時使用。
貨櫃（container）（大陸用語為集裝箱）		1. 海運貨櫃主要分為 20 呎與 40 呎櫃。 2. 一般海運貨櫃以 20 呎櫃為計算單元（稱為 TEU, twentyfoot equivalent unit）

8-3 儲存設備

儲存乃物流作業中主要的活動之一，表 8-2 列出相關輔助設備供讀者參考：

表 8-2 各式儲存設備

名稱	圖示	說明
輕中型料架（Light / Medium Duty Shelf）		1. 輕型 150 公斤以下；中型 150 ～ 500 公斤。 2. 一般來說，輕型物料架，有不同的重量範圍。可依欲放置物品的重量來選購，每層荷重會因寬度不同而有所變動。因應方式是：於層板下方補一支～二支橫補樑。因此，採購時需注意各層荷重，及欲擺放之物件寬度。如此供應商會依需求加以規劃，使寬度利用率達到最大，而荷重不會降低。
重型料架（Pallet Rack）		1. 重型一般乃指 500 公斤以上的負荷。 2. 有不同型式結構可供選擇。 3. 各層高度亦可因應需求調整。 4. 重型料架需配合堆高機使用，當高度過高時則需採用高揚程之堆高機。
積層式料架（Multi-tier System）		一般來說，場地夠高而平面堆疊已無法滿足倉儲使用時，便可以使用積層物料架設計來往上發展。嚴格來說是於重型物料架加裝上層平面，下層依然是重型物料架設計。下層除可正常使用外，上層可放置較輕的物件，並可搭配中型或輕型物料架，如此可有效利用場地高度。

名稱	圖示	說明
駛入式料架 （Drive-in Rack）	 堆高機直接開入堆疊	1. 駛入式料架原理是將多座料架併排，但須考慮棧板寬度加大或是選用合適的堆高機。讓堆高機能行駛於存放棧板的走道間，如此可達節省一般重型料架需座與座間留走道的問題。 2. 該設計需搭配較寬型棧板方能使用，也因如此棧板材質及硬度需要非常講究。 3. 料架另一端靠牆。
駛穿式料架 （Drivethrough Rack）		1. 跟駛入式類似，但可以雙向通過料架。 2. 料架兩端均不靠牆。
後推式料架 （Pushback Rack）		1. 改良一般重型物料架，每座間都需留有通道之缺點，可將重型物料架 2～4 座合併，再利用座與座間的滑軌及滑車原理，將荷重物之棧板放於滑車上。利用堆高機將下一塊荷重之棧板將前一塊棧板往後推，達到棧板併棧板的效果。其原理是滑軌具有些許傾斜，讓滑車能自然下滑至最前方，以利堆高機存取。單價雖高，但非常適合場地受限之企業主考慮採用。 2. 優點：空間利用率高。 3. 缺點：不容易做先進先出（FIFO）

名稱	圖示	說明
流利架 （Gravity Flow Rack）	以上為零散揀貨用 以上為整板流利架	1. 流利架是從有坡度的滑道上端存入貨物，貨物借助重力作用自動下滑，在低端取貨。可實現先進先出，一次補貨多次揀貨的效果。 2. 可使用於棧板出貨、整箱揀貨或是零箱揀貨。
迴轉櫃 （Carousel）	可每層樓各開一個存取口　可前後各開一個存取口 前存取口　　自動輸送帶	1. 此為物就人的揀貨方式（亦即物品移動至揀貨人員面前）。 2. 類似停車塔的運作。 3. 適用於零件儲放。
移動櫃（Mobile Cabinet）或移動式料架	CF　　CG	1. 藉由彈性的走道空間的設計以增加空間使用率（亦即料架間沒有固定走道）。 2. 應用範例：圖書館中使用率較不頻繁的保存性書籍。 3. 在冷凍庫中為提高空間使用率，雖需要移動走道的時間，但考慮冷凍庫建置成本較高的情況下，亦有此應用案例（如統昶行銷的暖暖物流中心）。

名稱	圖示	說明
自動倉庫（AS／RS）		1. 具備無人化、效率化與正確性的優點。 2. 空間使用率高。 3. 建置與營運成本較高，因此投入前需經完整的效益評估。 4. 無人存取機乃是自動倉儲中費用較高的設備，因此可配合雙深貨架來減少存取機的數量（亦即一個貨架有二棧板深度可存放二個棧板），但卻增加先進先出的管理難度。
巧固架 （Portable Stack Rack）		1. 此為一種靈活的儲存方案。無須任何工具組裝，即可使用。材料使用焊接方式連接，穩定堅固。貨架可堆疊三層高，無須使用時又可套疊收藏，節省空間。 2. 適合空間運用需較彈性的場合。

8-4　搬運設備

當物品有移動需求時，則需先經內部搬運的活動，表 8-3 列出各式搬運設備供讀者參考：

表 8-3　各式搬運設備

名稱	圖示	說明
油壓托板車（Hand Pallet Jack）		1. 此為簡易型無動力的搬運設備。 2. 以油壓方式舉升或是降下棧板，以進行棧板的搬運作業。 3. 應用於整箱揀貨的搬運設備。

名稱	圖示	說明
電動托板車 （Powered Pallet Jack）		1. 此為簡易型具電動動力的搬運設備。 2. 可舉升或是降下棧板，以進行棧板的搬運作業。 3. 應用於整箱揀貨的搬運設備。
堆高機 （叉舉車） Forklift		1. 具動力的搬運設備。 2. 可舉升或降下棧板，以進行棧板的搬運與上下架作業。 3. 應用於進貨上架、補貨或是整箱揀貨的搬運設備。 4. 通常動力方式為：電動（室內）、柴油（室外）。
手動堆高機 （叉舉車）		1. 不具動力的搬運設備。 2. 可舉升或降下棧板，以進行棧板的搬運與上下架作業。 3. 適用於賣場進貨上架、補貨的搬運設備。
籠車 （Roll Container）		1. 籠車為目前貨運與宅配業者常用的搬運單元，具備方便移動的特性。但受限於貨件規格不一，因此積載率較人工堆疊低。 2. 物流籠車以鋼材或是塑膠網組成，強化的車輪使操作更穩定。不使用時可摺合，節省空間。
無人搬運車 （AGV）		1. 可自動導引的搬運設備，導引方式有：光學式、磁感應、紅外線、雷射等。 2. 目前國內許多晶圓製造廠採用無人搬運車作為大尺寸晶圓製造過程中的搬運設備。 3. 電商型的物流中心亦開始使用。

名稱	圖示	說明
輸送帶 （Conveyor）	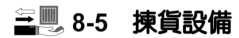	1. 為連續型的搬運設備，有不同的傳動型式如皮帶式、滾筒式等。 2. 在物流中心中常作為分流與合流的工具。 3. 在零散揀貨作業中亦經常用作物流箱搬運的用途。

8-5 揀貨設備

　　揀貨為物流作業中需大量人力投入的活動，也是訂單正確性中主要的影響因子。如何藉由合適設備的引進，以提高效率與正確性乃物流規劃的關鍵議題。表 8-4 列出各式揀貨設備供讀者參考：

表 8-4　各式揀貨設備

名稱	圖示	說明
電子標籤揀貨系統 （Pick to light）		1. 實務上通稱為 CAPS，但請注意 CAPS 實際意思為「電腦輔助揀貨系統」（computer-aided picking system）。 2. 亦有業者稱為 DLP（Digital Light Picking）「電子標籤揀貨系統」，此用法較為正確。 3. 由電子標籤顯示資訊依據燈號顯示揀貨適用於零散、整箱揀取。 4. 目前許多物流中心多採用電子標籤揀貨系統來增加作業效率與正確性。

名稱	圖示	說明
聲音揀貨系統 （Pick by voice）		1. 國內採用者很少。 2. 與電子標籤系統比較，聲音揀貨系統應較適合運用於低溫環境。 3. 以下列出 Vocollect 公司的系統說明供作參考：語音揀貨系統可過濾清除各種背景雜音，是專門為嘈雜的倉庫和工業環境而設計的語音識別器。Vocollect 語音揀貨系統只需要 20 分鐘來收錄使用者的聲紋，便能精準的判別及辨識使用者的聲音，揀貨人員利用 Vocollect 語音揀貨系統的系統語音指令工作，只要 3 ～ 4 個小時的訓練時間，便能自行獨立作業，這不但解決了物流中心人員流動及訓練的問題，相對也提高整體的工作效率及出貨準確率。
無線揀貨系統 （RF）		1. 無線作業實務上通稱為 RF 作業，揀貨作業乃無線作業之一種，進貨上架、盤點等均可藉無線方式進行。 2. 無線揀貨乃將作業資訊傳給現場人員（Client 端裝置可應用於手持式 HT 或台車或堆高機上）來進行揀貨作業。 3. 無線作業具備即時性，讓整體運作更具彈性並可針對異常快速因應與調節。
分類機 （Sorter）		1. 此為高度自動化的揀貨設備，基本上屬於播種式揀貨的一種。可將每個流道安排一個客戶的物流箱，單一品項可依據訂單數量由分類機自動進行分揀。 2. 目前分類機常用於貨運業、圖書雜誌退貨整理作業、以及零售店配物流。

🔁📇 8-6 其他輔助設備

表 8-5 列出相關輔助設備供讀者參考：

表 8-5 相關輔助設備

名稱	圖示	說明
疊棧機		1. 棧板為常用的單元負載，藉由疊棧機可自動將貨品堆疊於棧板中。 2. 常用於工廠生產線的末端作業，以利後續搬運與運輸。
包膜機		1. 堆疊於棧板的貨品可能因堆疊方式產生傾倒的可能，包膜作業可降低這種危險的發生。 2. 通常包膜可採人工或是自動的方式，然為增進效率因而有包膜機的輔助。
月台調整器		1. 月台設計需配合不同的貨車高度，但不同貨車或是貨櫃車有不同的貨斗高度，月台調整器則是因應不同需求的一種解決方案。 2. 通常貨斗的高度會高於月台的高度，主要原因乃方便貨車門的開啟，這也是需要月台調整器作為上下貨輔助的原因。
保溫庫門		低溫倉庫的溫度維持乃基本的要求，為降低進出貨時失溫的機率，保溫庫門的裝設為一種解決方案。當貨車停妥後再行開啟庫門，以維持溫度的一致性。

8-7 智慧物流發展與應用

以下引用工業技術研究有關高效能儲運作業技術發展之架構作為說明（如圖 8-1）。其整體發展乃因應物流活動缺工嚴重且勞力密集的特性，是由結合雲平台並以人工智慧（AI）、影像辨識為基礎的軟硬整合智動化物流作業系統。依據物流的主要活動如進貨、盤點、揀貨、貼標、運輸、交貨等等，發展各個智動化項目。此外，以下小節分別以研究機構或是業者實際的發展與應用進行重點說明。

高效能的儲運作業技術

結合雲平台，發展以AI、影像辨識為基礎之軟硬整合智動化作業系統

■ 關鍵議題：缺工嚴重.勞力密集

活動	智動化項目	
進貨	自動才積辨識系統-靜態、動態	← 快速進貨
盤點	存貨自動盤點系統	← 精準存貨
	RFID資材管理系統	← 有效控管
揀貨	倉儲出貨自動分流系統（電商高速分揀系統）	← 高效揀貨
	揀貨自走車	← 智慧揀貨
貼標	自動貼標機	← 省時省力
運輸	駕駛數位助理	← 快速彈性
交貨	自助寄取貨服務	← 便捷交貨

（左側縱向標示：已有／正發展之項目）

圖 8-1　高效能的儲運作業技術發展項目

（一）自動材積辨識系統

工研院研發材積量測系統整合光學、視覺與雷射辨識技術與量測專利支援包裹配送後勤分流系統，於高速運作之輸送帶（速度 80m/min）下快速判別包裹之材積大小與條碼，提供物流業者系統化運費追蹤與分揀、包裝、運輸之效率。該系統應用於新竹物流滿足各轉運中心之集貨分貨需求，針對配送包裹進行的材積確認與快速分貨作業。

改變以往由人工進行材積判讀的模式，減少誤判問題與判定效率，並整合智慧辨識技術與發展高效演算法，快速擷取包裹辨識條碼同時計算材積，再提供給後端資料庫進行記錄和比對，提高物流計價正確性與後端車輛裝載規劃之效率，減少物流服務成本的損失。相關資訊請參閱 https://goo.gl/tk4LxJ。

（二）揀貨無人搬運車（AGV）應用

據產業市調機構 Tractica 的預測，2021 年全球倉儲和物流機器人市場將達到 224 億美元，無疑這期間是快速增長的爆發期。相對於前端的物流機器人，留守倉庫的倉儲機器人發展更爲成熟。2012 年，亞馬遜以 7.75 億美元大手筆收購 Kiva System，並將其整編爲旗下機器人部門 Amazon Robotics，隨後亞馬遜開始在倉庫大規模部署倉儲機器人，大大提升倉儲執行的效率。也正因爲 Kiva 的出現，正式開啓了倉儲機器人領域的大門，讓人們了解倉儲機器人的重要性。

對電商來說，倉儲管理是整個電商營運體系中極其重要的一環，也是開始成本最高的環節之一。

在電商的倉儲中，需要對貨物進行分揀、搬運、包裝等多個步驟，早期這些步驟基本上都由人工完成，雖然很多倉儲都有輸送帶等裝置來代替人類移動貨物，但機器是固定位置，靈活度較低，很多工作還是需要人類完成。每至節慶假日或購物狂歡季，都是倉儲人員的惡夢，甚至很多電商員工要畫夜輪班，每天工作十幾個小時，這種工作壓力難以想像。因此以物就人的揀貨無人搬運車就成了一個省力高效的解決方案之一，除了 Amazon 之外目前中國大型電商包含阿里巴巴的菜鳥物流、京東物流均已經有揀貨無人搬運車的應用實績，申通快遞也採取無人搬運車做爲貨件分類的輸送工具。

Kiva 相關資訊請參閱 https://goo.gl/Uwme1o，菜鳥相關資訊請參閱 https://goo.gl/w3CLwR。申通快遞相關資訊請參閱 https://goo.gl/pSYRQs。

（三）高效率儲存

　　Swisslog是一家總部位於瑞士的自動化倉儲和配送物流解決方案提供商，最出名的莫過於其倉儲管理系統 Click&Pick，與 Kiva 等目前市面上大部分貨架式儲存、移動機器人運輸的倉儲機器人系統不同的是，Click&Pick 系統採用一種立方體網格架系統，每個立方體內有一個標準大小的箱子裝著待處理的貨物，機器人會在網格中移動，處理這些箱子，如果所需貨物的箱子埋在別的箱子下面，機器人會把上面的箱子拿起來堆在旁邊，拿到貨物後再放好。據 Swisslog 官方稱， Click&Pick 一小時能處理 1 千張訂單，速度是人類作業的 4 ～ 5 倍。

　　總體來說，Swisslog 在倉儲領域十分被看好。2014 年，工業機器人四大巨頭之一的 KUKA 斥資 3.35 億美元收購 Swisslog，去年 KUKA 又被中國美的集團收購），Swisslog 倉儲系統的發展仍值得關注。相關資訊請參閱 https://goo.gl/JwRa86（資料來源：雷鋒網）。

本章相關英文術語解說

- **Automated Storage Retrieval System（AS/RS）自動存取系統（或稱自動倉庫）**

  為一種可以精確、準確和快速地搬送、儲存、和揀取物料的設備和控制項的組合。借助電腦、AGVS 或有軌無人車、高架吊車（Crane）、終端工作站以及作業軟體等，以達到自動存／取、發貨、分派以及帳務管理等自動化的目的。

- **Batch Picking 批次揀貨**

  一種揀貨的方法。乃指所需的訂單被集中處理，再依商品存放儲位進行揀貨，之後依客戶訂單別作分類處理（Sorting）。批次別揀取通常適合貨量大、出貨頻繁的貨物。

- **Computer-aided Picking System（CAPS）電腦輔助揀貨系統**

  廣義上言乃指運用電腦的輔助進行揀貨作業，是故包含許多揀貨系統如電子標籤揀貨（Digital Picking System）、聲音揀貨系統（Pick by Voice）、無線揀貨系統（RF Picking）等均可視為電腦輔助揀貨系統。

- **Container 貨櫃（大陸稱為：集裝箱）**

  用來運送（紙箱、木箱等）的容器，ISO 貨櫃的尺寸區分有二十呎、三十五呎、四十呎、四十五呎與四十八呎的長度，八呎、八呎半、九呎，九呎半的高度，寬度為八呎。貨櫃可以特別根據所運送的貨物來設計，例如有不同種類的貨櫃，開頂貨櫃、冷凍貨櫃、通風貨櫃、保溫貨櫃與容器貨櫃。

- **Rack 貨架**

  用木頭或金屬做成的結構化儲存系統，為可放置東西的架子，可單層或多層，使物品存放可以往上推高，增加空間的利用。但料架如過高，用堆高機存取貨較危險。

本章綜合練習題

一、選擇題（單選）

( ) 1. 有關物流標準化，以下描述何者正確？

(1) 物流涉及不同國家、地區和不同行業的很多企業，因此若要實現國際化和通用化，國際通用標準的建立至關重要

(2) 物流標準化指在物流各功能環節中制定各類標準並加以實施，不需考慮與其他系統間標準的建立

(A) (1)、(2) 均正確　　　　(B) (1) 正確、(2) 不正確

(C) (1) 不正確、(2) 正確　　(D) (1)、(2) 均不正確。

( ) 2. 有關物流標準化所考慮的特性，不包含哪個？　(A) 總體性　(B) 配合性　(C) 最新科技性　(D) 相關性。

( ) 3. 有關物流標準化中所考慮的基礎編碼標準，以下描述何者正確？

(1) 是對物流作業中相關的對象物進行編碼，並可按物流過程的要求轉化成適合的辨識方式

(2) 有此過程為基礎方可能實現電子資訊傳遞、數據交換、統計及核算等物流活動

(A) (1)、(2) 均正確　　　　(B) (1) 正確、(2) 不正確

(C) (1) 不正確、(2) 正確　　(D) (1)、(2) 均不正確。

( ) 4. 有關物流標準化中所考慮的基礎編碼標準，主要是指哪些項目？

(1) 商品編碼　　　　　　(2) 搬運單元的編碼

(3) 人員編碼　　　　　　(4) 容器尺寸的標準化

(A) (1)、(2)、(3)　　　　(B) (1)、(2)、(4)

(C) (2)、(3)、(4)　　　　(D) (1)、(3)、(4)。

( ) 5. 有關物流標準化中所考慮的物流基礎尺寸標準，主要是指哪些項目？

(1) 商品編碼   (2) 棧板尺寸

(3) 貨櫃尺寸   (4) 物流箱尺寸

(A) (1)、(2)、(3)   (B) (1)、(2)、(4)

(C) (2)、(3)、(4)   (D) (1)、(3)、(4)。

( ) 6. 有關物流標準化中所考慮的物流基礎尺寸標準，以下描述何者正確？

(1) 物流尺寸標準化是指共同的單位尺寸，或系統各標準尺寸的最大公約尺寸

(2) 物流基礎尺寸的確定主要是考慮國內物流銜接的需求

(A) (1)、(2) 均正確   (B) (1) 正確、(2) 不正確

(C) (1) 不正確、(2) 正確   (D) (1)、(2) 均不正確。

( ) 7. 有關物流標準化中所考慮的物流基礎尺寸標準，以下描述何者正確？

(1) 物流基礎模數尺寸的確定不但要考慮國內物流系統，而且要考慮到與國際物流系統的銜接，因此具有一定難度和複雜性

(2) 與物流容器、設備、空間的一貫化設計有密切關係

(A) (1)、(2) 均正確   (B) (1) 正確、(2) 不正確

(C) (1) 不正確、(2) 正確   (D) (1)、(2) 均不正確。

( ) 8. 有關物流單元負載的描述，何者正確？

(1) 單元化可達到省力化與效率化   (2) 棧板為單元化的一種型式

(3) 料架為單元化的一種型式   (4) 貨櫃的大陸用語為托盤

(A) (1)、(2)   (B) (1)、(4)

(C) (2)、(3)   (D) (2)、(4)。

( )9. 有關物流單元負載的描述，何者不正確？

(A) 日規（JIS）棧板規格為 110 × 110cm

(B) 歐規棧板規格為 110 × 110cm

(C) 物流箱為單元化的一種型式

(D) 貨櫃的大陸用語為集裝箱。

( )10. 日規（JIS）的棧板尺寸為？　(A) 80×120cm　(B) 100×120cm

(C) 110×110cm　(D) 100×100cm。

( )11. 一般海運量的計算（TEU）是以哪個尺寸貨櫃為基礎單位？　(A)

20 呎　(B) 30 呎　(C) 40 呎　(D) 10 呎。

( )12. 有關物流箱的描述，何者不正確？

(A) 作為周轉使用（亦即可多次重複使用）

(B) 連鎖便利店經常使用物流箱進行配送

(C) 網購業者經常使用物流箱進行配送

(D) 需考慮回收時減少佔用之空間。

( )13. 有關棧板的描述，何者不正確？

(A) 英文名稱為 pallet

(B) 以使用的面向只分為單面與雙面棧板

(C) 100×120cm 屬於歐洲規格

(D) 80×120cm 屬於臺灣（CNS）主要規格。

( )14. 有關料架的描述，何者不正確？

(A) 重型一般乃指 500 公斤以上的負荷

(B) 重型料架需配合堆高機使用

(C) 輕型料架需配合堆高機使用

(D) 積層式料架就如同夾層屋的使用可增加樓地板面積。

( )15. 有關料架的描述，何者不正確？

(A) 駛入式料架可節省走道的使用

(B) 駛入式料架的前後二端均為開放的走道

(C) 駛入式料架須採用強度較強的棧板

(D) 駛入式料架較不易做到先進先出管理。

( )16. 有關料架的描述，何者不正確？

(A) 駛穿式料架可節省走道的使用

(B) 駛穿式料架的前後二端均為開放的走道

(C) 駛穿式料架不須採用強度較強的棧板

(D) 駛穿式料架較易做到先進先出管理。

( )17. 有關料架的描述，何者不正確？

(A) 後推式料架稱為 pushback rack

(B) 駛穿式料架稱為 drive-through rack

(C) 駛入式料架稱為 drive-in rack

(D) 迴轉式料架稱為 flow rack。

( )18. 有關料架的描述，何者不正確？

(A) 後推式料架可容易做到先進先出

(B) 流利架是利用重力滑動的一種應用

(C) 停車塔就是一種迴轉式料架的應用

(D) 迴轉式料架為物就人的揀貨方式。

( )19. 以下哪幾種料架可增加空間利用率？

(1) 後推式 (2) 駛穿式

(3) 重型料架 (4) 整板型流利架

(A) (1)、(2)、(3) (B) (1)、(2)、(4)

(C) (1)、(3)、(4) (D) (2)、(3)、(4)。

( )20. 以下哪種料架設置後的使用彈性最大？ (A) 後推式 (B) 駛穿式
(C) 積層式 (D) 巧固架。

( )21. 移動櫃的使用主要適合的應用情況包含哪些？

(1) 使用率較低 (2) 提高空間使用率 (3) 增加樓地板面積

(A) (1)、(2) (B) (1)、(3)

(C) (2)、(3) (D) (1)、(2)、(3)。

（　）22. 以下哪種料架最容易做到先進先出且作業效率高？　(A) 後推式　(B) 駛入式　(C) 迴轉式　(D) 流利架。

（　）23. 以下對於自動倉庫的描述，何者不正確？　(A) 無人化操作　(B) 建置成本高　(C) 空間使用率較低　(D) 高度可較重型料架高。

（　）24. 自動倉庫系統哪項設備的費用最高？　(A) 貨架　(B) 出入口輸送帶　(C) 存取機　(D) 存取機的軌道。

（　）25. 以下對於自動倉庫的描述，何者正確？

(1) 製造業較流通業使用的多

(2) 可利用雙深貨架的使用，來減少走道數以及存取機的數量且不會增加先進先出管理難度

(A) (1)、(2) 均正確　　　　　　(B) (1) 正確、(2) 不正確

(C) (1) 不正確、(2) 正確　　　　(D) (1)、(2) 均不正確。

（　）26. 以下設備的對照何者不正確？　(A) 油壓拖板車　(B) 堆高機　(C) 無人搬運車　(D) 旋轉櫃（迴轉料架）。

（　）27. 以下設備的對照何者不正確？　(A) 後推式料架　(B) 積層式料架　(C) 駛入式料架　(D) 迴轉櫃（迴轉料架）。

（　）28. 以下設備的對照何者不正確？　(A) 棧板　(B) 貨櫃　(C) 重型料架　(D) 集裝箱。

（　）29. 以下哪項設備經常轉運型的貨運公司場站中看到？　(A) 籠車　(B) 巧固架　(C) 輕型貨架　(D) 重型料架。

（　）30. 以下哪項設備經常在整箱揀貨作業中應用到？　(A) 電動托板車　(B) 無人搬運車　(C) 高揚層堆高機　(D) 籠車。

（　）31. 以下哪項設備不常在拆箱揀貨作業中應用到？　(A) 堆高機　(B) 物流揀貨台車　(C) 物流箱　(D) 輸送帶。

（　）32. 在一個設置有五層高重型料架的物流中心內，以下哪項作業較可能使用到高揚層堆高機？　(A) 上架儲存　(B) 整箱揀貨　(C) 出貨作業　(D) 進貨驗收。

(　　)33. 以下哪項設備不常在流通業的物流中心應用到？　(A) 堆高機
　　　　(B) 物流揀貨台車　(C) 無人搬運車　(D) 電動托板車。

(　　)34. 以下對於揀貨的描述，何者不正確？

　　　　(A) CAPS 是指電腦輔助揀貨系統

　　　　(B) 電子標籤揀貨方式主要利用眼睛看

　　　　(C) 無線揀貨系統主要是用耳朵聽

　　　　(D) 電子標籤揀貨方式適用於零散、整箱揀取。

(　　)35. 以下對於揀貨的描述，何者正確？

　　　　(1) 國內使用聲音揀貨系統較電子標籤揀貨系統者多

　　　　(2) 電子標籤揀貨系統不受常溫或低溫環境使用而影響

　　　　(A) (1)、(2) 均正確　　　　　　(B) (1) 正確、(2) 不正確

　　　　(C) (1) 不正確、(2) 正確　　　　(D) (1)、(2) 均不正確。

(　　)36. 以下對於分類機的描述，何者正確？

　　　　(1) 基本上屬於播種式揀貨的一種方式

　　　　(2) 目前較常用為運輸業但在圖書雜誌物流的使用就比較少

　　　　(A) (1)、(2) 均正確　　　　　　(B) (1) 正確、(2) 不正確

　　　　(C) (1) 不正確、(2) 正確　　　　(D) (1)、(2) 均不正確。

(　　)37. 以下哪項設備最可能會在物流中心的上架儲存前應用到？　(A)
　　　　月台調整器　(B) 包膜機　(C) 分類機　(D) 籠車。

(　　)38. 以下設備的對照何者不正確？　(A) 疊棧機　(B) 自動搬運車　(C)
　　　　月台調整器　(D) 包膜機。

(　　)39. 在設計物流中心時請問月台的高度應該比貨車貨斗高度來得？
　　　　(A) 高　(B) 低　(C) 一樣　(D) 都可以。

(　　)40. 因應各式貨車貨斗高度不相同可採用哪種設備來解決？　(A) 拖
　　　　板車　(B) 保溫庫門　(C) 月台調整器　(D) 以上均可。

(　　)41. 以下對於揀貨的描述，何者正確？

    (1) 採用表單揀貨方式是以批次的方式依序對訂單進行揀貨順序的建議

    (2) 採用無線揀貨方式是以批次的方式依序對訂單進行揀貨順序的建議

    (A) (1)、(2) 均正確　　　　(B) (1) 正確、(2) 不正確

    (C) (1) 不正確、(2) 正確　　(D) (1)、(2) 均不正確。

二、簡答題

1. 何謂物流基礎尺寸標準？為何其執行是複雜且困難的。

2. 物流標準化除需考慮總體性之外，仍包括哪二個方面的含義？

3. 物流的基礎編碼是針對物流活動中相關的對象進行編碼，請簡述這些對象有哪些？

4. 何謂單元負載？試舉出二種單元負載的設備？

5. 物流中心的儲存設備中，試舉出二種易於實現先進先出的設備？試說明其運作方式。

6. 物流中心的儲存設備中，試舉出一種不易於實現先進先出但可高空間利用的設備？試說明其運作方式。

7. 試說明自動化倉儲的特色。

8. 試舉出三種物流中心的搬運設備。

9. 試說明電子標籤揀貨系統及無線揀貨系統有何差異？

10. 物流標準化的定義為何？為何物流需建立標準化？

11. 物流箱與紙箱均可視為單元負載，請就這二種單元負載的特性，闡述你對於應用在宅配與店配時你的建議為何？並請說明原因。

12. 重型料架與後推式料架具備不同的特性，針對於一廠商其商品多屬整箱出貨且周轉率頗高，但其場地空間有限。請問針對料架使用你會如何建議廠商？並請說明原因。

CH09

物流綜合管理

本章重點

1. 瞭解組織發展與物流的關係
2. 瞭解管理的基礎過程
3. 簡述資訊管理
4. 瞭解客戶服務與物流的關係
5. 瞭解物流品質與物流績效的內涵

第四篇
物流管理、規劃與發展篇

核心問題

　　要做好物流活動管理，須涉及規劃、組織、領導、用人、控制等面向，然而各級主管應該扮演何種角色方才稱職？

思考案例

　　請由前統昶物流總經理、台灣冷鏈協會前理事長程東和的專訪，解析其如何看待冷鏈物流發展？並以何種目標為宗旨依歸，方可領導公司員工共同打拼？領導協會各廠商共同打拼？

9-1 物流組織

一、組織結構

　　一個組織的結構決定了它的運作方式和成員之間的關係。組織結構對各階層成員的決策類型、控管方法和成員間的互動有重要的涵義，而這些因素對績效和實現目標的能力有重大的影響。管理大師明茲伯格（Henry Mintzberg）指出，所有組織無論它具有什麼特徵，在組織結構中都有一些共同的功能類型，包括：

1. **高階管理層的功能：**合作目標、戰略和長遠計畫都是在此制定；

2. **中階管理層的功能：**包括所有部門管理和監督；

3. **日常作業層的功能：**負責組織所有產品和服務的生產和銷售；

4. **支援性的功能：**是指商業和技術支援等等的所有活動；包括人力資源、財務、採購、物流、資訊技術以及相關工程等。

　　組織為達成其特定目標，必須經常性地進行規劃活動。這些活動經由人力參與、權利控制、溝通與工作分配來完成。活動過程需建立監督、管理、協調、統合的制度，這種制度的落實乃成為組織的結構。因此，組織結構有以下兩種特徵：

1. 人力、職權、職責等的分配，這種分配不是隨意指派而是需事先作有效的規劃，以提高組織目標實現的機會。

2. 必須有一種或多種權力中心，以控制組織的協同合作且引導組織成員克盡職責。這些權力中心應不斷評量組織績效，且為提昇組織效能，必要時可重組組織結構。

二、組織任務

　　成為一個組織的首要條件是：必須有明確的組織目標。這些目標應包含以下任務：

1. 使運作有效率和有效益。　　　2. 優化資源。

3. 清晰明確的責任。　　　　　　4. 協調和控制活動。

5. 進行有效溝通。　　　　　　　6. 快速的應變。

　　假若一個組織的結構不適合組織的需要或結構不佳，可能出現以下的問題：

1. 喪失動力。　　　　　　　　　2. 溝通不暢。

3. 決策緩慢或決策錯誤。　　　　4. 不充分、錯誤或不及時的資訊。

5. 不同部門或職能之間的衝突。　6. 缺乏協調。

7. 額外成本的產生。　　　　　　8. 無法因應變革。

三、組織形式

　　組織的形式有許多不同的分類，表 9-1 列示幾項主要類型及其結構要點、優點、缺點以及適用性。

表 9-1　組織結構的形式

類型	結構要點（特性）	優點	缺點	適用性
簡單式結構 Simple Structure	1. 結構簡單、層級少（複雜性低）。 2. 無正式工作程序或規章（正式化程度低）。 3. 主管集中控制，所有權與經營權不分（集權度高）。	1. 組織運作具彈性。 2. 可迅速反應。 3. 成本低。	如組織擴大、業務增加，則無法維持。	對於規模小（人員10人以下），業務單純。如經營銷售業務。
科層式（官僚式）結構 Bureaucratic Structure	1. 重視規章制度（正式化程度高）。 2. 強調權責、層級關係明確、專業分工（複雜性高）。 3. 決策理性化（對事不對人）。 4. 雇用資格化、晉升績效化。	1. 組織運作依規定行事。 2. 成員權責明確。 3. 可激發員工對組織的忠誠度。	未顧及組織中人性因素，且環境變化迅速時，反應較慢。	1. 規模較大之組織。如大量生產之製造業。 2. 環境穩定的組織。如：政府組織。

類型	結構要點（特性）	優點	缺點	適用性
功能式結構 Functional Structure	按功能專長作為部門劃分之基礎。	1. 可取得專業分工之優勢。 2. 相同專長人員較能發揮效益。 3. 有利於直線領導及資訊交流。	1. 易有本位主義現象，橫向溝通不良。 2. 對組織整體目標認同度較低。	強調部門效率的組織。
專案式結構 Project Structure	1. 以分權原則，按專業基礎或產品基礎，進行部門劃分。 2. 常為一種臨時性之組織方式，亦可能延續成為獨立的經常性組織。	1. 目標及權責明確，成員具有強烈的認同感。 2. 決策迅速，效率提高。 3. 資訊交換快，可增加部門之互動。	影響正式組織的運作。	臨時性的任務編組。
委員式結構 Committee Structure	以全體決策方式，組成各種委員會，集思廣益，重點在蒐集資訊、協調意見，交由執行單位運作，強調決策之執行。	1. 集思廣益，防止權力集中。 2. 鼓勵參與，並利於資訊傳達。	1. 容易發生決策的遲延，無法掌握時機。 2. 容易發生規避責任之心態。	牽涉相關單位較廣，或涉及政策性之決策事項較多者。如規模較大之政府組織或民營機構。（例如：品質管理委員會）
矩陣型 Matrix Structure	結合功能型、專案型結構的要素，又稱為棋盤式結構。	1. 有各種類型結構的優點。 2. 使員工的靈活性最大化。	雙重指揮、獎懲控制力不足且權責不易釐清影響組織效率與穩定性。	當環境一方面要求專業技術知識，另一方面又要求針對特定目的（專案）能快速做出變化的情況。

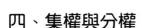

四、集權與分權

集權化（centralization）或分權化（decentralization）是指組織中決策權的傾向程度，是一種相對的概念。一般而言，若由組織的高階管理者來下決策，則這個組織的集權化程度較高。相反的，若基層人員參與決策的程度越高或他們能夠自主地作決策，則組織的分權化程度就越高。集權式與分權式組織的優缺點表列如表 9-2 與表 9-3。

適合集權的情況通常與下列考量有關：

1. 程序標準化。
2. 節約成本。
3. 避免風險。
4. 遵守法律。

在分權式組織中，採取行動、解決問題的速度較快，且有更多的人為決策提供建議。

有很多組織成功結合集權化和分權化的管理，使兩者的優點最大化、缺點最小化。由於現今先進資訊和通訊技術的發展，溝通和資訊流動十分方便，這使組織在實施分權化管理的同時，亦能保持足夠且即時的協調與控制。

表 9-2　集權式組織的優缺點

優點	缺點
<ul><li>較容易維持政策的一致性</li><li>容易協調和控制</li><li>較低的管理費用</li><li>具備經濟規模</li><li>易於專業化</li><li>決策者較能累積經驗</li></ul>	<ul><li>可能更官僚主義</li><li>反應性較慢</li><li>可能喪失效率</li><li>可能喪失顧客服務品質</li></ul>

表 9-3 分權式組織的優缺點

優點	缺點
• 高階管理層的壓力減少	• 需要小心的溝通交流
• 能較快做出決定	• 需要更多的協調
• 改進或減少組織刺激	• 決策的不一致
• 組織靈活性高及提升服務品質	• 可能導致部門自身利益的過分保護
• 更高的（成本／利潤）意識	• 管理費用的重複
• 顧客知識在地化	• 經濟規模不足
• 員工發展機會多	• 員工素質要求較高

五、企業中的物流組織結構

傳統企業組織結構的特徵是物流活動分散。對於物流活動沒有明確的目標，也不做統一的規劃、設計和優化調整。物流活動只是被看作各部門的必要活動，配合各部門目標的實現。

一般而言，採購部門、生產部門、業務部門是各類企業最基本、最傳統的部門。在物流運籌的戰略地位未被確立之前，物流運籌活動一直未受到應有的重視，人們對物流運籌的認識不足也不成系統。各種物流活動分散於相關部門中，分別受各部門經理的管理，並由上層經理協調。這樣的組織結構下，物流活動處於分散的狀態。

傳統企業由於存在上述諸多問題，使得有必要將物流運籌活動整併出來，組建一個獨立的部門。物流運籌部門有明確的經營目標和任務，這些物流運籌目標和任務形成企業重要的子目標和子任務，這些子目標和子任務分別由相應的子部門負責實現和履行。物流部門內子部門的設立、子部門與物流運籌總管理單位的互動與子部門之間的權責關係，構成了物流組織結構。典型的物流組織結構有以下幾種：

（一）委員會式

委員會式結構是一種過渡型且整體功能最弱的物流組織結構。在委員會式結構下，物流委員會在企業中是一種顧問的角色，只負責整體物流的規

劃、分析、協調和物流工程，並產生決策性的建議。對各部門的物流活動扮
演指導者角色，但物流活動的具體運作管理仍由各自所屬的原部門負責，物
流部門無權管理。

委員會式結構帶來的問題是：此組織對具體的物流運籌活動沒有管理權
和指揮權，物流活動仍分散在各個部門，所以仍會出現物流效率低下、資源
浪費以及職權不明等弊病。

圖 9-1　委員會式組織結構

（二）功能式

功能式結構是指物流運籌部門對所有物流活動具有管理權和指揮權，是
一種較為簡單的組織結構形式（如圖 9-2）。

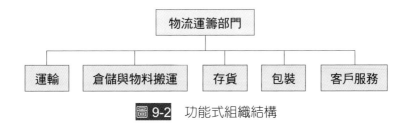

圖 9-2　功能式組織結構

在功能式組織結構下，物流運籌經理一方面管理下屬從事各部門日常業
務的運作，同時又兼顧物流系統的分析、設計和規劃，因此物流經理的職能

要求較高。功能式結構的優點是：物流經理全權負責所有的物流活動，先前出現的互相牽制現象不再出現，物流活動效率較高、職權明晰。缺點是：物流經理的決策範圍與風險較大。

（三）矩陣式

在矩陣式組織結構下，物流專案經理在一定的時間、成本、數量和品質限制下，負責整個物流「專案」的實施（水平方向），傳統部門（垂直方向）對物流專案則是扮演支持的角色。

矩陣式物流組織結構有三個優點：(1) 物流部門作為一個責任中心，允許其基於目標進行管理，可以提高物流運作效率；(2) 這種形式比較靈活，適合於任何企業的各種需求；(3) 它可以允許物流經理對物流進行一體化的規劃和設計，提高物流的整合效應。矩陣式組織結構的缺點是：由於採取雙軌制管理，職權關係受「縱橫」兩個方向上的控制，可能會導致某些衝突和不協調。

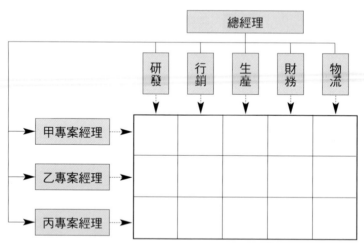

圖 9-3　矩陣式組織結構

9-2 管理過程

　　品質管理大師戴明（William Edwards Deming）提出戴明循環（又稱「PDCA 管理循環」），乃希望企業活動藉由此過程能產生正向循環般滾動前進的效果。此管理循環包含以下四個步驟：

1. **計畫**（Plan）：設立目標、程序及完成的方法。這是整個循環的基礎，草率的開始往往是失敗的重要因素，不但導致效率低落的成本加高，甚至各項功能無法整合，以致完全失敗。

2. **執行**（Do）：依據步驟一所決定的構想，進行作業標準之實施與方法訓練，並按計畫進行。一開始最好是以小規模為基礎，每一循環逐步擴大執行範圍。

3. **查核**（Check）：以靜態或動態的測試方式來進行稽核、統計、分析各項的效率與效益，來查證是否符合上一階段所訂定的標準要求，以驗收成效。

4. **行動**（Act）：針對問題的癥結採取矯正及預防措施，並對使用者的意見與回饋做適當的修正與持續改善。若將「查核」與「行動」統攝於控制的過程，以下就針對計畫與控制的過程以及相關的重要資訊做一說明。

一、計畫過程

（一）不同層次的目標和計畫

　　目標的設定是計畫的第一步驟，而組織願景的確立更是主導所有計畫展開源頭。此願景的設定是組織高階管理層的責任，從管理過程而產生的戰略計畫則是在願景的目標下，廣泛運用內部和外部的資源進行資源配置。戰略計畫具有以下幾項重要的性質：

1. 是追求競爭優勢的過程。
2. 是部門計畫的架構基礎。
3. 是分配資源的基礎。
4. 須具有適應環境的靈活性。

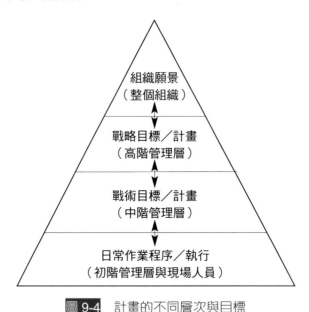

圖 9-4 計畫的不同層次與目標

1. 戰略目標與計畫

戰略計畫需要長時間來實施。戰略目標關係到不同功能的整合並使得組織完成目標，目標也反映不同部門的需求和期望。在商業上，此目標主要關注於成長、生存和利潤等關鍵領域。

組織需要理解這三個因素之間的關係，隨著環境的變化它們的優先程度也會改變。例如，假若一個組織要發展，那麼就需要在關鍵領域中進行投資，即使利益是長期的，但是這可能會導致短期利益的減少，股東可能就不贊同這樣做。以下是一些戰略目標可能需要的商業功能：

(1) 市場地位。　　　　　　　　(2) 創新。

(3) 生產力。　　　　　　　　　(4) 資源。

(5) 利潤。   (6) 管理與員工績效和發展。

(7) 職業道德責任（例如：環保、企業責任等）。

2. 戰術目標與計畫

戰術計畫通常只是關注未來的一個年度或是下一季度的期間。此計畫關注在中短期內管理運作需要的活動和資源，以及衡量實際計畫表現的好壞。計畫必須具有反應性（reactive），以及先發制人（預先行動）的特性（proactive）。能夠靈活地處理突然發生的意外，並能夠運用回饋的資訊更正對目標的偏離，這些偏離如果不更正的話可能會阻礙組織目標的實現。

計畫是一個緊密的迴圈（loop）過程。在這個過程中，所有運作必須充分運用內外部資源及其相關資料，目的是確保不斷的績效回饋。如果回饋的資訊顯示執行結果不如預期，則原始的計畫可能需要改變。計畫的過程如圖9-5所示：

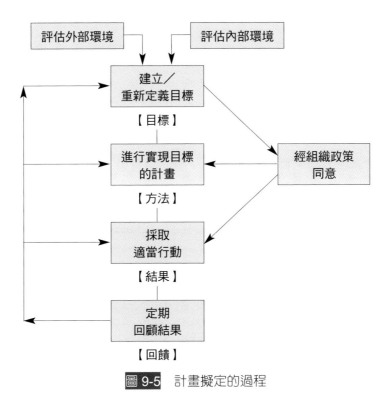

圖 9-5　計畫擬定的過程

（二）組織政策

政策決定達到目標的途徑。它們是組織行為的指引，並且可能對不同功能的運作進行限制與規範。政策也可能受許多內外部因素所影響，這些因素有：

1. 法律。   2. 職業行為規範。

3. 道德   4. 競爭。

5. 供應和需求。   6. 商業問題。

例如，組織可能規定：某些投資只可來自特定國家；或不允許員工一周工作超過特定的小時數；或是特定工作項目不允許外包（例如某些宅配公司決定集配貨的駕駛須為公司員工）等等。從這裡我們可以看到政策本身可能是積極的，也可能是消極的：亦即可以闡明做什麼和不做什麼。

二、控制過程

（一）控制系統

組織需要控制系統來確保以下事項：

1. 計畫活動按要求被執行。

2. 從標準值與偏差值中得到回饋。

3. 儘快改善。

和計畫過程一樣，控制系統也是一個迴圈且是一個連續不斷的過程，如圖 9-6 所示。

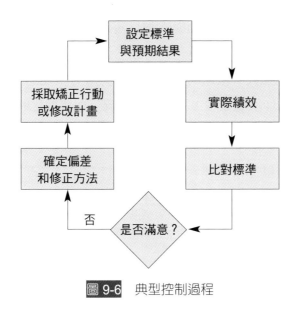

圖 9-6 典型控制過程

（二）控制系統的順序

　　計畫和控制在很多方面是互補的。除非有健全的控制系統，否則僅有計畫是沒有用的。控制的對象不僅是特定的專案，組織活動各個方面都的控制也很重要。控制隨著活動的發生，可能在不同時刻實施，如表 9-4 所示。

表 9-4 控制活動的類型與內容

控制的類型	時間	方法
預先控制	在活動前	透過計畫和事先的說明
即時控制	在活動期間	透過監控過程行為
回饋控制	在活動後	檢查結果

　　組織控制活動的方法，受企業文化和組織結構所影響。高度系統化與集權化組織的控制由管理層所領導，不但專門且貫徹力強。較為有機化與分權化的組織，則可能較關注在個人責任與局部性的控制。

　　物流系統具有整合力大、動態性強且複雜度高的特性,因此有機化與分權化的控制系統,較具即時反應性,有助於適應高度動態的作業環境;而整合性的資訊系統以強大、快速的資訊處理能力與分析能力,有助於在整合跨度大且複雜度高的作業環境中,提供高度系統化與集權化的控制。

(三) 控制系統的目的

　　控制系統對組織非常重要。該系統有助於確保員工專注於企業目標上,並且對組織的規範和要求有一個共同且一致的理解,使組織能夠達成以下目的:

1. 維持內部紀律。
2. 確保程序具有透明度。
3. 檢測和矯正組織各層次的行動。
4. 使運作更加精省且有效率。
5. 建立權責關係。

9-3　資訊管理

一、資訊管理的角色

　　所有的組織都會產生大量的資料,這些資料有不同的來源並且有各種不同的形式。資料必須有系統地收集並以適合的形式呈現,資訊的回饋可以作為物流作業改善和其他管理決策的基礎。

二、資料收集

　　資料收集的主要目的是為了對資料進行監測(monitoring)、衡量(measuring)、控制(controlling)以改善績效,如表 9-5 所示。以下簡述此三種不同用途資料的特性。

表 9-5 資料收集的功能與相關活動

功能	活動	目的
監測（monitoring）	監看標準與實況表現	此三類資訊可做為將來改進的資訊
衡量（measuring）	找出並計算差異程度	
控制（controlling）	改善以達到標準	

（一）監控用資料的描述

1. 指定要檢查的項目。
2. 為產品和過程設立標準（例如：目標值／上限值／下限值）。
3. 為實際的結果（例如：實際值）。
4. 應是清晰和可量化的。

（二）衡量用資料的描述

1. 主要是統計或者財務的資料（例如：標準差／投資年限等）。
2. 用於衡量指定的項目。
3. 應該涵蓋所有相關的領域。
4. 在需要的時候必須準備妥當。

（三）控制用資料的描述

1. 針對改善行為。
2. 列出改善的時間表。
3. 確認改善的效果。

　　資料收集只是第一個階段；要使這些資料有用，資料必須轉換成有效的資訊，並回饋給相關人員，這就需要以下步驟：

1. 分析和報告資料。
2. 資訊必須被通報給所有相關的管理人員。
3. 可提供績效表現有待改善的數據分析基礎。

尤其針對有特定需要時，連續不斷地獲得回饋是很重要的。關鍵資訊的流動若被中斷或是沒有具備相當的品質，會造成組織很大的傷害。

三、資訊系統的類型

組織需要有系統的方法來確保資訊品質。現代資訊技術提供一系列系統方法，組織可以用此系統方法來滿足對資訊品質可靠性與一致性的要求：

（一）用於日常運作和戰術目標的系統

主要用內部產生的資訊來監測正在進行的活動，大致系統包含：

1. 控制系統 → 監測和報告主要活動。
2. 資料庫系統 → 處理和儲存資訊。
3. 查詢系統 → 查詢指定範圍與項目的表現。

（二）用於戰略目標的系統

以大量內部和外部資訊來源為基礎，評價和掌握存在的風險與機會，大致系統包含：

1. 計畫支援系統 → 分析從各種可獲得的消息來源中得到的資料。
2. 專家系統 → 進行模擬和問題的解決建議。
3. 決策支援 → 系統資料評估、產出分析報告並提供決策建議。

四、資訊技術

先進的資訊技術廣泛應用於分析與資訊管理，對組織產生的好處包括：

1. 消除或者減少資料準備所需的人工處理。
2. 可快速提供最新和準確的資訊。
3. 可整合內部和外部的許多系統。
4. 減少開支、節約員工時間，使員工有更多資源做其他工作。
5. 簡化報告過程。
6. 改善對其他部門的服務。

7. 允許異常的報告只通報必要的資訊（權限控管）。

五、管理資訊系統
（MIS, management information system）

管理資訊系統的角色是：

1. 將從內部和外部所獲得的資料轉換成資訊。
2. 確保提供的資訊是足夠的、及時的和相關的。
3. 用一個適當的形式，使資訊在各層次的管理人員中交流。

管理資訊系統的功能是確保：

1. 從所有來源收集相關資訊，並傳遞到需要它們的人的手裡。
2. 資料不會錯置、延誤、誤導或是扭曲。
3. 準備最新的報告和發送到指定的對象。
4. 避免「資料超荷」（information overload）。
5. 沒有不相關的、不準確、不清晰或者遺漏的資料。

系統能夠傳遞大量的資訊，這本身就是一個問題。當人們閱讀太多資訊並希望在有限的時間內有效地評估它們的時候，「資料超荷」就發生了。和個人壓力太大一樣，這種情況對組織可能是有破壞性的，重要的問題可能被遺漏，或者關鍵的決定過於倉促。

因此，先進技術系統的使用，不能保證資訊可以被恰當地管理和使用；如果想做到恰當地管理和使用資訊，組織必須有合適的管理資訊系統，這也意味著需要較高品質的內部程序。換言之，一個合適的組織結構和適當培訓的員工與資訊技術是一樣重要的。

9-4 客戶服務管理

一、服務特性

在製造業組織中，「客戶服務」一詞通常指保證客戶按時獲得他們所需產品的一系列活動；若以物流觀點來看，主要著重在「出向物流」（outbound logistics）。此外，我們也經常談到「服務業」，但精確定義「服務業」是非常困難的。因為在不同情況下，服務意味著許多不同的涵義。作為一般化的定義，我們可以用是否生產「有形產品」來區別製造業和服務業，亦即服務業是指不生產有形產品的企業組織。服務組織包括銀行、保險、維護、醫療、培訓、物流等等。在許多發達的經濟區域中，製造業已經漸漸轉型成服務業，在臺灣服務業的產值佔比已經超過 70%。

（一）服務「商品」（service product）

服務「商品」由兩個獨立的部分所構成。其一為服務成果，另一則為服務經歷。此二者是密切聯繫且相互影響的，其中任一個部分的變化都將影響客戶對另一部分的感受。

1. **服務成果**（service outcome）

服務成果，指所提供的服務呈現在客戶面前時的實際結果。這些結果是能夠客觀評價的。例如：物品準時送達且品質良好；客戶得到他想要的貸款；交通工具得到維修，以至於很少發生拋錨；實習人員能從事他受訓的業務等等。

2. **服務經歷**（service experience）

客觀評價服務歷程比較困難。因為它包括了許多不能量化的因素，涉及到客戶對於服務送達的直接經驗。包含了服務提供者（個別服務員）對客戶的服務方法，以及客戶對於企業組織及其所提供產品的經驗。

以下舉幾個與個別服務人員有關的服務經驗，例如：

(1) 面對客戶的靈活性。

(2) 面對客戶的親和力。

(3) 面對客戶的禮貌和能力。

以下舉幾個與企業組織有關的服務經驗之相關事項：

(1) 方法的個性化程度。

(2) 組織的快速反應程度。

(3) 服務資訊的簡易程度。

(4) 客戶感受到的受組織重視的程度。

這些大部分是由公司政策和作業流程決定的，個別服務工作人員不可能造成太多改變。例如：在客戶找到客服人員對話之前出現的語音導引；或是貨件查詢網頁的設計等等。

雖然組織毋庸置疑的是決定整體服務滿意與否的源頭，但客戶對感受服務的經驗滿意與否的關鍵，很大的比重是決定於員工的表現。

（二）總體服務知覺（total service perception）

客戶對於組織的服務感知是以他的總體服務知覺為基礎。儘管客戶可能對公司使用自動語音系統感到不高興，但是如果他最終能與一個十分熱情且能幫助他的員工交談，那麼，該客戶的總體感受或許是會好的。但通常在某個情況下，不滿意的感受總是強於其他情況中滿意的感受。

此外，需要特別注意的是每個客戶都是不同的個體。他們都各有區別，而他們對於服務的期望也是因人而異的。這一點使得客戶服務成為一項十分挑戰的任務，因為在某一客戶看來是好的和有用的舉止或措施，對於另外一個人來說可能是無禮的、過於虛偽的。這種問題在全球市場的環境中顯得更加重要，因為不同的文化有著不同的行為方式和對服務的不同期望。因此公司對員工的正確選擇並提供合適的培訓是十分重要的。

二、客戶服務決策

（一）客戶服務組成

　　企業進行客戶服務內容擬定時，須包含三個部分：1. 客戶服務組合；2. 客戶服務水準；3. 客戶服務方式。

1. 客戶服務組合

由於外在環境競爭激烈，客戶的選擇性增加。因此企業提供的服務，最低限度必須能與競爭對手相較量。然若每一業者均認為某些服務項目是重要的，便容易產生服務組合同質性的問題。此時若大家的服務水準也相同，則客戶更無從比較選擇。在此情況下，服務的差異化成為客戶服務組合的重要課題。

2. 客戶服務水準

客戶對於企業所提供的服務，不僅要求應提供某些項目的服務，尚要求服務項目須維持一定的程度與品質。此即客戶服務水準的主要精神，企業因而需要不斷地檢討公司各項服務水準是否符合客戶期待。

3. 客戶服務方式

當客戶服務水準設定之後，整體服務系統與服務方式均需符合此目標，以最經濟的方式來獲取企業最大報酬。在此決策過程中，企業須綜合考量客戶的需求、競爭者的策略、外部環境變化的趨勢及組織資源的限制與優勢，決定組織應為客戶提供哪些服務（服務組合），並進一步確認各項服務的相對重要性（服務水準），以最適當有效的服務方式達成組織目標（客戶滿意且公司獲利）。

（二）客戶服務決策程序

　　客戶服務決策程序主要步驟可歸納為以下七項，如表 9-6 所示：

表 9-6　客戶服務決策程序主要步驟

1. 瞭解客戶	客戶服務須能滿足客戶的期望。因此須瞭解客戶的需求與購買行為，以作為擬定物流服務策略的主要依據。
2. 蒐集相關資訊	瞭解客戶的需求與期望後，須進一步蒐集相關資訊包含：商品特性、競爭者的服務策略及目標市場環境的變化趨勢等等。
3. 擬定客戶服務策略的可行方案	利用前兩步驟所蒐集的資訊並考量企業可用資源，擬出若干的可行方案。
4. 選出最佳的客戶服務策略	針對各個可行方案進行詳細的分析，綜合考量客戶需求與期望的可達成度、是否能與競爭者相抗衡以及可否具備因應將來市場變化的彈性等，以定量與定性的評估選出最佳的服務方案。
5. 執行	將擬定的客戶服務策略交由相關部門，作為物流系統運作的依據。
6. 服務績效評估	對於組織所提供的服務進行評估，藉以衡量企業的客戶績效及服務目標的達成度。
7. 回饋檢討與改善	若所擬出的服務策略無法達成預期之標準或實施成本過高，此時必須重新進行評估、確認問題癥結，以有效改善服務品質。

三、客戶服務與物流系統

在客戶服務體系中，物流服務體系佔了很大的比例。不論再成功的市場行銷戰略，以及品質良好的商品和低廉的價格。如果不能夠將顧客需要的產品，適時且適質地送到顧客的手裡，顧客就不可能得到真正的滿足。

過去，物流一直被看作是企業的成本中心（亦即產生費用而非營收）。但是現今的物流服務已被視為企業提升競爭力的利器，且被涵蓋在企業戰略中。觀察現階段商業環境，可以發現物流在積極開拓市場、減少整體流通成本、提升顧客的滿意度、企業的銷售以及擴大企業利潤的方面，均扮演重要的角色，也因此物流有所謂第三利潤泉源的說法。

　　企業贏得新的客戶需要付出昂貴的代價，因此留住現有的客戶是更務實的作法且更具效益。確定客戶所需要的服務水準，並有效的利用較低成本、高效率的方式來滿足這些客戶的要求，是物流系統成功的關鍵。客戶服務從物流角度而言，有四個要素與物流有關：

（一）時間

　　主要是指訂貨週期的長短。站在買方的角度而言，通常把此段時間稱為前置時間（lead time）或是補貨時間（replenishment time）。確保前置時間的穩定是物流管理的挑戰，目前業界多採用電子訂單（貨）系統來減少訂單時間、以電腦輔助揀貨系統提升揀貨效率等方式，來達到前置時間穩定化的要求。

（二）可靠性

　　對於某些客戶言，可靠性遠比時間因素來得重要。因為這將直接影響到客戶的缺貨成本以及存貨水準。也就是說降低商品的破損（安全送達），會減少客戶因缺貨造成的損失。

（三）資訊溝通

　　與客戶溝通對客戶服務水準有直接的影響，例如：目前宅配業者提供的貨件查詢系統就是一個例子。

（四）便利性

　　便利性也可說是物流服務具有靈活性特色的代名詞。對於物流服務商言，對每一個客戶都提供客製的便利性是不容易達成的。但思考如何將不同客戶的需求分類並提供對應的服務（亦即為差別化服務），是考量現實資源與客戶不同需求的一種權宜作法。

9-5　物流品質與績效管理

一、物流品質相關因素

物流是一項整合性的活動。因此討論物流品質時會涵蓋許多的面向，但主要包括三大方面：

（一）商品品質

物流服務過程所指的商品是具有一定品質要求的實物。所謂商品品質要求是指合乎特定等級、尺寸、規格、性質、外觀等等條件，這些品質條件是在生產過程中形成的。而物流過程在轉移商品時須維持這些商品品質的一致性，以實現對客戶的品質保證。因此，對客戶的品質保證不只依賴生產過程而已，流通過程的物流活動亦需要加以配合。

現代物流過程不單是消極地保護和轉移物流的對象（商品），還可以採用流通加工等手段來提高商品的品質與價值。因此物流過程亦包含了商品品質的「形成過程」，亦即具備某種程度的形式效用（form utility）。

（二）服務品質

物流具有極強的服務性質。事實上，整個物流品質目標就是其服務品質可滿足客戶需求。服務品質因不同客戶而要求各異，掌握和了解客戶的要求：包括商品保管過程的品質保持程度、流通加工對商品品質的提高程度、批量及數量的滿足程度、配送頻度（間隔期）及交貨期的保證程度、輸配送方式的滿足程度、成本及物流費用的控制程度，以及相關服務（如資訊提供、索賠及糾紛處理）的達成程度等等。

（三）工作品質

工作品質指的是物流各環節、各功能、各職務的具體工作品質。工作品質和物流服務品質是兩個有關聯但又不大相同的概念，物流服務品質水準取決於各個工作品質的總和。所以，工作品質是物流服務品質的某種保證和基

礎。換言之，掌握好各項的工作品質，物流服務品質也就有了一定程度的保證。

二、物流品質指標體系

由於物流品質是衡量物流系統的重要方式。所以發展物流品質的指標體系，對於控制和管理物流系統來說至關重要。物流品質指標體系的建立，必須以最終目的為中心，並圍繞此終極目標漸次外擴出各階層、各功能，進而發展出完整的物流品質衡量指標。

一般來說，在各工作環節和各子系統中，又可以制定一系列「子目標」的品質指標，從而形成一個品質指標體系。整個品質指標體系猶如一個樹狀結構，既有橫向的擴展，又有縱向的挖掘。橫向的主要是為了將物流系統的各方面的工作都包括進去，以免遺漏。縱向的分支是為了將每個工作的品質衡量指標具體化，便於操作。沒有橫向的擴展就不能體現其廣度，沒有縱向的挖掘就不能體現其深度。

（一）服務水準指標

服務水準指標為企業設下了服務的基準。滿足顧客的要求需要一定的成本，並且隨著顧客服務達到一定的水準時，再想提高服務水準時，企業往往要付出更大的代價。例如配送頻率的設定，設為二天一配、一天一配，或是今天訂貨明天到貨等等，都屬於服務水準的指標。

（二）滿足程度指標

滿足程度指標則是在服務水準的基礎下，企業能夠滿足服務的程度。通常滿足程度指標又可分為二個方面：

1. 時間

時間的準確性，對於物流來說是衡量其品質的重要項目。因此，我們經常使用交貨速度水準的滿足程度作為重要衡量指標。例如，目前在供應鏈管理領域中經常聽到的 973（97% 的訂單在 3 天內到貨）或是 982（98% 的訂單在 2 天內到貨）等。

2. **數量**

確保商品的正確數量對於客戶是很重要的。也就是說，交貨時正確的商品量或缺損商品量與總交貨商品量的比率（％）等等。

（三）效率指標

物流效率通常關注於成本與資源投入的情況。如何在合理的成本與資源投入下達到所設定的客戶服務水準，是物流系統設計與管理的重要目標。

三、物流績效評估

物流績效評估的目的在於透過物流績效評估系統，對物流作業進行監督、控制和改善，以達到物流資源（人力、設施、裝備、委外業務及資金）有效且合理的配置，並且向客戶提供達到或者超過協議服務水準的有效服務。物流績效評估可以分為基本業務績效評估（單項的或是基礎的）和總體物流活動的績效評估兩類。

這兩類評估方法有很大的不同。前者可以通過財務資料、統計資料，測定數據取得評估結果，比較容易量化；後者較多採取投入產出方法、價值工程方法、方案比較方法和其他分析的方法，取得比較的結果。

（一）基本業務績效評估

管理者應當對於整個物流活動作出分析，劃分出若干最基本、基礎的、能夠單獨作出業績評定的業務，這是業務績效評估的基本條件。基本業務具有相對性與階層性，也就是說對於一個大的物流系統言，某一個環節或者某一個工作組織所承擔的業務，可以看成是基本業務；如果進一步劃分，這些業務的每一個過程，或者同一個過程中不同人所承擔的每一項具體業務，也可以看成是基本業務。

基本業務的層次如何確認，應當根據管理的要求、實施工作管理的人力和技術手段而定。不同的管理理念可能有不同的方法，有時候可以大而化之，有時候需要實施細部管理。如果考慮重點管理，基本業務也需要仔細規

劃，其中一部分為重點管理，也可能有很大一部分進行一般管理，甚至採取非經常性的異常管理。

基本業務透過以下指標進行績效的判定，如表 9-7 所示：

表 9-7　基本業務之績效判定指標

時間指標	例如：採購時間、在途時間、進貨驗收時間、上架時間、訂單處理時間、揀貨時間、出貨時間、配送時間、帳務結算時間、資金周轉時間、庫存周轉時間、退貨處理時間、資訊查詢時間等。
數量指標	例如：差錯率、損毀率、缺貨率、準確率等。
成本指標	例如：單位成本、人力成本、資源成本、各種費用支出、成本增減、成本佔用比例、實際損失及機會損失等。
資源指標	例如：原料消耗、燃料消耗、能源消耗（在物流領域主要是油耗）、材料消耗、人力消耗、設備佔用（車輛利用率）及工具消耗等。

（二）總體物流的績效評估

經營管理者關注總體物流活動的表現。提供客戶能接受的物流服務並且為此付出金錢購買這些物流服務，是物流服務企業的生存之道。也就是說物流活動的總體評估，實際上就是物流企業生存能力的評估，也是物流企業發展能力的評估。

因此，物流企業應當站在客戶的立場，對總體物流活動作出評估。評估方式可分為內部評估與外部評估二種：

1. 內部評估

對總體物流活動，企業必須作出內部評估，以了解自我的物流績效能力。內部評估是針對企業本身的一種基礎性評估，用以確認對客戶的服務水準、服務能力和滿足服務客戶要求的最大限度，做到既不失去客戶，又不因為過分滿足客戶的要求而損害企業的利益。

內部評估是建立在基本業務績效評估的基礎上，以此為基礎把物流系統作為一個「黑箱」，進行投入產出分析，從而以確認系統總體的能力、水準和有效性。

2. **外部評估**

對物流總體的外部評估，應當具有客觀性。採用的主要方法有兩種：一是顧客評估，可以採用問卷調查、顧客座談會等方式進行；另一是選擇模擬的或者實際的優秀企業作為「標竿」（benchmark）進行對照、對比性的評估。

許多領先的物流公司引進了標竿管理，一般言總體的標竿方法有以下八個步驟：

(1) 選擇基準（參照標準）。　　(2) 提供資源。

(3) 計畫學習過程。　　　　　　(4) 組成標竿小組成員。

(5) 收集資料。　　　　　　　　(6) 分析差距。

(7) 計畫改進。　　　　　　　　(8) 執行和回饋。

本章相關英文術語解說

- **Benchmark 標竿**

  用於衡量或判斷品質、價值、績效、價格等的標準或參考點，現今許多美國公司使用它，透過標竿學習的程序企圖找尋頂級水準（世界級）的公司作為比較其績效水準的對象。

- **Best Practice 最佳實務**

  一項頂尖的活動、作業或程序，其創新的特質與成功地實施經驗，提供了一個更有效率與效能的業務營運作法，來協助組織降低成本，改善品質和改善顧客服務。

- **Key Performance Indicator（KPI）關鍵績效指標**

  企業實施一作業流程改善，導入新方法，或評估供應商時，用以衡量績效之指標值，藉以判斷導入前後的差距，或供應商的優劣。例如：庫存天數的指標，庫存天數越低，相對降低公司庫存成本，但卻增加缺貨的危險；因此此指標可以看出該公司在庫存管理方面需不需改善。供應商退貨件數越低，表示其品質狀況越佳。

- **Lead Time（LT）前置時間**

  從採購訂貨日期到送貨日期這段時間，即稱為「前置時間」，包括訂單傳送、訂單處理、準備以及送貨的時間。

- **Lean Six Sigma 精實六標準差**

  一個六標準差品質與精實生產組合的觀念，目標在少於一年的時間裡，來消除浪費，並且達成主要成本、存貨與前置時間的降低。

- **Load Factor 裝載率**

  評估運送人營運效率的方法。在汽車貨運中，實際所載貨物體積除以車廂最大可載貨體積，通常大多數貨物裝載的限制未載貨的空間，而非貨物的

重量；在客運中，為搭乘的乘客數除以全部座位數。在海運中，如一條船可以載貨噸數為 10000 噸，當裝載 6000 噸的貨物，則裝載率為 60%。

• **Memorandum Of Understanding（MOU） 備忘錄**

一個非正式的協議，描述雙方廣泛性的期望、承諾與長期目標，而非明確的條件。從備忘錄所使用的語言，可以判定是否對任何一方具有法律上的拘束力。

• **Non-Disclosure Agreement（NDA） 保密協定**

常用於一些新產品開發的計畫案，由於牽涉到業務機密的緣故，在對外詢價時為了不讓競爭對手知道而遭人不當侵害，甚至於錯失商機，會進一步讓供應商簽署一份「保密協定」的文件，要求供應商在一規範的年限內不能將新產品計劃的名稱、採購數量預測、詢價的技術要求、規格、圖面等等資訊向外界揭露。

• **Overhead　經常性費用**

公司整體營運的相關成本。大部分是固定費用，經常性費用表示費用或成本不能與特定產品或服務、特定的收入來源，或公司部門有直接的關聯。

• **Penalty Clause　處罰條款**

為一不明確的約定條款，意指萬一不履行合約時所應償付的特定金額。此條款實際為一種損害賠償條款，但如果賠償金額超出受害公司所提出佐證之實際損害金額的合理範圍，法庭將不會對違約之一方採取強制處分。另外，懲罰性賠償通常在合約訴訟中是被允許的。

• **Performance Evaluation　績效評估**

將員工的實際績效與計劃的目標水準或標準做比較，來決定其在工作上的達成率與改進的空間。也使用於依據採購組織對採購項目所認為重要的績效標準，來評量與管理供應商的績效。

- **Plan-Do-Check-Act（PDCA）Cycle　PDCA 管理循環（戴明管理循環）**

PDCA 管理循環是由戴明博士（W. Edwards Deming）在 1950 年代所提出的一個簡單的解決問題方法，利用 Plan（計畫）、Do（實施）、Check（查核）、Act（處置、修正）的循環，來達到品質管制的目的。也就是我們從產品的設計與規劃出發，認眞管理，不斷生產符合消費者要求的產品，並時時力求品質的改善。

- **Shelf Life　貨架壽命**

物品儲放直到其無法被使用的時間，也稱爲「耐儲時間」。

本章綜合練習題

一、選擇題（單選）

( ) 1. 有關組織的描述，以下何者正確？

(1) 一個組織的結構決定了它的運作方式但不涉及成員間關係的設定

(2) 組織結構只關注高階管理層的戰略功能

(A) (1)、(2) 均正確　　　　　　(B) (1) 正確、(2) 不正確

(C) (1) 不正確、(2) 正確　　　　(D) (1)、(2) 均不正確。

( ) 2. 管理大師明茲伯格（Mintzberg）指出，所有組織無論它具有什麼特徵，在組織結構中都有一些共同的元素，這些元素不包括哪一項？　(A) 社會責任功能　(B) 高階管理功能　(C) 日常管理功能　(D) 支援性功能。

( ) 3. 組織功能中的支援性功能，主要是指哪些項目？

(1) 人力支援　　　　　　　　(2) 資訊技術

(3) 生產　　　　　　　　　　(4) 財務

(A) (1)、(2)、(3)　　　　　　(B) (1)、(2)、(4)

(C) (2)、(3)、(4)　　　　　　(D) (1)、(3)、(4)。

( ) 4. 有關組織結構兩種特徵的描述，以下何者正確？

(1) 人力、職權、職責等的分配，這種分配不是隨意指派而是需事先作有效規劃，以提高特定目的與目標的實現

(2) 僅能有一種權力中心，以控制組織的協同合作且引導組織成員克盡職責

(A) (1)、(2) 均正確　　　　　　(B) (1) 正確、(2) 不正確

(C) (1) 不正確、(2) 正確　　　　(D) (1)、(2) 均不正確。

(　) 5. 組織結構是期望在組織目標的方向下，進行以下哪些任務？

(1) 優化資源 　　　　　　　(2) 進行有效溝通

(3) 責任模糊化 　　　　　　(4) 快速應變

(A) (1)、(2)、(3) 　　　　　(B) (1)、(2)、(4)

(C) (2)、(3)、(4) 　　　　　(D) (1)、(3)、(4)。

(　) 6. 假若組織採用的結構不適合的話，會產生以下哪些問題？

(1) 喪失動力 　　　　　　　(2) 決策明確

(3) 責任不清 　　　　　　　(4) 溝通不暢

(A) (1)、(2)、(3) 　　　　　(B) (1)、(2)、(4)

(C) (2)、(3)、(4) 　　　　　(D) (1)、(3)、(4)。

(　) 7. 以下對於簡單式組織的描述，何者不正確？　(A) 複雜性低　(B) 正式化程度低　(C) 集權度低　(D) 適用小規模組織。

(　) 8. 以下對於科層式（官僚式）組織的描述，何者不正確？　(A) 複雜性高　(B) 正式化程度高　(C) 反應性高　(D) 適用較大規模組織。

(　) 9. 以下對於科層式（官僚式）組織的描述，何者不正確？　(A) 權責分明　(B) 專業分工　(C) 決策理性　(D) 常有破格晉升。

(　)10. 以下對於功能式組織的描述，何者不正確？　(A) 按功能專長為部門劃分之基礎　(B) 橫向溝通良好　(C) 利於直線領導　(D) 強調部門效率。

(　)11. 以下對於專案式組織的描述，何者正確？　(A) 屬臨時性任務編組　(B) 決策較慢　(C) 資訊交換慢　(D) 認同感較低。

(　)12. 以下對於委員式組織的描述，何者不正確？　(A) 重點在蒐集資訊、協調意見　(B) 容易發生規避責任之心態　(C) 容易發生決策的遲延，無法掌握時機　(D) 直接參與執行。

(　)13. 以下對於矩陣式組織的描述，何者不正確？　(A) 雙重指揮　(B) 獎懲控制力不足　(C) 權責分明　(D) 結合功能型、專案型結構的要素。

（　）14. 適合集權的情況與下列考量無關？　(A) 程序標準化　(B) 較快做出決定　(C) 遵守法律　(D) 避免風險。

（　）15. 以下對集權組織的描述，何者不正確？　(A) 專業化程度好　(B) 可能比較無效率　(C) 管理費用重複性高　(D) 較為官僚主義。

（　）16. 以下對分權組織的描述，何者不正確？　(A) 靈活性可提升　(B) 顧客知識可在地化　(C) 具經濟規模　(D) 可能有過度部門自身利益的保護。

（　）17. 以下對物流組織發展的描述，何者正確？
(1) 傳統上物流活動只是被看作各部門的必要活動，配合各部門目標的實現
(2) 傳統企業組織結構中的物流活動雖處於分割的狀態，但在物流的績效上仍有很強的整合
(A) (1)、(2) 均正確　　　　　　(B) (1) 正確、(2) 不正確
(C) (1) 不正確、(2) 正確　　　　(D) (1)、(2) 均不正確。

（　）18. 以下對物流組織的描述，何者正確？
(1) 委員會式結構是一種過渡型、物流整體功能最弱的物流組織結構
(2) 功能式結構是指物流部門對所有物流活動具有管理權和指揮權的物流組織結構
(A) (1)、(2) 均正確　　　　　　(B) (1) 正確、(2) 不正確
(C) (1) 不正確、(2) 正確　　　　(D) (1)、(2) 均不正確。

（　）19. 以下對矩陣式物流組織優點的描述，何者不正確？
(A) 物流部門為一個責任中心，基於目標進行管理可以提高物流運作效率
(B) 組織較為靈活可適合企業的各種需求
(C) 採雙軌制管理不易有衝突與不協調的狀況發生
(D) 允許物流經理對物流進行一體化的規則和設計，提高物流的整合效應。

(　　)20. 品質管理大師戴明（Diming）提出戴明循環，以下排列何者為正確？

(1) 行動　　　　　　　　　　(2) 查核

(3) 執行　　　　　　　　　　(4) 計畫

(A) (1)、(2)、(3)、(4)　　　　(B) (1)、(3)(4)、(2)

(C) (4)、(3)、(2)、(1)　　　　(D) (4)、(3)、(1)、(2)。

(　　)21. 品質管理大師戴明（Diming）提出戴明循環，以下何者是整個循環的基礎？

(1) 行動　　　　　　　　　　(2) 查核

(3) 執行　　　　　　　　　　(4) 計畫

(A) (1)　　　　　　　　　　(B) (2)

(C) (3)　　　　　　　　　　(D) (4)。

(　　)22. 針對計畫過程的描述，何者正確？

(1) 目標的設定是計畫的第一步驟，而組織願景的確立更是主導所有計畫展開源頭

(2) 願景的設定是組織高階管理層的責任，對應此階層的是戰術計畫

(A) (1)、(2) 均正確　　　　　(B) (1) 正確、(2) 不正確

(C) (1) 不正確、(2) 正確　　　(D) (1)、(2) 均不正確。

(　　)23. 以下對戰略計畫的描述，何者較不正確？　(A) 是追求競爭優勢的過程　(B) 是部門計畫的架構基礎　(C) 是資源分配的基礎　(D) 是盈餘分配的基礎。

(　　)24. 戰略計畫主要關注的領域，何者較不正確？　(A) 成長　(B) 利潤　(C) 升遷　(D) 生存。

（　　）25. 針對戰略計畫的描述，何者正確？

(1) 須確保短期利益與長期利益均有增加

(2) 隨著環境的變化，關鍵領域的優先程度也會改變，計畫亦須加以調整

(A) (1)、(2) 均正確　　　　　　(B) (1) 正確、(2) 不正確

(C) (1) 不正確、(2) 正確　　　　(D) (1)、(2) 均不正確。

（　　）26. 針對戰術計畫的描述，何者正確？

(1) 須具有反應性（reactive）

(2) 須具有先發制人的特性（proactive）（前攝性）

(A) (1)、(2) 均正確　　　　　　(B) (1) 正確、(2) 不正確

(C) (1) 不正確、(2) 正確　　　　(D) (1)、(2) 均不正確。

（　　）27. 針對組織政策的描述，何者正確？

(1) 政策決定達到目標的途徑，是組織行為的指引

(2) 可能對不同功能的運作進行限制與規範

(A) (1)、(2) 均正確　　　　　　(B) (1) 正確、(2) 不正確

(C) (1) 不正確、(2) 正確　　　　(D) (1)、(2) 均不正確。

（　　）28. 假若某宅配公司下達集配車駕駛不委外的政策，你覺得最有可能原因為何？　(A) 確保服務品質　(B) 同業要求　(C) 政府法規的要求　(D) 成本的考慮。

（　　）29. 組織需要控制系統來保證哪些事項，以下何者較不正確？　(A) 從標準值與偏差值中得到回饋　(B) 新商品的開發　(C) 儘快改善　(D) 計畫活動按要求被執行。

（　　）30. 針對控制類型與時間的描述，何者不正確？　(A) 預先控制→在活動前　(B) 即時控制→在活動期間　(C) 回饋控制→在活動期間　(D) 回饋控制→在活動後。

( )31. 以下描述何者正確？

(1) 計畫和控制在很多方面是互補的

(2) 除非有一個健全的控制系統，否則僅有計畫是沒有用的

(A) (1)、(2) 均正確　　　　　　(B) (1) 正確、(2) 不正確

(C) (1) 不正確、(2) 正確　　　　(D) (1)、(2) 均不正確。

( )32. 組織所採用控制活動的方法是受企業文化和組織結構所影響，以下描述何者正確？

(1) 高度系統化與集權化的組織，其控制系統由管理層所領導不但專門且貫徹力強

(2) 較為有機化與分權化的組織，更關注在個人責任與局部性的控制

(A) (1)、(2) 均正確　　　　　　(B) (1) 正確、(2) 不正確

(C) (1) 不正確、(2) 正確　　　　(D) (1)、(2) 均不正確。

( )33. 組織需要控制系統來協助組織達成哪些目標，以下何者較不正確？　(A) 保證程序具有透明度　(B) 維持內部紀律　(C) 影響並改變商業環境　(D) 檢測和矯正組織各層次的行動。

( )34. 針對資訊管理中資料收集的描述，以下何者正確？

(1) 資料收集的主要目的是將收集來的資料進行監測（monitoring）、衡量（measuring）、控制（controlling）以做為改善績效的目的

(2) 所有的組織都會產生大量的資料，這些資料雖有不同的來源但形式上卻很一致

(A) (1)、(2) 均正確　　　　　　(B) (1) 正確、(2) 不正確

(C) (1) 不正確、(2) 正確　　　　(D) (1)、(2) 均不正確。

( )35. 為產品和過程設立標準（例如：目標值／上限值／下限值），這種資料是屬於哪一個類型？　(A) 監控用資料　(B) 衡量用資料　(C) 控制用資料　(D) 以上皆是。

( )36. 針對資料與類型的對應，何者不正確？

(A) 改善時間表的資料 → 控制用資料

(B) 投資年限 → 衡量用資料

(C) 投資報酬率 → 監控用資料

(D) 冷凍庫溫度上限 → 監控用資料。

( )37. 一個可與各地 POS 系統即時連線的庫存管理系統卻經常發生客戶抱怨商品缺貨，你認為主要的問題最可能是？　(A) 庫存資訊的正確性　(B) 資訊傳遞的速度　(C) 資訊傳送的成本　(D) 客戶謊報。

( )38. 針對資訊系統與功能活動的對應，何者不正確？

(A) 控制系統 → 監測和報告主要活動

(B) 資料庫系統 → 處理和儲存資訊

(C) 查詢系統 → 查詢指定範圍與項目的表現

(D) 決策支援 → 分析從各種可獲得的消息來源中得到的資料。

( )39. 針對應用資訊技術的好處，何者不正確？　(A) 消除或者減少資料準備的所需人工處理　(B) 簡化報告過程　(C) 改善對其他部門的服務　(D) 僅可整合內部系統。

( )40. 針對資訊管理系統所需保證的事項，何者較不正確？

(A) 資料提供越多越好

(B) 資料不會錯置、延誤、誤導或是扭曲

(C) 收集從所有消息來源中得到的相關資訊並傳遞到需要它們的人的手裡

(D) 準備最新的報告和發送到指定的對象。

( )41. 當人們被給予太多資訊來閱讀並希望在有限的時間內有效地評估它們的時候，所導致的問題稱為？　(A) 資料挖掘　(B) 資料病毒　(C) 資料超荷　(D) 電腦上癮症。

(　)42. 以下敘述何者正確？

(1) 在製造業組織中，客戶服務通常指保證客戶按時獲得他們所需產品的一系列活動

(2) 上述所稱的產品，我們可以用是否生產『有形產品』來區別製造業和服務業

(A) (1)、(2) 均正確　　　　(B) (1) 正確、(2) 不正確

(C) (1) 不正確、(2) 正確　　(D) (1)、(2) 均不正確。

(　)43. 若將服務「商品」獨立為二個部分，其一為服務成果、另一則為服務經歷，以下敘述何者正確？

(1) 服務成果描述了所提供的服務呈現在客戶面前時產生的實際結果

(2) 服務歷程涉及到客戶對於服務送達的直接經歷，也就是說只涵蓋服務提供者（個別服務員）直接對客戶的服務方法

(A) (1)、(2) 均正確　　　　(B) (1) 正確、(2) 不正確

(C) (1) 不正確、(2) 正確　　(D) (1)、(2) 均不正確。

(　)44. 所謂服務經歷包含服務提供者（個別服務員）對客戶的服務方法以及客戶對於組織及其所提供產品的經驗，以下針對與企業組織有關的服務經歷，何者不正確？　(A) 組織反應的快慢程度　(B) 服務人員的親和力　(C) 服務資訊的簡易程度　(D) 客戶感受到的受組織重視的程度。

(　)45. 針對服務經歷，以下敘述何者正確？

(1) 與企業組織有關的服務經歷大部分是由公司政策和作業流程決定的

(2) 客戶滿意與否的關鍵，很大程度上還是由員工本身的表現來決定客戶感受服務的經歷

(A) (1)、(2) 均正確　　　　(B) (1) 正確、(2) 不正確

(C) (1) 不正確、(2) 正確　　(D) (1)、(2) 均不正確。

(　)46. 針對總體服務知覺，以下敘述何者正確？

(1) 客戶關於組織的服務感知是以他的總體服務知覺為基礎

(2) 客戶關於組織的服務感知是以服務成果所決定

(A) (1)、(2) 均正確　　　　　(B) (1) 正確、(2) 不正確

(C) (1) 不正確、(2) 正確　　　(D) (1)、(2) 均不正確。

(　)47. 針對總體服務知覺，以下敘述何者正確？

(1) 每個客戶雖是不同的個體，但他們對於服務的期望卻不因人而異

(2) 客戶關於組織的服務感知僅以服務歷程所決定

(A) (1)、(2) 均正確　　　　　(B) (1) 正確、(2) 不正確

(C) (1) 不正確、(2) 正確　　　(D) (1)、(2) 均不正確。

(　)48. 企業進行客戶服務內容擬定時，須包含以下哪部分？　(A) 客戶服務組合　(B) 客戶服務水準　(C) 客戶服務方式　(D) 以上皆是。

(　)49. 針對服務內容，以下敘述何者正確？

(1) 所謂客戶服務組合主要是指服務的項目組成

(2) 所謂客戶服務水準主要是服務項目須維持一定的程度與品質

(A) (1)、(2) 均正確　　　　　(B) (1) 正確、(2) 不正確

(C) (1) 不正確、(2) 正確　　　(D) (1)、(2) 均不正確。

(　)50. 針對服務內容，以下敘述何者正確？

(1) 所謂客戶服務組合主要是指服務的項目組成

(2) 所謂客戶服務方式是指在服務水準的目標下，提供客戶所需的服務項目並以最經濟的方式來達成以獲取企業最大報酬

(A) (1)、(2) 均正確　　　　　(B) (1) 正確、(2) 不正確

(C) (1) 不正確、(2) 正確　　　(D) (1)、(2) 均不正確。

( )51. 針對客戶服務與物流系統，以下敘述何者正確？

(1) 在客戶服務體系中，物流服務體系佔的比例很小

(2) 現今的物流服務已被視為企業提升競爭力的利器且被涵蓋在企業戰略中

(A) (1)、(2) 均正確 　　　　(B) (1) 正確、(2) 不正確

(C) (1) 不正確、(2) 正確 　　(D) (1)、(2) 均不正確。

( )52. 客戶服務從物流角度言，主要有幾個方面與物流有關，其中對於時間要素的描述，何者不正確？

(A) 主要是指訂貨週期的長短

(B) 可稱為前置時間

(C) 穩定的前置時間很容易達成

(D) 提升揀貨效率可達到前置時間穩定化的要求。

( )53. 客戶服務從物流角度言，主要有幾個方面與物流有關，其中對於可靠性要素的描述，何者不正確？　(A) 與缺貨有直接影響　(B) 與存貨水準有直接影響　(C) 是指安全送達的程度　(D) 時間因素一定比可靠度重要。

( )54. 客戶服務從物流角度言，主要有幾個方面與物流有關，其中對於資訊溝通的描述，何者不正確？

(A) 與服務水準有直接影響

(B) 與存貨水準有直接影響

(C) 貨件查詢為資訊溝通的一種

(D) 客服作業是溝通的一種。

( )55. 客戶服務從物流角度言，主要有幾個方面與物流有關，其中對於便利性的描述，何者不正確？

(A) 也可說是物流服務必須具備靈活性

(B) 對每一個客戶都提供客製的便利性是容易達成的

(C) 宅便服務提供到府配達的便利性

(D) 提供指定到貨時段也是一種便利性。

(   )56. 物流品質涵蓋的內容包含許多面向，其中對於商品品質的描述，何者不正確？

(A) 包含等級、尺寸、規格、性質、外觀等等

(B) 商品品質主要是在生產過程形成的

(C) 流通加工不具有改善提高商品品質與價值的可能性

(D) 物流過程在於轉移時須維持商品品質。

(   )57. 物流品質涵蓋的內容包含許多面向，其中對於服務品質的描述，何者正確？

(1) 物流具有極強的服務性質，事實上整個物流品質目標就是其服務品質（滿足客戶需求）

(2) 配送頻度（間隔期）及交貨期的保證程度不屬於服務品質

(A) (1)、(2) 均正確　　　　　(B) (1) 正確、(2) 不正確

(C) (1) 不正確、(2) 正確　　　(D) (1)、(2) 均不正確。

(   )58. 物流品質涵蓋的內容包含許多面向，其中對於工作品質的描述，何者正確？

(1) 工作品質和物流服務品質是兩個有關聯但又不大相同的概念，物流服務品質水準取決於各個工作品質的總和

(2) 工作品質是物流服務品質的某種保證和基礎，換言之掌握好各項的工作品質，物流服務品質也就有了一定程度的保證

(A) (1)、(2) 均正確　　　　　(B) (1) 正確、(2) 不正確

(C) (1) 不正確、(2) 正確　　　(D) (1)、(2) 均不正確。

(   )59. 對於物流品質的描述，何者正確？

(1) 物流品質是衡量物流系統的重要方式

(2) 物流品質指揮體系的發展對於控制和管理物流系統最為重要

(A) (1)、(2) 均正確　　　　　(B) (1) 正確、(2) 不正確

(C) (1) 不正確、(2) 正確　　　(D) (1)、(2) 均不正確。

(　　)60. 針對物流品質指標的對應描述，何者不正確？

(A) 服務水準指標 → 一天一配

(B) 滿足程度指標 → 982（98% 的訂單在 2 天內到貨）

(C) 效率指標 → 揀貨件數 100 ／人時

(D) 效率指標 → 完美訂單率 95%。

(　　)61. 若將物流績效評估分為基本業務績效評估和總體物流活動的績效評估兩類，何者正確？

(1) 管理者應當對於整個物流活動作出分析，劃分出若干最基本、基礎的、能夠單獨作出業績評定的業務，這是基本業務績效評估的前提條件

(2) 物流活動的總體評估，實際上就是物流企業生存能力的評估，進一步說也是物流企業發展能力的評估

(A) (1)、(2) 均正確　　　　　(B) (1) 正確、(2) 不正確

(C) (1) 不正確、(2) 正確　　　(D) (1)、(2) 均不正確。

(　　)62. 針對物流績效評估中基本業務績效評估分為時間指標、數量指標、成本指標與資源指標等四種，以下的描述何者正確？

(1) 時間指標是指訂單處理時間、入庫時間、出庫時間等等

(2) 數量指標是指原料消耗、燃料消耗、能源消耗等等

(A) (1)、(2) 均正確　　　　　(B) (1) 正確、(2) 不正確

(C) (1) 不正確、(2) 正確　　　(D) (1)、(2) 均不正確。

(　　)63. 針對物流績效評估中總體績效評估有所謂的外部評估，以下哪項不為外部評估的方法？　(A) 對顧客進行調查問卷　(B) 顧客座談會　(C) 標竿　(D) 企業自評。

二、簡答題

1. 管理大師明茲伯格（Henry Mintzberg）指出，所有組織的組織結構中都有一些共同的功能類型，這些除了高階管理策略功能、中階管理功能以外包括二個大類功能類型？

2. 組織中的結構應該要在目標方向下進行哪些任務？試舉出三種。

3. 不適合的企業組織結構，會出現哪些管理的問題？試舉出三種。

4. 何謂集權化？適合集權化的情況與哪些考量有關？試舉出二種情況。

5. 分權式組織有甚麼優點？試舉出二種。

6. 品質管理大師戴明（Deming）提出戴明循環（又稱「PDCA 管理循環」）是指什麼？

7. 若將控制活動類型分為預先控制、即時控制與回饋控制；回饋控制可採用檢查結果的方法，請問其他二類型採用的方法為何？

8. 資訊管理在組織中具有重要有角色，其中所進行的資訊收集其目的除了監測（monitoring）還有二項？

9. 企業進行客戶服務內容擬定時，須包含哪三個部分？

10. 從物流角度而言，客戶服務的四個重要元素，除了時間要素以外還有哪三個？

11. 與物流品質相關的因素有哪三大方面？

12. 在物流服務水準中，所謂的滿足程度指標可分為哪二類？

13. 基本業務往往透過哪些指標進行績效的判定？試舉出二種。

14. 在結構要點上，專案式結構的組織及委員式結構的組織有何不同？

15. 何謂矩陣式組織？矩陣式組織結構有什麼優缺點？

16. 試說明簡單式組織結構的特性及其優缺點？

17. 請試繪出計畫的不同層次與目標間的關聯。

18. 請試繪出計畫擬定的過程。

19. 試繪圖說明控制活動的規劃程序，並說明控制系統的順序類型及其內容？

20. 物流績效的評估方式分為內部評估與外部評估二種，試說明之。

CH10

物流中心規劃與設計

本章重點

1. 瞭解物流系統規劃的相關事項與程序架構
2. 瞭解物流規劃相關的分析方法
3. 瞭解安全議題對物流規劃的影響

第四篇
物流管理、規劃與發展篇

核心問題

　　物流布局已屬策略層級問題，是要自建物流的重裝上場或採取輕資產的高彈性策略？請想想考量的主要因素有哪些？

思考案例

　　請由樂天的策略轉折－砸重金往電信和物流兩大基礎建設布局。思考巨人轉彎的背後，樂天看到什麼機會？其物流布局為何？

具頂尖物流能耐的公司必須維持物流作業的彈性，俾能隨時調整其物流系統。因應全球化趨勢，如何滿足各地區客戶不同的服務需求，更是物流運籌領域必然的挑戰；且在電子商務環境中，「快速」是消費者基本的要求。不論消費者要的是書籍、電子產品甚至是大件電器或是家具商品，「隔日送達」甚至是「當日送達」已是物流規劃基本的設計要求。誠如思科（Cisco）董事長兼執行長約翰‧錢伯斯（John T. Chambers）所言「21 世紀是『快』公司打『慢』公司的戰場」。只要企業速度不快、反應不夠迅速，就會被市場淘汰。

近幾年來，不少先進的電子化物流技術出現。這些技術的應用大大提高企業的競爭力，其中「供應鏈管理」（supply chain management）的概念正是這種認知下的體現。而供應鏈管理的真正實現，有賴於物流服務的資訊化、網路化。現代物流服務的經營模式，正從以前以「物」的處理為基礎，轉向以「電子化」為主軸的發展模式，亦即所謂的物流運籌電子化（e-Logistics）。

換言之，物流服務的發展不僅僅只是將物流當作一項專案業務，而是以一個系統的觀念來規劃。未來物流經營模式在整個物流的價值鏈中，將更加依賴電子技術及網路技術，並在實現快速、安全、可靠和低費用原則的前提下，提供顧客優質的服務。

10-1　物流系統規劃相關事項與程序架構

基本來說，物流系統是由許多物流據點所組成的物流網路。因此物流中心的規劃，正是物流系統的核心。在物流中心裡包含了各種物流運作的基礎功能：從進貨驗收、儲存保管、流通加工、揀貨包裝、出貨、配送、回單計價、退貨、存控管理等等。

然隨著環境的變動，物流中心的規劃必須考慮整個物流系統的需要。因此在從事物流中心規劃的同時，必須清楚的定位整個物流系統與物流中心的關係（如圖 10-1）。若說供應鏈管理，是整體物流系統運作效率的終極表現。那物流中心則是匯集相關物流實體作業與資訊流通的重要關節與骨幹，

而供應鏈上下游夥伴之間資訊系統的連接，則如神經系統般傳遞各種交互運作的訊息。因此物流中心規劃與設計必須從整體物流系統（亦即供應鏈系統設計）的範圍來思考。以下將就環境變遷、規劃程序架構、物流中心的分類與定位以及彈性與效率間的平衡作一整理與說明。

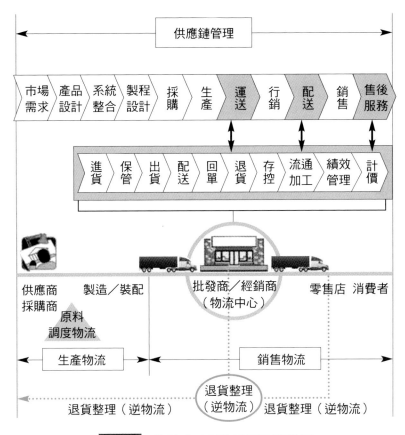

圖 10-1　物流中心與物流活動關係圖

一、環境趨勢的變遷

依據密西根大學包薩斯教授（Donald J. Bowersox）研究指出，21 世紀物流必須落實供應鏈管理整合的六大能力；包含顧客整合能力、內部整合能力、供應商整合能力、技術與規劃整合能力、評量整合能力以及關係整合能力等。並就此六大能力展開成 25 項子能力，進一步將企業發展卓越物流系統該著重之目標彙整如表 10-1。

此六大能力中，以往物流中心規劃設計比較著重在內部整合、技術與規劃整合、供應商整合等方面。相對地在顧客整合、評量整合與關係整合上考慮較少。雖就第三方物流業者的角色言，於規劃物流系統時受限於掌控度與談判力不足，因此對於外部整合著墨較少。然近年來，大型第三方物流業者，漸次轉型為第四方物流提供者 [1]（4PL，亦即以提供完整供應鏈解決服務為目標）。因此在顧客整合、評量整合與關係整合上均開始投入心力。在臺灣有許多物流業者與國際物流業者合作，形成完整全球運籌供應鏈體系。如嘉里大榮物流成立「聯有國際運通股份有限公司」經營中、港、台三地之快遞服務，並與全球第五大快遞集團美商 AIR BORNE EXPRESS 業務合作經營國際快遞；新竹貨運與天遞（TNT）合作等等均是實例。

整合雖然不易但卻是必要。所謂整合乃指企業結合各自的核心能力，成為具備更高競爭力之「虛擬組織」的聯合行為。例如：往上整合供應商、往下整合顧客或是相關服務提供者間之整合。真正的整合是達到企業間彼此分享資訊、共同規劃、共同解決問題並共同分享利潤之多贏局面。通常企業間之合作並無正式的約束力量，結構上較為鬆散，所以企業間會尋求具有正式約束的夥伴關係。在夥伴關係中，合作公司間各自放棄一些自主權，以便共同追求特定的目標並產生合作綜效。

實務上整合（integration）與合併（merge）存在許多差異。一為所有權差異：合併包含所有權的擁有，而整合並不一定擁有所有權；二為彈性的程度：整合是較具彈性的，因一個企業可不經股權投資，即可運用其他企業的核心能力與專業技術。當合作夥伴無法滿足企業需求時，亦有機會替換較高績效的合作夥伴。因此在進行物流系統規劃時必須考慮合作的方式與程度。

此外包薩斯教授亦提出物流管理十大趨勢，此趨勢的觀察值得吾人在進行物流系統策略擬定與定位討論時，作為思考的重要項目：

---

1 第四方物流（4PL）是供應鏈（Supply Chain）的整合者，他們有能力組合、管理委託企業內部及功能互補的合作廠商（包括第三方物流業者、技術服務業者等）的所有資源、能力及技術，再以一個完整的供應鏈解決方案呈現給客戶，提供客戶更大的跨功能整合及更廣的營運自主空間。

1. 由顧客服務轉向關係管理。
2. 由對立轉向聯合。
3. 由預測（forecast）轉向終測（endcast）。
4. 由經驗累積轉向變遷策略。
5. 由絕對價值轉向相對價值。
6. 由功能整合轉向程序整合。
7. 由垂直整合轉向虛擬整合。
8. 由資訊保留轉向資訊分享。
9. 由訓練轉向知識學習。
10. 由管理會計轉向價值管理。

表 10-1 以供應鏈為基礎之物流能力彙整

項目	說明
1. 顧客整合能力	與特定顧客建立長遠關係。
（1）顧客區隔	設計可使客戶效益最大的物流活動並充分發揮。
（2）關聯性	以顧客為中心，持續修正客服策略以符合顧客期望。
（3）回應性	配合顧客特殊之需求。
（4）彈性	突發作業狀況的調適。
2. 內部整合能力	整合企業內部物流作業，形成一完善的物流程序以達顧客要求。
（1）跨功能整合	將具潛力可產生綜效的跨功能作業活動統整成可管理的營運程序。
（2）標準化	建立可促進同步化營運的各項跨功能政策及步驟。
（3）簡單化	最佳實務的確認、接納、執行及持續改善。
（4）紀律化	嚴守已建立的營運及行政政策與步驟。
（5）結構之調適	為促進整合效果，針對網路結構及實體資產分配加以修正。

項目	說明
3. 供應商整合能力	將企業外部執行工作與內部作業程序連結成一順暢的程序。
(1) 策略整合	發展使企業與其供應商具有全價值創造程序及責任明確的共同願景。
(2) 作業融合	連結各系統與營運介面，降低重複且多餘之作業並維繫營運之同步化。
(3) 財務連結	與供應商建立合資結構以強化目標達成。
(4) 供應商管理	建立供應商體系之層級架構並使其成為具延展管理的特性。
4. 技術與規劃整合能力	維持高效能資訊系統能力，支援多元市場區隔所建構之多樣化作業。
(1) 資訊管理	必須使訂單下達至送交的訂單週期中，所有交易活動得以順暢進行以及各資源得以有效分配。
(2) 內部通訊	在組織內部間以即時、迅速回應的要求來進行資訊交換。
(3) 連結性	在外部夥伴間以即時、迅速回應的要求來進行資訊交換。
(4) 協同預測與規劃	與顧客協同發展共同願景並充分投入欲共同完成之行動計畫。
5. 評量整合能力	開發並維持可促進區隔策略及程序發展的評量系統。
(1) 功能評量	發展完整功能績效評量系統。
(2) 作業基礎與總成本法	作業基礎與總成本方法的採用，使預算編製與執行可有效評量特定主體，如產品、顧客、通路等，對其成本及收益上的貢獻度。
(3) 全面評量尺度	建立跨企業與整體供應鏈的績效評量標準及評量尺度。
(4) 財務影響	將供應鏈績效與財務評量結果直接連結。

項目	說明
6. 關係整合能力	開發並延續與顧客及供應商共同思考架構的能力，此思考架構與企業間依存性及協同原則相關。
(1) 角色分辨	關於領導程序與共有或個別的企業責任必須清楚。
(2) 指導方針	建立可促進企業間聯合、資源有效利用及衝突解決的各項規則、政策與步驟。
(3) 資訊分享	交換關鍵技術、財務、營運及策略資訊的意願。
(4) 收益／風險共享	公平分享成果、公平分攤損失的架構與意願。

二、規劃程序架構

　　物流中心規劃設計，需包含從「物流系統之策略與定位」到「績效分析評估」的完整流程。圖 10-2 修正工研院系統中心所提之規劃程序圖，特別延伸規劃設計的範圍至「績效分析評估」與「績效改善」階段。因物流中心規劃設計的對象，可能是一個全新的物流系統專案；也可能是現存物流系統的改善、或是現行物流系統中增設的一個物流據點的規劃設計。

　　表 10-2 將物流中心規劃設計，各階段的主要重點、應用的方法工具以及產出結果等作一彙整。主要分為六大階段：一、規劃準備階段；二、初步規劃階段；三、方案評估選擇階段；四、細部規劃設計階段；五、建置運作階段；六、系統績效管理階段。

　　其中初步規劃階段，所產出的為區域佈置（block layout）規劃；主要為各個作業區域大小、相關位置與動線。在此階段中通常會產生多個規劃方案，因此可藉由進行第三階段－方案評估選擇，評選出可繼續進行細部規劃的方案。

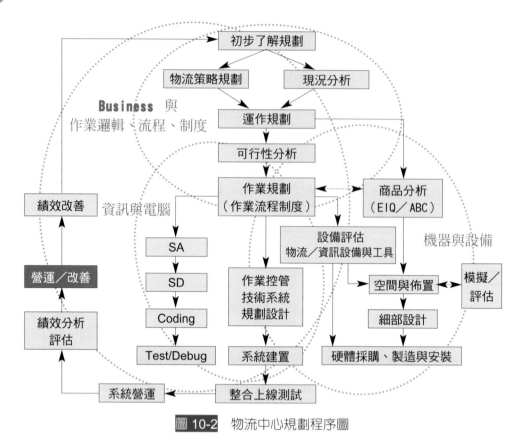

圖 10-2　物流中心規劃程序圖

表 10-2　物流中心規劃設計項目彙整表

主題	主要重點	方法／工具應用	產出／結果
一、規劃準備階段			
1. 規劃前準備	1. 知彼（環境趨勢） 　• 業界之物流系統現況與趨勢 　• 物流中心在物流系統的角色探討 2. 知己（定位） 　• 物流中心分類之瞭解 　• 確認物流中心之定位	1. 趨勢分析（如：PEST分析等…） 2. 競爭分析（如：SWOT、五力分析等…） 3. 策略制定程序（選擇目標市場→選擇通路→物流策略制定→建立推動架構→檢討策略） 4. 流通業整合模式	1. 公司物流策略 2. 可行性評估／分析，包含如下： 　• 外部因素 　　政治／法律／經濟／產業政策／社會文化／技術等之可行性 　• 內部因素 　　管理／財務／人力資源等之可行性

主題	主要重點	方法／工具應用	產出／結果
2. 基本資料收集	1. 現有物流據點網路（供應點、物流中心、零售點等）及服務水準（交貨期、缺貨率、訂單完整率等） 2. 資訊網路 3. 輸配送設備 4. 人員配置 5. 作業成本 6. 投資效率 7. 物流量 8. 作業流程與時間	1. 問卷調查法 2. 現場調查	物流基本資料調查報告
3. 基本資料分析	1. 現狀問題點 2. 與同業比較	1. EIQ 分析 2. 服務水準分析 3. 標竿比較（Benchmarking）	物流基本資料分析報告
4. 制定規劃目標	1. 新營運模式制定 2. 預期時程 3. 投資預算 4. 最大營運量 5. 人力運用 6. 使用年限	1. 5W2H（Who,What,When,Where,Why,How,How much） 2. 工程經濟技術（如：ROI、年限法等…） 3. 市場佔有率分析	物流中心規劃各項目標列表
二、初步規劃階段			
1. 規劃條件設定	1. 服務水準 2. 合理化／省力化原則 3. 少量多樣多頻度 4. 流通物品性質（溫度／溼度／氣密等要求）	關鍵績效指標（KPI）	物流中心初步規劃報告（產出若干區域佈置方案）
2. 地點選擇	1. 土地面積／使用限制 2. 競爭條件（主觀因素／客觀因素）	區位選擇模式（如：Location/allocation Model、P-center、P-median、Brown Gibson 等…）	

主題	主要重點	方法／工具應用	產出／結果
3. 空間與建築物需求	1. 主要設施／週邊設施空間需求 2. 法令規定		物流中心初步規劃報告（產出若干區域佈置方案）
4. 作業流程規劃	進貨、上架、揀貨、出貨、配送、流通加工、盤點、退貨等流程	流程圖	
5. 設備規劃	1. 各類設備特性 2. 設備選用		
6. 區域佈置規劃	1. 決定區域佈置 2. 動線規劃	系統化佈置程序（SLP）	
三、方案評估選擇階段			
可行方案評估	1. 列出各種可行方案 2. 評估各方案之優劣	1. 靜態分析如：（Brown Gibson Model 等…） 2. 價值工程（VE） 3. 分析層級程序法 (AHP) 4. 動態分析如：Simulation Model 等…）	方案評估報告
四、細部規劃設計			
1. 物流動線規劃			
2. 物流設備規格			
3. 週邊設施規格	（略）	（略）	物流中心細部規劃報告
4. 作業規範			
5. 人力規劃			
6. 成本／效益分析			
五、建置運作階段			
1. 招標／發包	─	專案管理軟體	招標書

主題	主要重點	方法／工具應用	產出／結果
2. 專案管理	1. 範疇 2. 時程 3. 成本 4. 品質	如：（微軟 project）	專案管制報告
3. 驗收	－	－	驗收報告
六、系統績效管理			
物流績效指標管理	1. 物流 KPI 分析 2. 改善方案	1. 平衡計分卡 2. 標竿比較 3. 六標準差管理 　　（6 sigma）	績效檢討報告

三、物流中心的分類與定位

　　物流運籌領域在這幾十年中發展十分快速。由於不同的環境和需求，形成了各種形態的物流中心。專家學者在物流分類上提出不同的分類方式，包含依溫層分類（常溫／低溫）、依成立策略分類（MDC／WDC／RDC／TDC）、依自動化程度分類、依服務區域大小分類（RDC／FDC[2]）、依服務物品類別（醫藥／圖書／日用乾貨／3C 產品等）分類等等。各種不同物流中心的分類方式，是深化認識物流中心的必然過程。

　　從理論上和物流中心的作用上，可以有許多合適的分類。然在此需特別強調各種不同分類的目的，乃在於以不同角度來作區別，以利我們可更清楚定位物流中心的特性。因此，我們可視需要從不同的分類基礎，來定位所欲規劃的物流中心。例如：規劃中的物流中心可能是一個常溫、高度自動化、日用乾貨、區域型的第三方（開放）物流中心。

2　RDC：Regional D.C. 區域型物流中心；FDC: Frontier D.C. 前進型物流中心。

四、彈性與效率間的平衡

　　彈性與效率乃進行物流系統規劃設計的基本要求。但在許多方面言，彈性與效率常常相互衝突。如何在相關限制下尋求合適的技術、設備與作業方式，在彈性與效率的目標下取得平衡，乃規劃者最常面臨的考驗。舉例言：

1. 對一流通型物流中心而言，揀貨分貨空間需求佔大多數。在考慮分貨效率的情況下，可能建議導入自動分類機以加速分貨程序。但相對地安裝分類機之後，空間的使用可能變得較無彈性。因此工研院提出「輸送與分類模組化技術」[3] 之技術，藉由模組單元化來任意配置成所需的輸送分流系統，以強化其彈性。此外，亦有人提出藉由移動式的電子標籤系統，以快速架設分貨區域並配合人工作業完成分貨作業，其優點為空間利用靈活，缺點為人力依賴度較高。

2. 對於儲配常溫、日用品及乾貨的專業物流中心言，就其服務顧客的配送屬性多有「少量多樣」、「一日多配」、「固定配送點」等的特性。因此規劃設計時會考量於揀貨出貨時，使用物流箱（可回收）以增加作業效率；但此物流中心若欲提供服務給從事宅配服務的貨主時，則須考慮配送屬性的轉變。如「配送點不固定」、「紙箱出貨」（不回收）、「訂單數量變異大」等等。而原先物流系統之設計，包含揀貨、包裝、出貨、派車配送之作業流程與設施彈性是否足夠？資訊系統的彈性是否足以因應隨即發生的問題。

　　以上例子不勝枚舉，但卻是物流業者在業務開發過程中所經常面臨的問題。而根本解決之道，在於上節所提的：釐清物流系統之定位！業務之擴展有其侷限性與階段性，建議先就物流策略與定位所設計的物流系統，尋求其能力的最大發揮，再考慮其他業務的可能擴充。由此吾人亦可窺出，物流服務已轉向為提供顧客滿意之知識服務產業發展。

3　該技術為經濟部商業自動化專案計畫之自動化物流技術執行成果之一。

10-2　相關分析法

一、EIQ 分析

EIQ 分析是物流中心進行物流系統規劃的一種分析方式。從客戶訂單的品項、數量與訂購次數等觀點出發，進行出貨特性的分析。其中 E 是指訂單（Order Entry）、I 是指貨品品項（Item）、Q 是指出貨數量（Quantity），這些都是物流特性的關鍵因素。

EIQ 分析就是利用 E、I、Q 這三個物流關鍵因素，來研究物流系統的特徵，以進行基本的規劃。該理論由日本物流研究所鈴木震先生提出並積極推廣，他研究了眾多的物流實務案例，而發展出這樣一套的分析管理工具。EIQ 分析的分析項目主要有以下：

1. EN：每張訂單的訂貨品項數量分析（註：N 為日文「種類」的首字母）。

2. EQ：每張訂單的訂貨數量分析。

3. IQ：每個單品的訂貨數量分析。

4. IK：每個單品的訂貨次數分析（註：K 為日文「重覆」的首字母）。

EIQ 分析在物流的運用非常廣泛。尤其是在銷售數據管理分析、揀貨系統規劃、儲存作業設計、人力需求評估、儲位規劃管理、銷售預測計畫及資訊系統的整合等方面，其用途分述如下：

（一）掌握重要客戶及需求特性

通過 EQ 分析，可以瞭解客戶的訂貨數量。包含客戶訂單的最大訂購量、平均訂購量等資訊以及誰是重要大客戶？此外，再透過 PCB 分析，更可以瞭解客戶的訂貨的方式，是屬於整棧（Pallet）、箱（Carton）或單件（Box）；同時亦可提供客戶對銷售區域的特性數據。

（二）確定品項需求特性與揀貨方式

由 IQ 分析與 IK 分析中，可以瞭解每一種產品品項的出庫分佈狀況。這可作為產品儲存、揀貨、分類的參考，並提供產品成長或滯銷的情況。一般言，IK 值較高者可稱為鋪貨型商品。且不論其 IQ 值高低，通常採批次揀貨後，再以播種方式分貨至各店家的物流箱（或紙箱）。若 IK 值中等者，則多採訂單別揀貨。

（三）計算庫存及相關作業空間需求

從 IQ 的總出貨平均數乘以品項數，便可作為整體需求量；再乘以庫存天數，可估計出庫存總需求量。EQ 平均量乘以訂單數，即可估計出配送車輛需求或備貨區域空間。

（四）評估人力需求

從 PCB 分析中得知出貨量與標準工時，便能計算出棧板、箱和單件揀取所需要的設備數量及人力需求。

（五）儲位規劃與管理

從 EIQ 分析數據上計算倉庫的儲位規劃，以使各種產品的儲位在作業效率和空間利用率上，獲得最經濟的效益。通常 IK 值較高或是 IQ 值較高者，會建議放置在 A 級儲位（例如：通常離進出口比較近的儲位常設為 A 級儲位）。

（六）提供各作業效率數據

透過對物流中心進行 EIQ 分析，可以比較各個階段物流作業的效率。

藉此可發現物流系統存在的問題和改善點，避免系統因外界環境有所改變，而管理者卻仍自我感覺良好。故 EIQ 分析可以作為物流中心的診斷工具，也是物流流程優化的一個利器。

（七）提供銷售或出貨預測數據

歷史 EIQ 數據可作爲銷售預測的重要參考。同時也可以此來預測未來的物流量，及時合理地作好各項作業計劃，進而提高庫存周轉率、作業效率和降低配送的前置時間。

（八）物流設備選擇的重要依據

通過對 EIQ 資料的分析計算，可以決定物流中心所需要的設備種類或自動化程度，不致造成因爲過度自動化造成財務上的浪費。若投資的設備無法發揮預期效果，反而可能干擾了作業。因爲並非最自動化的設備，就能發揮最高的績效。物流中心設備系統，必須要適合該物流特性（也就是合理化），才能達到高效率的作業。無論採用何種程度的自動化設施，必須要進行成本收益的取捨。能長期發揮高效益的設備，才是根本的選擇。

二、Brown Gibson 方案選擇模型（Brown Gibson Model）

Brown Gibson 模型是多屬性決策的一種方式。該模型是 1972 年由 P. Brown 與 D. Gibson 二人所發展，此模型的特色是同時考慮了客觀因素與主觀因素，來進行方案選擇的決策。此決策模型的原始數學式可表示爲：$M_i = C_i \times [D \times O_i + (1-D) \times S_i]$；M 值最大者則爲獲選方案，其中：

M_i：表示方案 i 的測量值

C_i：表示方案 i 的關鍵因素測量值，其值爲 0 或是 1

O_i：表示方案 i 的客觀因素測量值，爲 0～1 之間的數值

S_i：表示方案 i 的主觀因素測量值，爲 0～1 之間的數值

D：表示客觀因素的權重，爲 0～1 之間的數值

我們可利用 Brown Gibson 模型，作爲物流中心設置地點的評選模型。以下簡述此模型的幾個步驟：

- 步驟一：定義關鍵因素、客觀因素、主觀因素
- 步驟二：衡量關鍵因素之測量值（CFM, Critical Factor Measure）
- 步驟三：衡量客觀因素之測量值（OFM, Objective Factor Measure）
- 步驟四：決定主觀因素權重（SFW, Subjective Factor Weight）
- 步驟五：決定各候選地點對各主觀因素之測量值
- 步驟六：衡量主觀因素之測量值（SFM, Subjective Factor Measure）
- 步驟七：決定主觀／客觀因素間之權重
- 步驟八：衡量各候選地點之測量值
- 步驟九：進行敏感度分析
- 步驟十：最後決策（測量值高者獲選）

以下我們以租屋情境為例，進行各個步驟的說明：

1. **步驟一：定義關鍵因素、客觀因素、主觀因素**

   首先列出進行決策所需考量的各項因素並加以分類。其中需第一優先考量的因素，稱為關鍵因素。另外，可用客觀基準加以衡量的因素，稱為客觀因素；其他因素則稱為主觀因素。舉例如下：（以下僅為舉例說明）

   (A) 關鍵因素：治安、交通、附家具

   (B) 客觀因素：裝修費、水電費、搬家費、租屋費、管理費

   (C) 主觀因素：週遭環境、格局、美觀、生活機能、地區

2. **步驟二：衡量關鍵因素之測量值**

   假設候選的租屋處有九個分別編號為 A ～ I，並分別就各候選房屋加以評分如表 10-3。其中關鍵因素測量值，為前三項關鍵因素評分的連乘積。請注意，各房屋對關鍵因素評分為 0（表不符合）或是 1（表示符合）。

   經過此步驟可將不符合的房屋予以剔除，藉此可減少後續收集資料與評估的負擔（在範例中僅編號 A ～ E 將進入後續階段）。

表 10-3 關鍵因素測量值表

房屋	治安	交通	附家具	關鍵因素測量值（CFM）
A	1	1	1	1
B	1	1	1	1
C	1	1	1	1
D	1	1	1	1
E	1	1	1	1
F	0	1	1	0
G	1	0	1	0
H	1	1	0	0
I	1	0	1	0

註：其中 CFM：表關鍵因素測量值（為左列各項的連乘積）
　　當 CFM 為 1 時則進入後續評選階段，否則就予以剔除

3. **步驟三：衡量客觀因素之測量值**（OFM, Objective Factor Measure）

針對編號 A ～ E 的房屋進行各項費用資料的收集，並計算各房屋的客觀因素成本（OFC, Objective Factor Cost）。接續並針對 OFC 取倒數（因為成本愈低得分愈高），最後將各房屋的 1 ／ OFC 值進行標準化，結果如表 10-4 所示。

4. **步驟四：決定主觀因素權重**（SFW, Subjective Factor Weight）

針對各項主觀因素，決定各因素的權重是本步驟的目的。此模型是以成對比較法，來進行相對重要性的評分。評分方式為較為重要者給 1，較不重要者給 0；若同等重要時則均給 1。以範例言，因有 5 項主觀因素，所以共有 10 組成對比較組。結果如表 10-5 所示。

表 10-4　客觀因素測量值表

房屋	裝修費	水電費	搬家費	租屋費	管理費	OFC	1/OFC	OFM
A	3550	1500	1250	5000	1000	12300	8.13E-05	0.187
B	4520	1200	1350	6500	1000	14570	6.86E-05	0.158
C	3487	1400	1420	3000	500	9807	1.02E-04	0.234
D	2567	1300	2500	4000	500	10867	9.20E-05	0.211
E	1254	2000	1204	5500	1000	10958	9.13E-05	0.210
						總計	4.35E-04	1

註：其中 OFC：表客觀因素成本（為各房屋所有費用的總和）

　　1／OFC：表示將 OFC 取倒數（例：屋 A 列中即為 1／12300 = $8.13×10^{-5}$）

　　所有 1／OFC 之總和為 $4.35×10^{-4}$

　　OFM：表客觀因素的測量值（例：房屋 A 列中的 OFM 即為 $8.13×10^{-5}$／$4.35×10^{-4}$ = 0.187）

　　所有 OFM 之總和為 1（此即為標準化的過程，此乃為了步驟 7 與步驟 8 要綜合主客觀測量值之需）

表 10-5　主觀因素權重表

成對比較	（主觀因素）				
	週遭環境	格局	美觀	生活機能	地區
1	1	0			
2	1		0		
3	1			0	
4	1				0
5		1	0		
6		1		0	
7		1			1
8			1	1	
9			0		1
10				1	1（全部加總）
各因素加總	4	3	1	2	3（13）
SFW	0.308	0.231	0.077	0.154	0.231（1）

註：其中 SFW：表主觀因素權重

　　成對比較亦即每次比較均以兩兩為一組（例第五組為格局 v.s. 美觀）

　　格局的 SFW = 3/13 = 0.231

5. **步驟五：決定各候選地點對各主觀因素之測量值**

針對各項主觀因素，決定各房屋的主觀因素測量值是本步驟的目的。因此若有五項主觀因素，則需各別針對各項因素得出各房屋測量值。評分方式亦採成對比較法，來進行相對重要性的評分。評分方式為較為重要者給1，較不重要者給0；若同等重要時則均給1。以範例言，舉格局因素為例進行主觀因素測量值的計算，結果如表10-6所示。

表 10-6 格局因素的主觀因素測量值計算表

成對比較	房屋					
	A	**B**	**C**	**D**	**E**	
1	1	0				
2	0		1			
3	0			1		
4	0				1	
5		1	0			
6		1		0		
7		0			1	
8			0	1		
9			1		0	
10				0	1	全部加總
欄加總	1	2	2	2	3	10
SFM	0.100	0.200	0.200	0.200	0.300	1

6. **步驟六：衡量主觀因素之測量值**（SFM, Subjective Factor Measure）

本步驟為針對步驟 5 各項主觀因素之各房屋的主觀因素測量值，以及步驟 4 得出的主觀因素權重，予以加權得到主觀因素之測量值。以範例言，其結果如表 10-7 所示。

表 10-7 主觀因素測量值計算表

主觀因素	房屋權重					因素權重 SFW
	A	B	C	D	E	
周遭環境	0.3	0.2	0.1	0.3	0.1	0.308
格局	0.1	0.2	0.2	0.2	0.3	0.231
美觀	0.2	0.2	0.3	0.2	0.1	0.077
生活機能	0.1	0.3	0.3	0.3	0	0.154
地區	0.2	0.4	0.2	0.1	0.1	0.231
SFM	0.193	0.262	0.193	0.223	0.131	1

註：以房屋 A 為例：其周遭環境得分為 0.3、格局得分 0.1、美觀得分 0.2、生活機能得分 0.1、地區得分 0.2；將各項因素的得分乘上各因素的權重後則為 0.193。

可善用 excel 的 sumproduct（array1, array2）的公式，例如 sumproduct（房屋 A 得分 array, SFW 因素權重 array）＝ 0.193。

7. **步驟七：決定主觀／客觀因素間之權重**

本步驟為設定主觀與客觀因素的佔比。以範例言，假設客觀因素佔 80%、主觀因素佔 20%。

8. **步驟八：衡量各候選地點之測量值**

依據步驟 7 設定主觀與客觀因素的佔比，據此計算各候選地點的測量值。以範例言，其結果如表 10-8 所示。

表 10-8　各候選地點測量值計算表

以 OFM：SFM ＝ 0.8：0.2 計算

房屋	OFM	SFM	LM
A	0.187	0.193	0.188
B	0.158	0.262	0.179
C	0.234	0.193	0.226
D	0.211	0.223	0.214
E	0.210	0.131	0.194

註：其中 LM：表地點測量值（Location Measure）

9. **步驟九：進行敏感度分析**

針對步驟 7 所設定的主客觀因素權重，進行敏感度分析。以範例言，假設以 0.1 為一個級距，將客觀因素的權重由 0.1 逐漸增加至 1，結果如表 10-9 所示。

表 10-9　敏感度分析表

房屋	OFM 權重									
	0.1	0.2	0.3	0.4	0.5	0.6	0.7	0.8	0.9	1.0
A	0.192	0.192	0.191	0.191	0.190	0.189	0.189	0.188	0.187	0.187
B	0.252	0.241	0.231	0.220	0.210	0.199	0.189	0.179	0.168	0.158
C	0.197	0.201	0.205	0.210	0.214	0.218	0.222	0.226	0.230	0.234
D	0.222	0.221	0.220	0.218	0.217	0.216	0.215	0.214	0.213	0.211
E	0.139	0.147	0.155	0.162	0.170	0.178	0.186	0.194	0.202	0.210

10. **步驟 10：最後決策**

依據步驟 9 之敏感度分析可歸納如下建議：

當客觀因素權重佔 0 ～ 0.4 時，房屋 B 的地點測量值最高；

當客觀因素權重佔 0.5 時，房屋 D 的地點測量值最高；

當客觀因素權重佔 0.6 ～ 1 時，房屋 C 的地點測量值最高。

10-3　安全議題與物流規劃

自從 911 恐怖攻擊事件以後，安全防恐議題已成為國際急切關注的議題。因此安全議題對於全球運籌系統而言，也成為規劃設計必須考慮的重要因素。從法規面來看就可了解這重大的變化：美國在 911 事件發生前的 70 年間，針對運輸安全的重大法令約僅 7 項；但在 911 事件發生後 2 年內已頒布 10 項新的法案。具較代表性的法案可用表 10-10 加以說明：其中以政府對政府間（G2G）的法規為基礎，相關法規以「貨櫃安全倡議」（CSI, Container Security initiative）為代表。

臺灣在這方面亦已於作業規範層次中推動 CSI 的專案，並以「美國海關反恐貿易夥伴」（C-TPAT, Customs-Trade Partnership Against Terrorism）之規範為奉行標準。該規範是美國海關總署於 2001 年 11 月所倡議成立，並於 2002 年 4 月 17 日正式實行的自願性計劃。其目的是希望能與進口商、運輸業、報關行、貨物承攬、倉儲業者、製造商等相關業界合作，建立供應鏈安全管理系統，以確保供應鏈從起點到終點的運輸安全。C-TPAT 推行的結果，形成政府與民間的反恐策略聯盟關係，著重於產品供應鏈及邊境安全的認證機制供應鏈緊密合作，加強各個環節的保安措施，免受恐怖襲擊，而其中最重要的是廠商。

根據 C-TPAT 的構想，只要能夠達到美國海關安全要求程度的供應鏈，經認證核可後即可享有減少通關檢查、自主保全管理的好處。換言之，出口商要在美國市場保持競爭力，便須加入這個計劃。到 2004 年，全球前二十

大輸美貨櫃港中，已有十九個簽署 CSI 雙邊協定，美海關人員進駐的港口有十六個；另有六千家美國公司已參與 C-TPAT，而超過 4,000 家機構已成為認可成員。

另在應用系統方面，經濟部商業司提出「智慧安全貿易通道」計畫（Smart & Secure Trade lanes Initiative），主要是將 RFID 與貨櫃結合，來進行貨櫃追蹤與安全管控。近年來，RFID 被認為是影響未來全球產業發展之重要技術，因而廣受各方的注目。尤其在物流上的應用，將使物流的追蹤更即時，對產業供應鏈產生巨大的影響。

在物流上，用來追蹤及檢核貨品的條碼，雖可達到收集資訊、掌控貨品動態的目的，但是使用條碼有其先天上之限制，包括：提供的資訊量有限、必須近距離使用、易受污損而無法讀取、必須逐一掃讀而造成作業瓶頸與大量人力的浪費等，這些限制使得條碼無法因應更細緻、更迅速的物流資訊要求。

RFID 利用 IC 及無線電來存放與傳遞辨識資料，具有耐環境、可重複讀寫、非接觸式資料記錄豐富、可同時讀取範圍內多個 RFID Tag 等特性。使得 RFID 成為物流供應鏈中，對商品進行追蹤與資訊回饋的最佳利器。因此有關安全議題所引發的作業要求與新技術應用，也將對物流系統的規劃設計產生重要的影響。

表 10-10　安全議題相關之對策

分類	內容說明	參與者
應用系統	SST（Smart & Secure Trade lane） RFID／GPS／GIS／CCTV／OCR／Gamma-ray／X-ray／Wierless／……	系統供應商及技術整合者
作業規範	C-TPAT（Customs-Trade Partner Against Terrorism） 程序安全　資料／資訊處理　實體安全　進出控管 人員安全　教育訓練　申報艙單程序　運輸安全	G2B & B2B 進口商／報關行／製造商／承運商／物流業者／…

分類	內容說明	參與者
法規	CSI（Container Security Initiative） 1. 建立可辨識高危險群貨櫃的規範 2. 貨櫃進入美國之前需預視（Pre-screen）與檢查 3. 使用科技方式檢查高危險群貨櫃 4. 發展與使用安全智慧型貨櫃	G2G（政府對政府） 港口

此外，近年來隨著國際間對供應鏈安全議題的重視，世界關務組織 WCO（World Customs Organization）在 2005 年通過全球貿易安全與便捷之標準架構（Framework of Standards to Secure and Facilitate Global Trade，簡稱 WCO SAFE），而為達成此架構核心概念開展出「優質企業認證（Authorized Economic Operator，簡稱 AEO）」機制。

臺灣方面於 2006 年成為 WCO 的觀察員，隔年經建會針對 AEO 導入的議題提出一份研究報告作為我國實施 AEO 認證前之參考，該研究首先討論 WCOSAFE 標準架構中，提供會員國採行之 AEO 相關準則、標準以及最低門檻，其次收集與比較美國、歐盟實施 AEO 認證以及國際間相關標準制度實施狀況。而政府於 2009 年通過「優質企業進出口貨物通關辦法」及「優質企業安全審查項目及驗證基準」，並由海關開始受理及認證企業之 AEO 資格，經由政府與海關的積極推廣已進入軌道。

目前認證種類分為一般優質企業與安全認證優質企業，前者即原本之優良廠商，在通關辦法修定之後，優良廠商視同已取得一般優質企業之資格，享有「較低」之抽驗比率；安全認證優質企業規範上較為嚴謹，須符合 WCO 或等同之供應鏈安全標準並經海關認證後即可取得資格，安全認證優質企業之進出口貨物享有「最低」之文件審查及貨物抽驗比率。

依國定 AEO 計畫特定細部要點，就其營運定期從事安全風險評估，並採取適當措施減少該等風險；建立及控制其安全管理系統定期自我評估（海關要求驗證之 14 大項，包含三大安全類別，如表 10-11 所示）；完整以文件記載自我評估程序及應負責當事人；包括檢閱評估結果、指定當事人之回

饋、及將納入計畫可於未來期間確保安全管理系統持續適足之可能強化建議。

此外，對於安全認證優質企業，海關得設立貨物未放行案件處理單一窗口，提供廠商查詢並協助解決通關流程問題，並得申請使用非侵入方式查驗貨物，另出口報單離岸價格或進口報單完稅價格為 1 億元以上者，得以免審免驗通關；而對於一般優質企業，則未提供此項優惠措施。

表 10-11　申請優質企業認證自我評估表驗證項目

自評表 14 大項	AEO 安全類別
1. 管理組織 2. 諮商、合作與聯繫 3. 實體與場所安全 4. 出入管控 5. 員工安全	實體安全
6. 程序安全 7. 商業夥伴安全 8. 貨物安全 9. 貨櫃安全 10. 運輸工具安全	程序安全
11. 資訊技術安全 12. 安全訓練與威脅認知 13. 事故預防及處理 14. 評量及改善	資訊安全

而經建會於 2012 年 3 月 2 日針對「國際物流服務業發展行動計畫」成效進行檢討，決議進一步增加 AEO 優質企業，由目標 400 家調高到 500 家（含一般優質企業及安全認證優質企業）。由此可看出政府欲積極提升認證家數，因此海關也配合投入相關資源提供業者自行申辦與填寫自我評估表，也建議業者可向民間機構、報關商業公會、私人顧問等尋求資源，透過諮詢與輔導方式強化經驗不足之處。

　　AEO 適用業別，已包含供應鏈所有相關業者，包含進口商、出口商、製造商、承攬業、公路運輸業、航空運輸業、海運運輸業、報關業、倉儲業、港埠經營業、船務代理業，共十一大類。經由財政部關務署之網站計至 2021 年 3 月，一般優質企業之通過家數共 422 家。而安全認證優質企業，通過家數為 380 家。

　　此外，臺灣對於申請 AEO 的進、出口業者所設最近三年平均每年進、出口實績總額須達 1400 萬美元的門檻限制，亦已降低為 700 萬美元。藉以使為數眾多的中小型進、出口業者，亦可申辦 AEO。另一方面，若在我國實施 AEO 制度初期即完全取消前開門檻限制，對於中小企業廣開申辦 AEO 大門，恐將造成管理不易。故逐步降低前揭門檻限制，似為一較穩健可行之作法。

　　除了在認證家數方面達到量的增加，更須在認證作業達成質的提升，方能在推展 AEO 跨國相互承認的流程中，通過與他國相互派員驗證檢視的考驗。跨國相互承認堪稱 AEO 認證制度的核心要素，且為提供 AEO 業者的主要優惠之一，並藉此機制有效提升國家進出口競爭力。目前有多個國家已與他國達成相互承認協議，包括美國、歐盟、日本、韓國、新加坡、加拿大、紐西蘭、瑞士、挪威、約旦等國。

　　因應此一國際趨勢，我國刻正積極推動相互承認工作，除了已將與美國的安全驗證基準比對表送交美方之外，並在與其他國家的關務合作會談中，將 AEO 相互承認列為主要議題，以尋求與其他國家的合作契機。

　　現代物流業專業化分工越來越細。一個完整的供應鏈體系通常由採購、生產、銷售、倉儲、存貨管理、運輸和資訊等基本系統組成。由於其組成的複雜性，單一物流企業的運作難以實現低成本、高品質的服務，也無法為客戶帶來較高的滿意度。

　　藉由合作方式，方可解決資金短缺問題。並增加服務項目和擴大市場佔有率，為客戶提供「一站式」服務，從聯合行銷中獲得巨大收益，應付市場波動的壓力。目前最普遍的合作方式便是與其他物流業者，如倉儲、運輸、報關代理、空運快遞公司、國際行銷公司等合作。此外，亦可與其他周邊服

務的業者，如：資訊系統公司、設備租賃商等合作，透過聯盟合作，企業得以最小投資擴大業務範圍，提升市場營業額和市場競爭力。

　　隨著商業環境的變化，從事物流服務系統的規劃與設計，不能僅在功能面的角度來思考。必須從整體服務營運面思考物流策略與系統定位，使物流中心在整個供應鏈中發揮最大綜效。因此本章特別在規劃設計物流中心時，先從「物流策略與定位」作詳盡的討論，並主張隨時留意「環境與技術的整體變動」。此物流中心規劃設計的重點關節打通後，在有限的預算限制下，方可設計出彈性與效率完美搭配的物流系統！

本章相關英文術語解說

- **Authorized Economic Operator（AEO） 安全認證優質企業**

  凡從事與貨物之國際運送有關業務，遵守世界關務組織（WCO）或等同之供應鏈安全標準，並獲得國家海關當局或其代表人承認者；包含製造業者、進口人、出口人、報關行、承攬業者、併裝業者、中繼運送人、港口、機場、貨車業、整合運送業者、倉儲業者、經銷商等國際物流供應鏈各環節之關係人，均可經由認證成為優質企業 AEO（Authorized Economic Operator）。

- **Container Security Initiative（CSI） 貨櫃安全計畫**

  由美國海關總署於 2002 年 1 月提出之計畫，是美國鑑於九一一恐怖攻擊事件，造成龐大之人員傷亡與經濟損失的慘痛教訓。主要目的是在預防恐怖組織利用輸往美國之貨櫃，載運生化、核子等具強大殺傷力之武器，在美國港口爆炸，造成海運癱瘓之可能風險，以確保美國國土安全及國際貿易之通暢。

- **Design Specification 設計規格**

  對於一部品零件的完整描述，包括製造此一產品所使用的材料成份、大小、形狀、容積、尺寸、公差，甚至處理方法或製造方法。

- **Differentiation 差異化**

  組織為了區別其在市場上出售的產品、服務或其他可以評估的面向，所付出的努力。

- **Fourth-Party Logistics Provider（4PL） 第四方物流業者**

  代替另一組織提供進場與出場物料、零件、供應與完成品管理的公司，第四方物流業者通常為一單獨的公司，在主要客戶與一或多個伙伴間，建立合資或長期合約，作為客戶與其他物流服務業者的一個單一窗口。理想上，客戶所有與供應鏈有關的管理，都委託給第四方物流業者。

- **Lead Logistics Provider（LLP） 領先物流供應商**

　一個對外提供完整物流管理的企業，一般來說，該企業負責管理物流，但不執行物流，與第三方物流業者建立合約，來代替其客戶執行物流運作。

本章綜合練習題

一、選擇題（單選）

( ) 1. 下列有關物流系統規劃的描述，何者正確？

(1) 須保持適當的彈性

(2) 必須滿足客戶服務的績效目標

(3) 強調實體作業面的整合大於資訊化、網路化的整合

(4) 電子化物流技術的應用能大大提高物流企業的競爭力

(A) (1)、(2)、(3) 均正確　　　　(B) (1)、(2)、(4) 正確

(C) (1)、(2) 正確　　　　(D) (2)、(3) 正確。

( ) 2. 下列有關物流系統規劃的描述，何者正確？

(1) 物流中心的規劃是物流系統的核心

(2) 物流中心是供應鏈上下游夥伴之間，資訊系統連接的重要環節

(3) 物流中心是整個物流系統中的一環

(A) (1)、(2)、(3) 均正確　　　　(B) (1)、(2)、(3) 均不正確

(C) (1)、(2) 正確　　　　(D) (2)、(3) 正確。

( ) 3. 對於供應鏈中第四方物流的描述，何者正確？

(1) 只往上整合供應商

(2) 只往下整合顧客

(3) 提供完整供應鏈解決服務為目標

(4) 結合企業各自的核心能力成為企業間的「虛擬組織」

(A) (1)、(2) 正確　　　　(B) (1)、(2)、(3)、(4) 均正確

(C) (1)、(2) 不正確　　　　(D) (3)、(4) 不正確。

( ) 4. 以下對供應鏈整合的敘述，何者正確？

(1) 內部的整合較外部整合重要

(2) 內部整合包括顧客整合

(3) 在物流中心規劃設計的過程中，應整合關係管理的概念

(4) 供應鏈夥伴的整合應有正式契約爲之

(A) (1)、(2) 正確　　　　　　　(B) (1)、(2)、(3)、(4) 均正確

(C) (1)、(2)、(3) 不正確　　　　(D) (3)、(4) 正確。

( ) 5. 物流中心在供應鏈管理中，提供了從進貨、保管、計價…到售後服務，退貨處理等服務，以下的敘述何者正確？

(1) 在滿足客戶服務的績效目標下，「快速」消費者基本的要求

(2) 電子化物流技術的應用，可協助物流業者實現快速、安全、可靠和低費用的物流服務

(3) 物流服務是一項專案業務，故應優先以傳統專案管理的概念來規劃，系統的觀念是要實施資訊化時，才要考慮的

(A) (1)、(2)、(3) 正確　　　　　(B) (1)、(2) 均正確

(C) (1)、(3) 正確　　　　　　　(D) (2)、(3) 正確。

( ) 6. 有關密西根大學包薩斯教授（Bowersox），提出的供應鏈管理整合六大能力的描述，何者正確？

(1) 以往物流中心規劃設計比較著重在內部整合、技術與規劃整合、供應商整合等方面，相對地在顧客整合、評量整合與關係整合上考慮較少

(2) 眞正的整合是達到企業間彼此分享資訊、共同規劃、共同解決問題並共同分享利潤之多贏局面

(A) (1)、(2) 均正確　　　　　　(B) (1) 正確、(2) 不正確

(C) (1) 不正確、(2) 正確　　　　(D) (1)、(2) 均不正確。

( ) 7. 有關密西根大學包薩斯教授（Bowersox），提出的供應鏈管理整合六大能力中「顧客整合能力」的描述，何者正確？

(1) 是指與特定客戶建立長遠關係

(2) 認為要採一致化策略不需進行顧客區隔

(A) (1)、(2) 均正確　　　　　(B) (1) 正確、(2) 不正確

(C) (1) 不正確、(2) 正確　　　(D) (1)、(2) 均不正確。

( ) 8. 有關密西根大學包薩斯教授（Bowersox），提出的供應鏈管理整合六大能力中「顧客整合能力」所包含的子能力，不包括哪一項？

(A) 顧客區隔　(B) 關聯性　(C) 回應性　(D) 標準性。

( ) 9. 以下描述，何者正確？

(1) 所謂整合（integration）與合併（merge）並沒有差異

(2) 通常企業間之合作並無正式的約束力量，因此結構上較為鬆散，所以企業間開始尋求一個具有正式約束的關係，亦即所謂的夥伴關係。在夥伴關係中，合作公司間會各自放棄一些自主權，以便共同追求特定的目標並產生合作綜效

(A) (1)、(2) 均正確　　　　　(B) (1) 正確、(2) 不正確

(C) (1) 不正確、(2) 正確　　　(D) (1)、(2) 均不正確。

( )10. 有關整合（integration）與合併（merge）之間差異的描述，何者正確？

(1) 所有權差異：合併包含所有權的擁有，而整合並不一定擁有所有權

(2) 彈性的程度：整合是較具彈性的，因一個企業可不經股權投資即可運用其他企業的核心能力與專業技術；當合作夥伴無滿足企業需求時亦有機會替換較高績效的合作夥伴

(A) (1)、(2) 均正確　　　　　(B) (1) 正確、(2) 不正確

(C) (1) 不正確、(2) 正確　　　(D) (1)、(2) 均不正確。

(　　)11. 有關密西根大學包薩斯教授（Bowersox），提出的供應鏈管理整合六大能力中「內部整合能力」的描述，何者正確？

(1) 是指整合企業內部物流作業、形成一完善的物流程序以達顧客要求

(2) 包含的五項子能力為：跨功能整合、標準化、簡單化、結構的調適與供應商管理

(A) (1)、(2) 均正確　　　　　　(B) (1) 正確、(2) 不正確

(C) (1) 不正確、(2) 正確　　　　(D) (1)、(2) 均不正確。

(　　)12. 有關密西根大學包薩斯教授（Bowersox），提出的供應鏈管理整合六大能力中「供應商整合能力」的描述，何者正確？

(1) 是指將企業外部執行工作與內部作業程序連結成一順暢的程序

(2) 包含的四項子能力為：策略整合、作業融合、財務連結以及供應商管理

(A) (1)、(2) 均正確　　　　　　(B) (1) 正確、(2) 不正確

(C) (1) 不正確、(2) 正確　　　　(D) (1)、(2) 均不正確。

(　　)13. 有關密西根大學包薩斯教授（Bowersox），提出的供應鏈管理整合六大能力中「技術與規劃整合能力」的描述，何者正確？

(1) 是指維持高效能資訊系統能力以支援為服務多元市場區隔所建構之多樣化作業

(2) 包含的四項子能力為：資訊管理、內部通訊、連結性、以及協同預測與規劃

(A) (1)、(2) 均正確　　　　　　(B) (1) 正確、(2) 不正確

(C) (1) 不正確、(2) 正確　　　　(D) (1)、(2) 均不正確。

（　）14. 有關密西根大學包薩斯教授（Bowersox），提出的供應鏈管理整合六大能力中「評量整合能力」的描述，何者正確？

(1) 是指開發並維持一個與顧客及供應商共同思想架構的能力，此思想架構與企業間依存性及協同原則相關

(2) 包含的四項子能力為：功能評量、作業基礎與總成本法、全面評量尺度與財務影響

(A) (1)、(2) 均正確　　　　　(B) (1) 正確、(2) 不正確

(C) (1) 不正確、(2) 正確　　　(D) (1)、(2) 均不正確。

（　）15. 有關密西根大學包薩斯教授（Bowersox），提出的供應鏈管理整合六大能力中「關係整合能力」的描述，何者正確？

(1) 是指開發並維持一個與顧客及供應商共同思想架構的能力，此思想架構與企業間依存性及協同原則相關

(2) 包含的四項子能力為：角度分辦、指導方針、資訊分享與收益／風險共享

(A) (1)、(2) 均正確　　　　　(B) (1) 正確、(2) 不正確

(C) (1) 不正確、(2) 正確　　　(D) (1)、(2) 均不正確。

（　）16. 有關密西根大學包薩斯教授（Bowersox），所提出「物流管理十大趨勢」的描述，何者正確？

(1) 由顧客服務轉向關係管理

(2) 由對立轉向聯合

(A) (1)、(2) 均正確　　　　　(B) (1) 正確、(2) 不正確

(C) (1) 不正確、(2) 正確　　　(D) (1)、(2) 均不正確。

（　）17. 有關密西根大學包薩斯教授（Bowersox），所提出「物流管理十大趨勢」的描述，何者正確？

(1) 由終測（endcast）轉向預測（forecast）

(2) 由經驗累積轉向變遷策略

(A) (1)、(2) 均正確　　　　　(B) (1) 正確、(2) 不正確

(C) (1) 不正確、(2) 正確　　　(D) (1)、(2) 均不正確。

(　)18. 有關密西根大學包薩斯教授（Bowersox），所提出「物流管理十大趨勢」的描述，何者正確？

(1) 由絕對價值轉向相對價值

(2) 由功能整合轉向程序整合

(A) (1)、(2) 均正確　　　　　　(B) (1) 正確、(2) 不正確

(C) (1) 不正確、(2) 正確　　　　(D) (1)、(2) 均不正確。

(　)19. 有關密西根大學包薩斯教授（Bowersox），所提出「物流管理十大趨勢」的描述，何者正確？

(1) 由垂直整合轉向虛擬整合

(2) 由資訊保留轉向資訊分享

(A) (1)、(2) 均正確　　　　　　(B) (1) 正確、(2) 不正確

(C) (1) 不正確、(2) 正確　　　　(D) (1)、(2) 均不正確。

(　)20. 有關密西根大學包薩斯教授（Bowersox），所提出「物流管理十大趨勢」的描述，何者正確？

(1) 由訓練轉向知識學習

(2) 由管理會計轉向價值管理

(A) (1)、(2) 均正確　　　　　　(B) (1) 正確、(2) 不正確

(C) (1) 不正確、(2) 正確　　　　(D) (1)、(2) 均不正確。

(　)21. 有關本教材物流規劃程序的描述，何者正確？

(1) 分為六大階段順序為：一、規劃準備階段；二、初步規劃階段；三、細部規劃設計階段；四、方案評估選擇階段；五、建置運作階段；六、系統績效管理階段

(2) 初步規劃階段需產出完整詳細佈置設計圖，包含各項設施與設備詳細的規格

(A) (1)、(2) 均正確　　　　　　(B) (1) 正確、(2) 不正確

(C) (1) 不正確、(2) 正確　　　　(D) (1)、(2) 均不正確。

(　　)22. 以供應鏈為基礎之物流能力彙整中，對評量整合能力的敘述，何者正確？

(1) 須建立共同的績效評量標準

(2) 在組織內部間以即時、迅速回應的要求來進行資訊交換

(3) 建立跨企業與整體供應鏈的績效評量標準及評量尺度

(4) 建立可促進企業間聯合、資源有效利用及衝突解決的各項規則、政策與步驟

(A) (1)、(2)、(3)、(4) 均正確　　(B) (1)、(2)、(3) 正確

(C) (1)、(3) 正確　　(D) (2)、(3)、(4) 正確。

(　　)23. 以供應鏈為基礎之物流能力彙整中，對關係整合能力的敘述，何者正確？

(1) 交換關鍵技術、財務、營運及策略資訊的意願

(2) 在組織內部間以即時、迅速回應的要求來進行資訊交換

(3) 建立跨企業與整體供應鏈的績效評量標準及評量尺度

(4) 建立可促進企業間聯合、資源有效利用及衝突解決的各項規則、政策與步驟

(A) (1)、(2)、(3)、(4) 均正確　　(B) (1)、(2)、(3) 正確

(C) (1)、(4) 正確　　(D) (2)、(3)、(4) 正確。

(　　)24. 以供應鏈為基礎之物流能力彙整中，對顧客整合能力的敘述，何者正確？

(1) 設計可使客戶效益最大的物流活動並充分發揮

(2) 在組織內部間以即時、迅速回應的要求來進行資訊交換

(3) 配合顧客特殊之需求

(4) 與特定顧客建立長遠關係

(A) (1)、(2)、(3)、(4) 均正確　　(B) (1)、(2)、(3) 正確

(C) (1)、(3) 正確　　(D) (1)、(3)、(4) 正確。

(　)25. 以供應鏈為基礎之物流能力彙整中，對供應商整合能力的敘述，何者正確？
  (1) 將企業外部執行工作與內部作業程序連結成一順暢的程序
  (2) 建立可促進同步化營運的各項跨功能政策及步驟
  (3) 發展使企業與其供應商具有全價值創造程序及責任明確的共同願景
  (4) 與供應商建立合資結構以強化目標達成
  (A) (1)、(2)、(3)、(4) 均正確　　(B) (1)、(2)、(3) 正確
  (C) (1)、(3) 正確　　　　　　　　(D) (1)、(3)、(4) 正確。

(　)26. 有關本教材物流規劃程序中，規劃準備階段可採用方法的描述，何者不正確？　(A) 可用 SWOT 分析　(B) 可用五力分析　(C) 可用 PEST 分析　(D) 可用模擬分析。

(　)27. 物流中心規劃手法 EIQ 分析中的 E 是指？　(A) 訂單　(B) 品項　(C) 數量　(D) 時間。

(　)28. 物流中心規劃手法 EIQ 分析中的 I 是指？　(A) 訂單　(B) 品項　(C) 數量　(D) 時間。

(　)29. 物流中心規劃手法 EIQ 分析中的 Q 是指？　(A) 訂單　(B) 品項　(C) 數量　(D) 時間。

(　)30. EIQ 分析中的 EQ 分析是指　(A) 物流智商的分析　(B) 客戶訂單與數量的分析　(C) 品項與數量的分析　(D) 情緒智商的分析。

(　)31. EIQ 分析中的 IQ 分析是指　(A) 物流智商的分析　(B) 客戶訂單與數量的分析　(C) 品項與數量的分析　(D) 情緒智商的分析。

(　)32. IQ 分析中的 EN 分析是指　(A) 物流智商的分析　(B) 客戶訂單與數量的分析　(C) 品項與數量的分析　(D) 客戶訂單中訂購品項項數分析。

(　)33. EIQ 分析中的 IK 分析是指　(A) 每個品項在客戶訂單出現次數的分析　(B) 客戶訂單與數量的分析　(C) 品項與數量的分析　(D) 客戶訂單中訂購品項項數分析。

( )34. 假若有 5 種品項（編號 A、B、C、D、E），統計貨品 A 在 200 張訂單中的出貨情況，用 EIQ 手法分析得到 IQ 值為 150，請問這代表什麼意義？

(A) 貨品 A 在 200 張訂單中的物流智商為 150

(B) 貨品 A 在 200 張訂單中的出貨數量為 150 個

(C) 貨品 A 在 200 張訂單中有 150 張訂單有訂購貨品 A

(D) 以上皆非。

( )35. 假若有 5 種品項（編號 A、B、C、D、E），統計貨品 A 在 200 張訂單中的出貨情況，用 EIQ 手法分析得到 IK 值為 150，請問這代表什麼意義？

(A) 貨品 A 在 200 張訂單中的物流智商為 150

(B) 貨品 A 在 200 張訂單中的出貨數量為 150 個

(C) 貨品 A 在 200 張訂單中有 150 張訂單有訂購貨品 A

(D) 以上皆非。

( )36. 有關 EIQ 的描述，以下何者正確？

(1) 商品若其 IK 值很高者可稱為鋪貨型商品

(2) IK 值高的商品通常會採取批次揀貨後，再以播種方式分貨來進行揀貨程序

(A) (1)、(2) 均正確　　　　(B) (1) 正確、(2) 不正確

(C) (1) 不正確、(2) 正確　　(D) (1)、(2) 均不正確。

( )37. 本教材的物流規劃程序中，可行方案評估選擇上可應用哪些工具？

(1) Brown Gibson Model　　(2) 價值工程（VE）

(3) 分析層級程序法（AHP）　(4) Simulation Model

(A) (1)、(2)、(3)、(4) 均正確　(B) (1)、(2)、(3) 正確

(C) (2)、(4) 正確　　　　(D) (1)、(3)、(4) 正確。

（　）38. 本教材的物流規劃程序中，在建置運作階段管理的重點放在時程、資源、成本預算控制及專案品質上，運用的工具是以下何者？

(A) Brown Gibson Model　(B) EIQ　(C) MS project　(D) SWOT。

（　）39. 物流規劃程序在系統績效管理的階段，可運用哪些工具做績效的檢討？

(1) 6 sigma 管理　　　　　　(2) 平衡計分卡

(3) Msproject　　　　　　　(4) Benchmarking

(A) (1)、(2)、(3)、(4) 均正確　　(B) (1)、(2)、(4) 正確

(C) (2)、(4) 正確　　　　　　(D) (1)、(3)、(4) 正確。

（　）40. 以下有關物流中心分類的敘述何者正確？

(1) 可依溫層分類（常溫／低溫）

(2) 可依成立方式不同分類（RDC ／ FDC）

(3) 可依自動化程度分類（MDC/WDC/RDC/TDC）

(4) 依服務物品類別（醫藥／圖書／日用乾貨／ 3C 產品等）分類

(A) (1)、(2)、(3)、(4) 均正確　　(B) (1)、(4) 正確

(C) (2)、(4) 正確　　　　　　(D) (1)、(3)、(4) 正確。

（　）41. 在物流中心設置地點的評選工具上，本教材中提到以 Brown Gibson 模型，以下對該模型應用的敘述，何者為非？

(A) 先進行客觀因素測量值之後，再進行關鍵因素與主觀因素的測量值

(B) 若主觀因素有 6 個，則決定主觀因素權重時需要進行 10 組，兩兩比較

(C) 在兩兩比較時，若兩因素同等重要時，可同時填入 1

(D) 在兩兩比較時，若兩因素同等重要時，可同時填入 0。

(　　)42. 有關國際供應鏈的安全議題，下列何者的敘述為非？

    (A) 自從 911 恐怖攻擊事件以後，安全防恐議題成為國際關注的議題

    (B) 以政府對政府間（G2G）的法規為基礎，相關法規以「貨櫃安全倡議」為代表（CSI）

    (C) C-TPAT 是屬強制性計劃

    (D) C-TPAT 推行的結果，形成政府與民間的反恐策略聯盟關係，著重於產品供應鏈及邊境安全的認證機制供應鏈緊密合作，加強各個環節的保安措施，免受恐怖襲擊。

(　　)43. 有關供應鏈體系的發展，下列敘述何者正確？

    (1) 通常單一物流企業的運作就足以實現低成本、高質量的服務

    (2) 為應付市場波動的壓力，物流業可藉由與其他物流業者合作，提供「一站式」服務，以提升市場營業額和市場競爭力

    (A) (1)、(2) 均正確　　　　(B) (1) 正確、(2) 不正確

    (C) (1) 不正確、(2) 正確　　(D) (1)、(2) 均不正確。

二、簡答題

1. 包薩斯教授（Bowersox）指出供應鏈管理整合有六大能力，試列舉其中三項？

2. 供應鏈整合與合併存在哪些差異？

3. 包薩斯教授（Bowersox）指出物流管理有十大趨勢，試列舉其中二項？

4. 試說明供應鏈為基礎的顧客整合能力有哪些重點？試舉出二項。

5. 試說明供應鏈為基礎的技術與規劃整合能力有哪些重點？試舉出二項。

6. 試說明供應鏈為基礎的供應商整合能力有哪些重點？試舉出二項。

7. 物流中心的規劃設計有哪六大階段？

8. 物流中心在規劃前，需瞭解物流發展與環境趨勢，請問有哪些方法及工具可協助管理者進行此階段活動？試舉出二項。

9. 物流中心的規劃需收集哪些基本資料？試任舉出三項。

10. 物流中心初步規劃的條件設定方面，試舉出二項需注意的重點事項？

11. 在物流中心方案評估的階段，有哪些方法或工具可以協助管理者進行可行性評估？試舉出二項。

12. 在建置作業階段，專案管理的主要重點有哪四點？

13. EIQ 分析可提供物流中心的管理者瞭解哪些運作方面的資訊？試列舉三項。

14. EIQ 分析在物流中心進行物流系統分析的一種分析方式，試列舉二種分析項目並說明之？

15. 有關 Brown & Gibson 方案評估的方法，請說明何謂關鍵因素與客觀因素。

16. 假若以 EIQ 分析分析多數訂單的物流量後發現 IK 值高但 IQ 值低，請問你會如何規劃揀貨的方式？

17. 試簡述 Brown Gibson 模型的應用步驟。

18. 有關 Brown & Gibson 方案評估法其中主觀因素權重之決定是本方法的一重點，假設有四個主觀因素（因素 A 到 D），請應用下表產生一個符合規定的權重表。

配對組合	主觀因素				
	因素 A	因素 B	因素 C	因素 D	
001					
002					
003					
004					
005					
006					
007					
008					
009					
010					
權重					

19. 有關 EIQ 分析手法，請問：

(1) 訂單 002 的 EN 為多少？EQ 為多少？

(2) 請問品項 B 的 IK 為多少？IQ 為多少？

(3) 請問哪一個品項的 IK 值最高？

客戶訂單	主觀因素				
訂單編號	品項 A	品項 B	品項 C	品項 D	品項 E
001	3	2	4	1	2
002	2	1	1	1	0
003	1	0	0	0	0
004	0	1	1	1	1
005	10	0	0	0	0
006	2	2	2	2	2
007	5	1	2	3	1
008	1	3	3	3	3
009	1	2	2	2	2
010	4	6	0	0	0

NOTE

CH11

全球運籌

本章重點

1. 瞭解全球運籌的內涵與發展趨勢
2. 瞭解國際貨物運輸模式
3. 瞭解國際貿易與現代關務作業
4. 瞭解兩岸物流的現況與展望

第四篇
物流管理、規劃與發展篇

核心問題

　　跨境電商的發展，產生許多新型態的服務需求，請思考對於關務方面會產生何種影響？目前已經有哪些關務方面的因應作為？（例如：快遞收貨人實名認證等）

思考案例

高哩程購物正夯，亞洲跨境電商的競爭版圖各路英雄發展如何？

11-1 全球運籌發展背景與趨勢

一、背景說明

交通及通訊科技的發達，促成全球聯繫管道的暢通，速度更快且成本也越來越低。世界變成一個地球村，全球競爭的趨勢已無法阻擋，全球運籌（Global Logistics）的概念因而受到重視。全球運籌議題探討的不再只是國內的供應商關係，而是全球供應鏈（Supply Chain Management）中的物流運籌管理。著重於如何在全球性的環境下，以及時（JIT, Just-in-time）的模式，盡一切可能平衡相關的物流成本。讓所有供應體系間，從接單、採購、進料、生產到交貨都可以控制在最適成本與品質的狀況，並滿足顧客的需求。

在全球化發展的過程中，臺灣企業歷經了委託加工、委託設計、製造、外銷出口、與海外設立行銷及服務據點的階段。現在更走向區域經營，著重全球資源整合發展規模經濟，以期整體綜效之發揮。尤其，臺灣屬於「海島型經濟」，對於國際貿易的依存度高，「市場全球化」與「採購全球化」已經成為企業策略之一。經濟學者丹尼·羅德里克（Dani Rodrik）認為：「全球化是指各種商品、服務和資本市場的國際一體化」。《世界是平的》作者湯瑪斯·弗里曼（Thomas L. Friedman）則將全球化定義為「資本、技術和資訊通過全球整合方式成為單一市場，並在某種程度上形成地球村的型式，實現跨越國家疆界的一體化」。

就全球運籌之發展來看，早期強調運輸、倉儲、存貨政策及訂單處理，以達成準時且具成本效率服務。1980 年代中整合性物流興起，強調透過價值鏈的觀念，適時、適地將高品質的產品送至顧客手中。而 1990 年代以後，廠商為了在激烈的環境下求生存，開始思考如何和上下游廠商進行策略聯盟，共同合作以追求雙贏，為顧客與本身創造更大的價值與利益。當供應鏈管理跨越國境與地域性時，就形成全球運籌模式。全球化的市場，從供貨商到消費者、從生產據點、經配銷點到消費點，為因應區域不同供貨商及顧客要求不同，使得全球運籌模式開始廣為討論與運用。

企業在面對日益激烈的國際競爭環境下，藉助夥伴間的策略聯盟，全面性的顧及生產、行銷或研發各層面，進行產業網路內各企業資源的流通與合作。以供應鏈整體的關係來考慮並進行佈局，企業才能更有效率地執行國際化策略。全球運籌就是強調跨越國家與地理界線，系統性思考供應鏈整合與資源之配置，將供應鏈每個成員緊密結合，使產業達到最大的效益。換言之，在全球運籌管理體系的運作下，客戶、製造商與供應商形成風險共擔、有利同享的命運共同體。

二、全球運籌之範圍

　　全球運籌管理意味著企業的物流運籌管理活動隨著企業經營領域的擴大，由國內市場層次擴大為跨越國界的市場層次；再發展為國際市場運籌或多國經營，最後配合全球化經營以從事全球運籌管理。基本上，全球運籌的內容大約可區分為四個部分：

（一）國際設施區位選擇

　　因貨量的增減或貨物需求量結構發生改變，而必須增加／關閉倉儲（生產點）所衍生的區位問題，主要決策包含：

1. 設施的位置、數量、規模及設置的先後順序。
2. 設施所服務範圍的安排。
3. 公司自有或租用公共設施之區位安排。
4. 對自由貿易區位之充分運用。

（二）國際運輸

　　在全球供應鏈體系下，任何作業都無法單獨存在，每一個作業都須經由倉儲與運輸配送網路加以串接。整個網路體系包含眾多供應商、顧客及本身的作業活動，而系統設計的目的是在最適當的時間、地點，以最經濟的方式，滿足顧客的需求，主要決策包含：

1. 運輸方式及運具的選擇。
2. 運輸費用及費率的協商。

3. 運輸路線之安排選擇。

4. 運輸業務（如保險、船舶調度、代理商選擇等）之安排。

5. 運輸問題之交涉處理。

（三）國際存貨控制

在世界各地進行原物料或成品之調度，使得存貨管理更形複雜。其主要相關活動包含：

1. 存貨成本之預測與制度。

2. 存貨量的控制與記錄。

3. 存貨補充制度之規劃。

4. 依各國環境選擇適當的流通控制系統。

（四）國際資訊系統

由於網際網路（internet）的標準具互通、低廉、普遍等特性，有助於支援企業的客戶服務需求，故可透過供應鏈規劃、提升快速反應系統和顧客反應系統的效率，來發展全球企業與其交易夥伴間的垂直資訊網路系統。並整合行銷分析、商品企劃開發、製造以及配送作業與售後服務等，以強化產業應變功能，提高全球運籌管理效率。其主要活動包含：

1. 與國內外客戶之間的聯繫。

2. 與國內外供應商、經銷商、代理商之間有關產品及市場狀況的聯繫。

3. 物流系統內各子系統的活動。

4. 成本資料之處理分析。

5. 顧客之需求與滿意程度。

三、全球運籌管理模式

國際貨物流動的途徑經常會受到配銷通路的影響，管理者通常採行四種方法，來解決全球運籌管理的問題：(1) 典型系統模式（當地補貨中心）：管理者將存貨集中於地區性的物流中心，方便服務當地顧客；(2) 轉運系統模式（海外組裝中心）：建立產品的海外組裝中心，再將產品依顧客需求送至其

手中；(3) 直接配銷模式：利用複合運輸，直接將貨物送達最終消費者；(4)
多國物流中心：母公司（parent company）自己創設配銷系統，建立海外多國
的物流中心，來運輸產品。茲簡述如下：

（一）典型系統模式（當地補貨中心）

此模式是在市場當地設立補貨物流中心，就近供應當地市場的需求。亦
即供應商將貨物送至各國的物流中心，由該物流中心負責該國貨物之倉儲及
配送等服務，顧客可直接向該國物流中心或是子公司／辦事處訂貨。

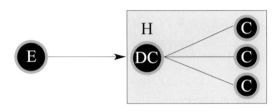

說明：E 表出口商；H 為海外存貨；DC 表物流中心；C 為顧客

圖 11-1　典型系統模式

（二）轉運系統模式（海外組裝中心）

針對客戶實際上所提出的不同規格與訂單需求，直接於客戶所在地設立
組裝中心。此模式擁有提供即時支援當地的能力，亦可因應客戶不同需求，
針對不同規格來組裝複雜的產品類型。此與補貨中心不同之處在於強調組裝
的功能，而非成品的補貨。

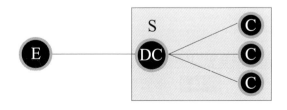

說明：E 表出口商；S 為策劃活動；DC 表物流中心；C 為顧客

圖 11-2　轉運系統模式

（三）直接配銷系統模式

　　製造商以最快的方式，直接將訂單上的產品運送至終端客戶，以達到最大的時效性要求。即供應商直接由所在國家將貨物配送至各國顧客，而不在各國設置物流中心進行配送。

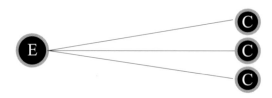

說明：E表出口商；C為顧客

圖 11-3　直接配銷系統模式

（四）多國物流中心模式

　　本模式是由多國物流中心提供一個單一的中央存貨控制中心，以因應不同國家或地區市場的需求。即在數個國家設置一國際性物流中心，以統籌鄰近國家之訂貨、倉儲及配送作業。

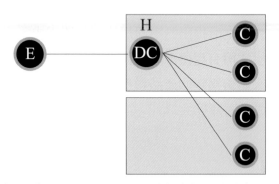

說明：E表出口商；H為海外存貨；DC表物流中心；C為顧客

圖 11-4　多國物流中心模式

　　在實際運作時，這四個模式可相互搭配。有時可考慮納入地區性特殊要求、外匯限制、關稅變動等因子，以修正決策。

11-2 國際運輸

一、背景說明

由於臺灣四面環海，國際貨物運輸的進出口貨物大部分是通過海運。隨著航空科技的發展以及越來越講求時效性的運輸需求，航空運輸的貨運量近年來亦大幅成長。歐美大陸等國境間有陸地相連者，會有透過鐵路與公路的長途運輸。而油類等貨物，亦可透過所謂管道運輸來進行。

一般而言，運輸分成水道運輸、航空運輸、公路運輸、鐵路運輸及管線運輸等五種。國際運輸除五種運輸形式外，由於承載的貨量大、距離遙遠，經常必須應用兩種以上的運具才能達成使命，此種運輸方式稱為「複合運輸」或稱為「多式聯運」（intermodal transportation or intermodality）。

（一）水道運輸

1. 定義

利用行駛於水道航線上的船舶載運旅客及貨物的運輸方式，稱之為水道運輸。上述中的「水道航線」，意指在水面或水中可供船舶航行的路線與相關的港站設施；而「船舶」，是指能浮揚並航行於水面或水中的運輸工具。因此，國際海上貨物運輸也就是指使用船舶透過海上航道，在國家和地區的港口間運送貨物的一種運輸方式。由於貨櫃運輸的興起和發展，不僅使貨物運輸向整合化、合理化方向發展，而且節省了貨物包裝用料和運雜費，減少了貨物損失，並提高運輸品質，而船舶技術的改良亦縮短了運輸時間，從而降低了運輸成本。

2. 特徵

(1) 航線利用方便且較具彈性：由於水道運輸的水域寬闊且航道大多為天然的航線，故其在航線的選擇與利用上較具彈性。

(2) 運距遠航速慢：水道運輸的運輸路途大多需橫跨世界的各大洲，因此航行距離遙遠，且由於船舶的航速極易受到天候的影響，故行駛速度都趨於緩慢。

(3) 海洋的阻隔：利用水道運輸可通行於國際各港口，克服海洋阻隔的天然限制。

3. **優點**

(1) 續航力強：船舶能充分儲存所需的動力燃料、食物、及淡水等基本民生用品，並具備有獨立生活的種種設施，且可於出航後歷時數十日再返航，故其為續航力最強的運輸方式。

(2) 載運量大：水道運輸被視為載運量最大的運輸方式，是因為船舶的載運量動輒都可高達數十萬噸以上。目前國際上貿易總運量的 75% 以上是利用海上運輸來完成的，有的臨海國家的對外貿易運輸海運量甚至達總運量的 90% 以上。一般來說，地理位置和地理條件，將決定一個國家或地區是否採用海運作為其國際貨物運輸的主要手段。主要原因是船舶往大型化發展，如 50 萬～ 70 萬噸的巨型油船，16 萬～ 17 萬噸的散裝船。貨櫃船的大型化，使得船舶的運載能力遠遠大於火車、貨車和飛機，成為運輸能力最大的運輸工具。

(3) 運送能力大：海運利用海上天然航道可四通八達，較不像火車、貨車等會受到軌道和道路的限制，因而其運送能力遠超過其他運輸方式。甚至於當受到政治、經濟、軍事等條件的變化，亦可隨時改變航線駛往其他港口進行裝卸。

(4) 運費低廉：水道運輸的運量大，所需的動力運轉費用低廉，再加上航道為天然的航線，且港埠是採用承租方式，故此運輸方式的運價最為低廉。依據統計，海運運費一般為鐵路運費的 1/5；是公路貨運運費的 1/10；航空運費的 1/30，此對低價且大宗貨物的運輸提供了有利的競爭條件。

(5) 可運送貨物種類多：由於海運貨物多以貨櫃方式進行運送，因此可適用於多種貨物的運輸。例如：車輛、機械等超重的大型貨物，其他運輸方式因安全因素多無法裝運，但海運則多可裝運（利用混合式貨櫃船）。

4. **缺點**

   (1) 運輸速度慢：船舶的航速易受天候狀況、水的阻力、風力與經濟速限的影響，故航速最低。

   (2) 目標顯著：船舶體積龐大，行駛於海面上時目標顯著，戰爭時容易受到攻擊。

   (3) 準時到達性低：由於水道運輸航程長、且航速易受天候影響，故貨品準時到達性最低。

   (4) 極易受天候影響：船舶行駛於海面上，濃霧與風暴均會對船舶的航行造成極大的不便，故稍有不慎極易發生傾覆或碰撞的意外。

（二）航空運輸

1. **定義**

   利用航空器載運貨物及旅客，行駛於空中航線上的運輸方式，稱之為航空運輸。「航空器」是指藉由本身的動力或以任何空氣浮力的方式得以飛航於大氣中的運輸工具而言；而「空中航線」是指經由航空機關核定，可供航空器於空中飛航使用的路線與相關的場站設施。

2. **特徵**

   (1) 運具、航線分屬不同的擁有者：航空運輸的相關場站設施與飛航路線乃屬政府所有，經營者僅需購置航空器，並向政府申請使用相關航線與設施，待核准後即可營運。

   (2) 運距遠航速快：航空器飛行速度快，再加上航空運輸的飛航路線具直線性，故適用長距離的快速運輸服務。

   (3) 不受地理環境的限制：由於航空器行駛於空中航線，故不受海洋、山川、河道等地理環境的阻隔。

   (4) 折舊率快：由於航空運輸具有國際性的特質，再加上航空器的研發無論是速度、載重或性能上均日新月異，因此航空運輸產業須時常汰舊換新，航空器的機種以維持有效的競爭力，故航空器的生命週期甚為短暫。

(5) 用途寬廣：航空運輸除了提供平時的載客、貨運輸服務外，尚可支援救災、賑災、偵查、探測、搜索、攝影測量、巡邏、噴灑農藥等功能。

3. **優點**

(1) 不受地形限制：航空器飛行於空中，由於遠離地面，故航運不受地形影響之限制。

(2) 穩定性高：航空運輸可固定飛航於某一高度，飛行速度高且一致，且航線選擇自由，故為穩定性最佳、顛簸性最低的運輸方式。

(3) 安全準時：航空運輸管理制度比較完善，貨物的破損率低，可確保運輸品質，如使用空運貨櫃，更能確保貨物安全性。同時，飛機航行有一定的班期，可保證按時抵達。

(4) 速度快：航空器飛行於空中航線，一般可在兩點間直線飛行，航程比地面短得多，而且運程越遠，快速的特點就越顯著。且飛航速度已超過音速，因而被視為速率最快的運輸方式。由於航空運輸速度快，運輸時間短，在途存貨可相對減少，同時資金可迅速回收。

(5) 手續簡便：航空運輸為了表現其快捷便利的特點，為託運人提供了簡便的託運手續，也可以由貨運承攬人／代理人進行取貨並為其代理相關運輸手續。

(6) 複合運輸：航空運輸是國際多式聯運的重要組成部分，為了充分發揮航空運輸的特性，在不能以航空運輸直達的地方，可以採用複合運輸的方式，如陸空聯運、海空聯運、陸空陸聯運，甚至陸海空聯運等，使不同運輸方式各顯其長。

4. **缺點**

(1) 受天候影響大：天候的影響如濃霧、大雪或暴風雨等，均會干擾到航空器的起飛與降落，對飛航安全產生極大的威脅，故氣候惡劣時，常須暫停飛航。

(2) 運費高：航空器的折舊率高、載運量有限、燃料消耗量大，再加上其購置成本高，導致載運的單位成本較其它運輸方式高出許多，故運費最為昂貴。

(3) 載運量低：航空器的載重量會直接影響到飛航安全與速率，故其在載運量的限制上，與其它運輸方式相比，差距甚大。

（三）公路運輸

1. 定義

利用行駛於公路之裝載車輛載運貨物及旅客的運輸方式，稱之爲公路運輸。而「公路」，乃是指供裝載車輛行駛的車道與場站設施；「裝載車輛」，則是指在公路上不依軌道或電力架線而以發動機行駛者。

2. 特徵

(1) 機動性高：公路運輸的路網密佈且不受軌道限制，只要有行車道路即可通達，並可依照顧客的需求，靈活調度車輛的行車路線及時間，極具機動性。

(2) 及門服務：公路運輸路網密佈，可直接到達工廠及住宅，提供及門（door to door）的運輸服務，並可作爲其它的運輸方式之銜接工具。

(3) 車輛、路權分屬不同的擁有者：運輸業者及個人駕車者僅需購置車輛即可使用道路來運送貨品及旅客，且由於路權是屬於政府的，故道路的維護、鋪設等費用的支出均由政府的預算支出。

(4) 公共性強：由於公路運輸的路網密佈，故可提供廣大群眾便捷的運輸服務。

3. 優點

(1) 方便性高：由於公路路網密佈，且託運手續甚爲簡便再加上它可提供及門運輸服務，因此公路運輸被視爲最具方便性的運輸方式。

(2) 普及性高：公路運輸可提供廣大群眾便捷的運輸服務，且對於車輛的調度極富彈性及適應性，再加上貨車的售價較其他運具低廉，因而成爲普及性最高的運輸方式。

(3) 容易經營：公路運輸業者進入市場相當容易，且可在早期先可採小規模經營，爾後逐漸擴大，一旦經營失敗，亦可隨時轉讓退出市場。

(4) 調度靈活：公路運輸較不受路線及時間的限制，具有相當高的機動調度性。

(5) 低維修成本：公路運輸的通路為政府投資興建，業者只需負擔相關營運（如場站、通訊設備等）及車輛的成本，因此成本低廉。

4. **缺點**

(1) 安全性低：由於有較多的因素能影響公路運輸的可靠性（如行駛的車輛種類、性能，駕駛人的素質、行車速率，道路工程的品質…等），於是造成公路運輸的安全性最差。

(2) 載運量低：公路運輸由於受到橋樑、道路、場站等設施的限制且以車為載運單位，故其載重最小、承載量有限。

(3) 人工成本高：每輛車共需配置駕駛及搬運工 1 至 3 人，較耗費人力，因而顯得較不經濟。

（四）鐵路運輸

1. **定義**

所謂鐵路運輸，是指使用行駛於鐵路上之列車載運旅客及貨物的運輸方式。其中「鐵路」，是指鋪設軌道以供車輛行駛的路線及場站設施；而「列車」，是指一輛以上（含）的動力車，單行或牽引數節車廂行駛者。

2. **特徵**

(1) 車輛、路權同屬一擁有者：鐵路運輸的場站，路線的規劃、修築，及運具設備的購置、維修等相關營運的作業與設施，都是由同一機構負責出資執行的，故這些設施亦僅供此一機構專用。

(2) 投資龐大、移轉不易：由於鐵路運輸各項設備的鋪設均著眼於特定的用途，再加上車輛與路權均歸屬於同一擁有者，故初期所需的投入成本龐大，且由於缺乏移轉性，致使所投入的資金不易收回，故具有沉沒成本（sunk cost）的特性。

(3) 專屬路權：鐵路運輸有其專屬的軌道且具有優先通行的權限。

(4) 編組列車：鐵路運輸的機具具有強大的牽引力、再加上車廂間擁有堅韌的連結器相互連接，故擁有列車編組的能力，並可機動以加掛車廂的方式，調整路線容量。

(5) 採用導向原理：鐵路運輸具有自動導向的功能，這是由於在凸出的鋼軌搭配有邊緣的車輪所產生的結果。

3. **優點**

(1) 貨品準時到達性高：鐵路運輸具有自動導向的功能及優先通行的權限，再加上較不受氣候的影響，因此影響到達時間的變異性極小，故貨品準時到達性最高。

(2) 運資低廉：由於鐵路運輸載運量頗大，且行車成本具有「距離越遠成本越低」的特性，因此最適於大宗物品的長途運送。

(3) 安全性高：鐵路運輸具有自動導向的功能以及優先通行的專用軌道，因此在安全設施的規劃上，極為單純、完善且易施行，故被視為安全性最高的運輸方式。

(4) 受氣候影響小：由於鐵路運輸有專屬的軌道與導向方式，故較不受氣候因素的影響。

(5) 運輸量大：鐵路一列貨物列車一般能運送 3,000 ～ 5,000 噸貨物，遠高於航空運輸和公路運輸。

(6) 鐵路運輸成本較低：鐵路運輸費用僅為公路貨車運輸費用的幾分之一到十幾分之一；運輸耗油約是汽車運輸的二十分之一。

4. **缺點**

(1) 初期投資大：鐵路運輸需要鋪設軌道、建造橋樑和隧道，建路工程艱鉅複雜；需要消耗大量鋼材、木材；占用土地，其初期投資大大超過其他運輸方式。

(2) 缺乏機動性：鐵路運輸的路線受限於軌道的鋪設，且不同列車間需保持一定的間距，再加上行駛時段固定，無法機動的靈活調整，故缺乏彈性。

(3) 維修不易：鐵路運輸的營運設施成本龐大且具專業性，本身除需投注大量的人力、時間與成本外，由於維修不易，故尚須有完善的維修設備搭配才行。

(4) 目標顯著：行駛於軌道上的編組列車，由於體積龐大且目標顯著，在戰時容易受到戰火波及。

(5) 編組費時：列車的編組須耗費相當時間才完成，且大多需在調度場進行較為不便。

（五）管線運輸

1. 定義

利用壓力作為動力源，使貨物在管線內流動的運輸方式，稱之為管線運輸。所稱的「管線」，是指同時具備有運輸工具與通路功能的固定管道，其運作的方式是利用管道中某一端點的壓力源，將貨物藉由該管道流動至另一端點。

2. 特徵

(1) 單向運送：在同一時間內的同一管線中輸送物，僅可朝某一單向運送。

(2) 運具、路線一體：管線運輸比較特別的是它的輸送管道同時具備運輸工具與路線的功能。

(3) 專業化程度高：管線運輸只適用氣體或液體的輸送，不適用於其它類型的物品運送，故具高度專業化的特質。

(4) 產運合一：管線運輸的運輸方式大多直接由供應點經管線輸送氣體或液體到需求點，且由於運輸物品為氣體或液體，故在輸送期間不需任何搬運的媒介與包裝；再者由於管線大多為工商企業所私有，係屬專有運輸，故具有生產、運銷一元化的特質。

(5) 及門服務：由於管線運輸可將產品（氣體或液體）經由管線直接從供應點配送到需求點，故其具有完善的及門運輸服務功能。

3. **優點**

(1) 運價低廉：管線運輸的運送過程單純且不需任何居間搬運媒介的支援，再加上其動力費用低、運輸能量大，故運價低廉。

(2) 載運量大、無間斷性：由於管線運輸的物品大多為氣體或液體，故可持續不斷、無限量的運送物品到需求點。

(3) 不受天候影響：由於管線運輸的運送物品在管道內流通，故較不受外在的惡劣天候影響。

4. **缺點**

(1) 不易維修：由於管線運輸的管道大多埋設在地面下，故一旦損壞或輸送受阻時，不易找出問題的發生點，因而維修困難。

(2) 限制運送物品之型態：管線運輸大多侷限於氣體或液體物品之運送。

(3) 易蒙受偷竊損失：管線運輸的通路大多屬長程輸送，因此在管線監控方面較不易掌握，故在偏僻處易遭偷竊。

運輸方式的選擇（亦可視為運具選擇）主要取決於該項商品的特性，例如：水道運輸適用於散裝貨物的運送；航空運輸適用於運載質輕、高價且具時效性的商品；汽油、瓦斯等液態類產品之長距離輸送，則以管線運輸的方式最為有效；而公路運輸則被視為最有彈性的運輸系統；至於鐵路運輸雖不像公路運輸般發達，但亦是使用廣泛的運輸方式之一。

（六）複合運輸（intermodal transportation or intermodality）

1. **定義**

複合運輸可定義為：「貨物從託運人（consignor 或稱 shipper）到收貨人（consignee）的運輸過程中，經由兩種以上的運具來承運，但採用單一費率或聯合計費（through billing），並且共同負擔運送責任（through liability）之服務方式。」1960 年代，傳統的雜貨運輸系統為提高搬運效率，降低營運成本。採用單元負載（unit load）之方式，把一件或多件貨物綑繫於棧板上，使其能以機械設備裝卸搬運，逐漸標準化而演變為貨

櫃化運輸。其後因為技術的革新，有了艙格式貨櫃船（cellular container ship）與跨橋式起重機（gantry crane）的使用，提高了貨櫃搬運的效率，加速了貨櫃化運輸的腳步。後來，廠商開始重視整體運輸，形成聯運公司（multimodal companies），演變成聯合多種運具服務的複合運輸系統。近年來，各國政府解除運輸管制，致使聯合費率成為可行，物流系統與供應鏈的發展受到重視，亦導致複合運輸系統的發展。

2. **特徵**

複合運輸的起源很早，早期大多稱為聯合運輸（coordinated transportation or combined transportation）的型態存在，係一種增進運輸效率的服務方式。最初發展的原因是由於五種基本的運輸方式受到運輸能力與地理環境的限制，無法單獨完成運輸任務。將各種不同的運輸系統予以整合，可發揮內在效益，以最經濟、最有效的方式，完成起迄點間的貨物運送。

3. **種類**

複合運輸依營運路線別可分為兩種：

(1) 路線上之運輸（online movement）：即在規劃路線上，僅由單一運送人（single carrier）來從事貨運運送之方式。

(2) 路線間之運輸（interline movement）：即託運貨物須由某一路線之運送人轉給另一路線之運送人之運輸方式。

此外，依使用運具的多寡，分為三種：

(1) 單一運具的運輸（singlemodal movement）：貨物運輸過程中僅使用一種運具者稱之。

(2) 複合運具之運輸（intermodal movement）：即在貨物運輸的過程中，須將貨物從一運具搬至另一運具，且僅使用到兩種運具者稱之。

(3) 多元運具之運輸（multimodal movement）：即在運輸過程中，需要用到兩種以上之運具，才能完成轉運者稱之。

一般而言，廣義的複合運輸，即可代表多元運具之運輸。表 11-1 說明各種可能的複合運輸方式，圖 11-5 可加以對照。一般辦理及門服務的複合運輸業者，包括船公司、貨運汽車公司、鐵路公司、海運承攬業者、報關行、國內貨物轉運併裝業、貨櫃租賃業、貨櫃集散業者等。以一貫運送人的角色來說，歐洲國家普遍以鐵路運輸業擔任，美洲國家多依賴內陸運輸業者，亞洲國家則多以船公司擔任一貫運送人的角色。

表 11-1 各型運輸工具之複合運輸

運輸方式	公路	鐵路	海運	空運	管道
公路	x	背載運輸	船背聯運	陸空聯運	n.d.
鐵路	背載運輸	x	海陸聯運	空鐵聯運（a）	n.d.
海運	船背運輸	海陸聯運	子母船聯運	空橋運輸	n.d.
空運	陸空運輸（鳥背運輸）	空鐵聯運（a）	空橋運輸 (b)（海空運輸）	x	n.d.
管道	n.d.	n.d.	n.d.	n.d.	x

說明：n.d. 表不適合聯運
(a) 表此種聯運方式不存在，但可能在未來的商業運輸系統中使用；
(b) 表存在於台商和大陸港口的貨櫃，先以船運到高雄，再以空運方式送至歐洲或美國。
資料來源：張有恆（2005）現代物流管理

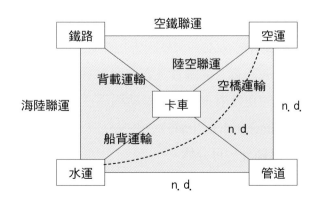

資料來源：張有恆（2005）現代物流管理

圖 11-5 複合運輸的型態

11-3 國際貿易與關務作業

一、國際貿易（international trade）

（一）定義

國際貿易也稱通商，是指跨越國境的貨物和服務的交易。一般由進口貿易和出口貿易所組成，因此也可稱之為進出口貿易。國際貿易對很多國家來說是國民生產總值（GNP）的一個重要部分，進出口貿易可以調節國內生產要素的利用率，以及國際間貨物的供需關係，進而調整經濟結構，增加國家財政收入。

國際貿易的結果可以體現經濟實力和經濟榮枯與否，貿易逆差、順差或平衡，亦可衡量一個國家經濟實力和經濟結構。雖然國際貿易已有悠久的歷史，但隨著近代交通、工業化、跨國企業以及全球化等概念和運作上的急速發展，國際貿易對國際的政治、經濟和文化都帶來了根本的改變。很多情況下，全球化所指涉的實質上就是國際貿易。

（二）國際貿易的型態

1. **依商品出入國境的型態可區分為**

   (1) 出口貿易（export trade）：本國商品運銷至外國。

   (2) 進口貿易（import trade）：外國進口產品運銷至本國。

   (3) 通過貿易（transit trade）：外國進出口產品經過本國至他國，本國的仲介利益為裝卸費、保險費及倉儲費等勞務收入。在外國與他國（賣方與買方）的角度看，此交易型態稱為三角貿易（triangular trade）或轉口貿易（intermediary trade）。

2. **依商品實體型態區分，可分為**

   (1) 有形貿易（visible trade）：國際交易是實體的貨品輸出入，必須經過報關手續。

   (2) 無形貿易（invisible trade）：國際交易是無形的勞務交易，如保險、商標、技術、通訊、金融、專利、旅行等。

3. **依商品於出入國境過程的實體改變狀態分，可區分爲**

(1) 主動加工貿易（active improvement trade）：從外國輸入原料或半製品，在國內加工製成成品或半成品後，再輸出國外。

(2) 被動加工貿易（passive improvement trade）：將本國生產的原料或半製品，輸往國外加工製成成品或半成品後，再輸入國內。

（三）貿易條件

　　任何一筆國際商品的貿易，從買賣雙方建立業務關係開始，經交易協商簽訂買賣契約，至雙方履行契約完成交易，其間須經過許多繁複的手續。在實際的程序上，並不是每一筆交易都完全相同，需視各種因素而定。一般說來，進出口貿易的程序受：

1. **貿易方式**：如商業貿易方式或易貨貿易方式。

2. **付款方式**：如利用信用狀（Letter of Credit, L/C）或付款交單（Documents against Payment, D/P）。

3. **貿易條件**：如 FOB（Free on Board, 船上交貨）、CFR（Cost and Freight, 運費在內）、CIF（Cost, Insurance and Freight, 運費保費在內）等等。

4. **政府規定**：如進出口簽證制度、商品檢驗、外匯管制、進出口通關制度及領事簽證制度等所影響。

　　本教材在全球運籌的理念範圍下，著重於貿易條件與進出口通關制度的說明。

　　目前使用之國際貿易條件基本上以 INCOTERMS 爲主，INCOTERMS 係由 International Commercial Terms 三個字的字首合併而成，全名爲 International Rules for The Interpretation of Trade Terms。內容爲國際商會（International Chamber of Commerce）針對各種貿易條件（Trade Terms）作的解釋，明確規定買賣雙方的權利義務、貨物所有權及風險在何時何地移轉以及費用負擔之分界點。以避免契約當事人，因對交易雙方國內實際上不同之交易情況，產生不同的解釋而發生國際貿易上之糾紛。

　　國際商會大約每隔 10 年就會進行翻修，目前最新修訂版爲 INCOTEMS 2020。在 2010 版中貿易條件爲 11 種（如表 11-2 所示）。INCOTEMS 2020 進行小幅改版，兩大主要更新爲：

1. DAT（指定 terminal 交貨）重新命名爲 DPU（卸貨地交貨，Delivery at Place Unloaded）

2. FCA（貨交運送人）允許裝載完成後開具提單（此爲選項 option 條件）。國貿條規依據運送規則界定買賣雙方需負擔的費用與責任，如表 11-3 所示。

表 11-2　國際貿易條件的二大類型（INCOTERMS 2010）

類型	交貨型態條件
任何運輸模式（Any Mode of Transport）	CIP（Carriage and Insurance Paid To）運保費付訖條件
	CPT（Carriage Paid To）運費付訖條件
	DAP（Delivered At Place）指定地點交貨條件
	DAT（Delivered At Terminal）指定 terminal 交貨條件
	DDP（Delivered Duty Paid）稅訖交貨條件
	EXW（Ex Works）工廠交貨條件
	FCA（Free Carrier）貨交運送人條件
僅針對海運與內陸水道運輸（Sea and Inland Waterway Transport Only）	CFR（Cost and Freight）運費在內條件
	CIF（Cost, Insurance and Freight）運保費在內條件
	FAS（Free Alongside Ship）船邊交貨條件
	FOB（Free On Board）船上交貨條件

表 11-3　買賣雙方需負擔的費用與責任參照表

條件代號	EXW	FCA	FAS	FOB	CFR	CIF	CPT	CIP	DAP	DPU	DDP
出口包裝	賣方	賣方	賣方	賣方	賣方	賣方	賣方	賣方	賣方	賣方	賣方
裝載費用	買方	賣方	賣方	賣方	賣方	賣方	賣方	賣方	賣方	賣方	賣方
運輸至出口港／指定地	買方	賣方	賣方	賣方	賣方	賣方	賣方	賣方	賣方	賣方	賣方
出口報關	買方	賣方	賣方	賣方	賣方	賣方	賣方	賣方	賣方	賣方	賣方
出口港費用	買方	買方	賣方	賣方	賣方	賣方	賣方	賣方	賣方	賣方	賣方
港口裝載	買方	買方	買方	賣方	賣方	賣方	賣方	賣方	賣方	賣方	賣方
運費	買方	買方	買方	買方	賣方	賣方	賣方	賣方	賣方	賣方	賣方
保險	未規定	未規定	未規定	未規定	未規定	賣方	未規定	賣方	未規定	未規定	未規定
目的港之費用	買方	買方	買方	買方	買方	買方	賣方	賣方	賣方	賣方	賣方
運輸至目的地	買方	買方	買方	買方	買方	買方	買方	買方	賣方	賣方	賣方
目的地裝載	買方	買方	買方	買方	買方	買方	買方	買方	買方	賣方	買方
進口關稅與通關	買方	買方	買方	買方	買方	買方	買方	買方	買方	買方	賣方

註：「未規定」指國貿條規未明確規範應由哪方負責，但雙方可依情況協商。

二、貨物通關

（一）通關概念

　　海關（customs house）係一國政府設置於各通商口岸，負責監督貨物進出國境關卡之機關。我國關務政策規劃、推動、督導及關務法規擬訂之機關為關務署，隸屬財政部，掌理關稅稽徵、查緝走私、保稅、貿易統計及接受其他機關委託代徵稅費、執行管制。近年來並不斷積極實施各項業務改進措施，如：進、出口貨物通關自動化，空運入境旅客紅綠線通關等作業、優質企業認證（AEO）與管理機制、跨機關簽審會辦電子化作業、貨櫃動態系統

與電子封條、成立緝毒犬培訓中心等，以增進關務行政效率，提升爲民服務品質。

目前關務署下設基隆、臺北、臺中、高雄等四個關區，各關視業務需要，分設行政與業務單位，並於轄區內之輔助港、機場、郵局、貨櫃集散站內共設有 10 個分關，便利商民辦理各項通關手續。

出口人必須在接獲海運業者傳送的「出口船舶開航預報單」訊息後，空運出口貨物則在取得託運單號碼後，即傳輸出口報單；經海關比對貨物進倉資料後，即產生通關方式，稱爲預先清關。貨物出口人於貨物裝運前，依貨物出口通關規定，將貨物送進海關指定之貨櫃場、貨櫃集散站或碼頭倉庫，交由海關控管；並由貨物出口人或受委託之報關行，以電腦繕製出口報單傳輸海關報關，稱爲「出口報關」。海關審查貨物出口人或報關行所報關之資料無誤，並實地抽驗貨物內容與所申報之資料相符後，即給予放行；出口人始可以辦理貨物出口裝船或裝機事宜。出口人在載運貨物之海空運航班結關或開駛前，須於規定期限內向海關申報。

進口人（收貨人）辦理預先清關，須在海空運航班未抵達港口或機場前，運輸業者以電腦連線方式傳輸進口貨物艙單，收貨人得於航班抵達前，以電腦連線預先向海關申報。此外，進口人可由下列三項文件知道貨物將於何時抵達港口或機場：

1. 出口人的裝船通知（Shipping Advice）。
2. 押匯銀行的進口單據到達通知書。
3. 船公司或船務代理人的到貨通知書（Arrival Notice）。

進口人必須自裝載貨物之運輸工具到達日起 15 日內，向海關辦理報關，完成海關通關程序後才能提領貨物，稱爲「進口報關」。

至於報關應檢附的文件，出口應備妥出口報單、託運單、發票、裝箱單及輸出許可證或出口簽審文件；進口則應準備進口報單、小提單、輸入許可證、發票、裝箱單、進口簽證、產地證明、型錄、說明書等。

報關行（Customs house brokers）代辦進出口廠商的報關、貨物檢查等工作，再由其中抽取佣金。有時報關行亦負責協調進口後之貨物集散工作，並充當進口業者的代理商，安排貨物至目的地的貨物運輸。

（二）通關方式

1. 物通關自動化（Cargo Clearance Automation）

自 1995 年 8 月起全面實施海空運貨物通關自動化，關稅局與有關機關（貿易局、科學學區管理局、各簽審機關、民航局航空貨運站、港務局、紡拓會）以及相關業者（包括進出口業、航運業、倉儲業、報關業及銀行等），利用電腦連線以「電子資料交換」（EDI, Electronic Data Interchange）方式，透過加值網路傳輸相關資料，有效整合關務、報關、港埠、倉儲、金融、安檢、簽審、船務、運輸、承攬與進出口商等，使相關作業標準化、流程公開化、訊息透明化。

通關自動化實施之後，運送文件（大提單、小提單、託運單等）除少數情況仍使用正本外，均改用影本或免繳。海關電腦專家系統按進出口廠商、貨物來源地、貨物性質及報關業等篩選條件，分別將報單核定為 C1（免審免驗）、C2（文件審核）及 C3（貨物查驗），三種通關方式說明如下：

(1) C1「免審免驗」通關：免審書面文件免驗貨物

係指海關不審核書面文獻，亦不查驗貨物，經核列為 C1 通關之貨物，報關人完成稅費繳納手續後，海關便透過電腦連線，直接將「放行通知」傳送給報關人及貨棧。報關人憑該「放行通知」及有關單證，前往貨棧提領或辦理裝船或裝機。

(2) C2「文件審核」通關：審書面文件免驗貨物

係指海關必須審查書面文件，但不查驗貨物。經核列為 C2 通關之貨物，海關應即透過電腦連線通知報關人，限於核定後之翌日海關辦公時間內，補送書面報單即其他有關文件以供海關審核。

(3) C3「貨物查驗」通關：審書面文件並檢驗貨物

係指海關必須審查書面文件，且必須查驗貨物。經核列為 C3 通關之
貨物，海關應即透過電腦連線通知報關人，限於核定後之翌日海關辦
公時間內，補送書面報單及其他有關文件以供海關查核，並得通知貨
棧配合查驗貨物。

以出口貨物通關流程為例說明 C1、C2、C3 之差異，可參考如圖 11-6 所
示。

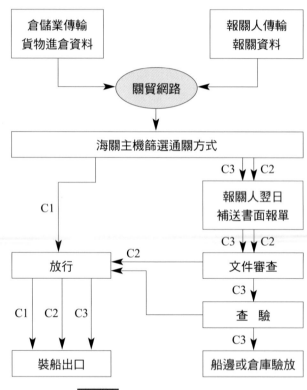

圖 11-6 出口貨物通關流程

（三）保稅

貨物進口時即應課徵進口關稅，但海關為促進經濟發展和貿易往來，特
實施保稅制度。保稅制度是指運抵國境的進口、轉口以及其他受海關監管的

貨物，在通關放行前暫免或延緩課徵關稅。保稅貨物因未完成通過手續，故徵稅與否須視該貨物是否進口或復出口而定。就關稅領域而言，進口貨物在未徵進口稅以前為保稅狀態，以此狀態再輸出即可免除關稅負擔，課徵進口各項稅捐（進口稅、營業稅等）。

為協助國內企業提昇競爭力、吸引國外投資等目的，政府在國境內規劃特定區域，賦予區內廠商特別關稅優惠，對其國外進口之貨物關稅徵收暫時與以保留，此未稅貨物應置於海關監管之下，以免未稅貨品流入課稅區，一般以保稅區稱之。保稅區又分保稅工廠、科學工業園區、保稅倉庫、加工出口區、國際物流中心[1]、自由貿易港區等。保稅區區域內的業主，提出保稅申請並經審查營運及保稅業務管理完善者，皆享有自主管理、按月彙報資格。

其中，保稅工廠僅限生產用之直接原料可以保稅進口；科學工業園區的原物料及生產設備均可保稅進口；保稅倉庫為進口貨品之暫時性保稅進儲、轉售，不得從事加工業務；加工出口區的原物料、燃料及生產設備均可保稅進口。

（四）現代化關務發展與國際貿易

國際貿易過程中參與的成員眾多，以往我國負責進出口簽審作業的機構有三十餘個，而簽審的文件高達一百餘種。政府間之資訊互通困難，資料重複登錄，造成通關資料比對不符易遭剔退擋關，兼以窗口過多，業者須往返辦理相關作業等，造成貿易業者的不便與時間的浪費，至目前為止，許多中小企業在其國際貿易的過程與全球運籌的規劃中，尚未能整合物流與資訊流，不利於國際競爭。

繼 1995 年 8 月起全面實施海空運貨物通關自動化後，行政院在 2008 年推動「貿易便捷化」計畫，積極進行有關貿易文件流程之簡化。將原屬三十多個不同的簽審機構，一百多種資訊無法互通的簽審文件，利用單一窗口、線上申請簽署與 XML 整合方式，達到進出口簽審文件無紙化、文件之標準化、通關無障礙的目標，避免資料重複鍵入而造成時間與成本之增加。

1　所指為根據關稅法 60 條，經營保稅貨物、轉運及配送業務之保稅場所，其業者得向海關申請登記為物流中心。

　　此外，也輔導民間業者開發有關之應用軟體，除可加強業者本身之 e 化工作，提昇作業效率外，更可藉由電子化資訊之傳遞與相關之政府部門進行申報作業。相對的，政府之各部門間可利用業者申報之電子資料，進行資料之交換、分送、彙總、追蹤及存證，有利於作業效率之提升。

　　目前貿易便捷化的推動已有以下成效：

1. 塑造數位貿易環境

(1) 促進法令鬆綁：研修相關貿易法規，例如事前審查改為事後稽核與違者重罰、邊境管制改為境內管制等。

(2) 運用網際網路：採用開放式網路架構。

(3) 改進作業流程：簡化及合理化作業流程。

(4) 簡化統一文件：簡化貿易文件、統一資料格式。

(5) 制訂相關標準：制訂並公布技術標準及法律規範，包括資料項目、XML 訊息、法律合約等。

(6) 推動組織運作：鼓勵民間業者成立推動組織，協助推動相關工作。

2. 建置訊息交換平台

(1) 規劃先導系統：規劃先導系統，先以貿易管理相關文件為範圍。

(2) 建置先導系統：提供貿易文件製作、文件管理、權限管理、資料簡要檢核、配送、彙整、認證存證等。

(3) 擴充系統：增加政府核發證照檢核、配額扣帳及訊息追蹤。

(4) 籌設營運組織：研議並籌設該訊息交換平台之營運方式及組織。

(5) 提供資訊查詢：就所有與貿易程序相關之資訊提供查詢。

3. 網路介接輔導推廣

(1) 提供多種轉檔介面：包括現有報關軟體、貿易軟體及多對多貿易文件之轉錄。

(2) 提供訊息轉換機制：可將貿易文件資料轉換為 XML 格式。

(3) 介接相關網路：介接運輸、金融、通關等相關網路，全程追蹤貨況。

(4) 舉辦推廣活動：舉辦推廣說明會，介紹貿易訊息。

(5) 輔導業者使用：輔導業者加速轉換其舊有貿易軟體，並提供使用諮詢服務。

4. **建立國際接軌機制**

(1) 研究國際貿易系統：研究目前國際貿易中較為普及之系統，如 TEDI、Bolero、Trade Card。

(2) 參與國際接軌計畫：選擇參與國際接軌計畫，並評估其效益，例如：日本貿易文件資料交換。

(3) 引進國際訊息標準：研究國際貿易 XML 訊息標準並加以導入。

11-4　兩岸物流的現況與展望

一、區域經濟體系與兩岸經貿

臺灣是出口導向的經濟體，經濟成長的主要動能來自出口及貿易盈餘。近年來，兩岸經貿關係快速發展，中國大陸已成為臺灣第一大貿易夥伴，也是臺灣對外投資最重要的地區。財政部主計處的統計資料顯示，2016 年我國對大陸出口值佔總出口總額 4 成左右。累計至 2016 年廠商赴大陸投資有 42,009 個項目，金額達 1,645.9 億美元。大陸方面的統計資料顯示，累計至 2016 年，台商投資共有 98,815 個項目，金額達 646.5 億美元。

中國大陸在加入 WTO 後，為了提高其物流業的國際競爭力，以對應跨國物流公司的競爭，積極培植物流產業及發展相關建設。例如：深圳已正式將物流產業作為該市的三大主導產業之一，香港九倉集團將進駐蛇口港；廣州新白雲機場物流園區，取代香港赤鱲角機場的貨運地位；而天津也在積極投資渤海經濟圈物流運籌樞紐的建設。

儘管兩岸經貿交流日益熱絡，但迄今在許多方面仍缺乏制度性保障。「東南亞國協」（簡稱「東協」）和中國大陸已簽定全面經濟合作架構協議，形成自由貿易區。自 2010 年起，該自由貿易區域內，成員的雙邊貿易 90% 以上產品適用零關稅。由於臺灣非東協成員，無法享有相同的貿易待

遇，「兩岸經濟合作架構協議」（ECFA, Economic Cooperation Framework Agreement）的簽署，可促進兩岸經貿關係制度化的發展，爭取我國對外貿易立足點的平等。

二、台商在大陸的運籌模式

中國大陸有便宜的勞動成本、豐富的生產資源及十三億的消費人口，因此吸引各國的投資。自 1996 年以來，每年各國的平均投資均高達 400 億美元以上，其中，僅香港、美國及臺灣就佔了將近二分之一。事實上，臺灣企業到大陸投資的情形已相當普遍，過去十餘年來，我國許多勞動密集的中小企業陸續轉向勞動密集、生產資源豐富、成本低廉且市場潛力極高的中國大陸尋求發展，形成中、上游產業在臺灣，下游產業移往大陸的佈局，成為複雜的供應鏈體系。

然而，大陸整體經營環境複雜，我國廠商為取得具「比較利益」的生產要素資源，前往大陸投資者多以製造業為主。在整個產銷的供應鏈體系中，物流服務的水準能否滿足廠商供應鏈作業的需求，攸關整體供應鏈的運作效率。

台商物流業者到大陸發展的時間不長，初期主要是服務臺灣原有的企業客戶，而大陸方面的製造業只有很少比例的貨物是委託台商物流業者運送，且台商物流業者某些業務受到大陸政策限制。因此，製造業廠商之貨物運送以委託給大陸當地物流業者的比例較多。

目前到大陸投資經營的物流業者主要是國際貨物承攬業，以安排國際貨物運送為主。在兩岸安排處理的貨物中，以「port to port」之型式為最多，而「door to door」的型式亦有漸增的趨勢。在企業大陸客戶內陸之運輸服務需求方面，業者主要採委外的方式，為客戶提供服務。

目前國內到大陸投資內陸運輸服務的業者並不多，先前有大榮汽車貨運公司在大陸投資成立連運物流有限公司，提供內陸貨物配送服務；不過由於受到大陸外商不能購置車輛的政策限制，因此連運物流公司以經營倉儲配送方面的業務為主，車輛的運送服務亦採委外形式在運作，與該公司在臺灣自購車輛自行經營管理的作業方式差異極大。

依據研究顯示 [2]，在貨源方面，製造業者在臺灣平均有 28% 的貨物運送是公司自行處理，73% 的貨物委託給物流業者運送。在大陸的台商製造業廠商平均亦有 28% 的貨物運送是公司自行處理，63% 的貨物委託給大陸當地物流業者運送，而 9% 的貨物是委託給台商所經營之物流公司運送。

目前兩岸貿易總額中，以航空貨物約占整體進出口金額三成以上之比例，並且貨物類別以高科技、高價值之貨物產品為主，可知航空貨運在兩岸經貿發展具有關鍵地位。中國為因應龐大的航空貨物運輸之需求，目前正積極擴建機場、開發貨運專區與相關場站基礎設施，而國際航空公司亦也不斷增加擴充機隊增加載貨運能，使我國機場營運者與航空貨運業面臨嚴峻的挑戰。

三、兩岸運籌的未來展望

從企業國際化的角度看，全球運籌是一多國企業所擁有的一套計畫和管理的系統，用來控制物料的流入、經過和產出的行為。全球運籌包含了全部物料移動的概念，涵蓋了全部的作業範圍，非但考慮產品的轉移，同時也包含國與國之間國際物流活動的出口與進口。

目前在兩岸物流方面，業者在所有進出口貨物的安排運送過程中，受政府政策影響，有四成左右的貨運量需要經由第三地轉運。華南地區的貨物大多是以香港為轉運地，而華中或華北地區的貨物，則是利用日本的石桓島或韓國的釜山中轉。大陸地區經臺灣轉運（或加工後再出口）的貨物，可從大陸廈門和福州地區直航進入高雄境外轉運中心內，以不通關、不入境方式，再經海運或空運轉運到各目地國。而政府在企業國際物流與運籌規劃中，扮演了決定國際間貿易活動的內容、形式、動向與成本的角色。

面對國內外經濟情勢的變動，臺灣廠商需根據本身的優勢條件，結合亞太經濟發展趨勢，制定適合的兩岸運籌策略。另一方面，政府亦應致力改善投資環境，如「愛台 12 建設」，包括全島便捷交通網、高雄港市再造、中部高科技產業聚落、桃園國際航空城等，發展臺灣成為：

2　來源：馮正民，「我國跨國企業在兩岸物流發展模式之探討」，國科會計畫，2004。

1. **全球創新中心：**從過去高科技產品供應鏈的製造中心，走向未來的創新研發中心。

2. **亞太經貿樞紐：**發展臺灣成爲亞太地區跨國企業營運管理、產業集資、金融服務、倉儲轉運的平台。

3. **台商營運總部：**當台商布局全球時，臺灣可以提供資金、人才、技術和營運管理等方面所必要的支援，建設臺灣成爲台商營運總部。

惟有藉政府與民間的齊心奮力，積極營造臺灣良善的經貿環境，發揮臺灣的地理優勢與人才優勢，趁大陸龐大市場崛起之際，將臺灣物流運籌產業推向另一高峰。

近年來政府推動新南向政策，加強東協十國、南亞六國及澳洲、紐西蘭的經貿合作。然而從貿易比重而言，中國大陸的市場仍具相當比重，需持續關注。

本章相關英文術語解說

- **Bill of Lading（BOL、BL 或 B/L）託運單**

託運人寄貨時所填的書面單據，通常有運送人提供，是運送人和託運人之間對託運貨物的合約，其記載有關託運人與運送人相互間的權利義務。內容包括託運人名稱、貨物件數、收貨人地址、運費、保值金額等。運送人簽收後，一份給託運人當作收據貨，貨物的責任從託運人轉至運送人，直到收貨人收到貨物為止。託運人寄貨物到國外時，因有關稅的問題，要載明貨物的種類。

在臺灣路線貨運，國內運輸因沒有關稅的問題，並未要求託運人填貨物內容。託運單的聯數視各公司而定。如發生託運人向運送業要求索賠時，託運單位為必備的證明文件。運送業輸入託運單上資料的正確與否，影響後續作業甚大。

Bill of lading 在海空運稱為提單或載貨證卷。Bill of Lading 在中國公路貨運稱為道路貨物運單，簡稱為運單。Bills of Lading 的縮寫為 Bs/L。英文亦稱為 Material Handing Form。

- **Bonded Warehouse 保稅倉庫**

針對未經海關徵稅放行之進口貨物、轉口貨物，納稅義務人提供確實可靠之擔保品，海關允許納稅義務人暫時免除或延緩繳納義務，並將貨物存放經海關核准登記，供存放保稅貨物之倉庫。納稅義務人可向海關申請保稅貨物加工、裝配、測試、整理、分割、分類等作業，提升貨物附加價值。保稅倉庫有三種：普通保稅倉庫、專用保稅倉庫、發貨中心保稅倉庫（簡稱發貨中心）。

- **Customs 海關**

係一國政府設置於各通商口岸，負責督管貨物進出國境的關卡，核課進出口貨物的關稅。

- **Customs Broker　報關行**

  有執照的人或公司,代表進口商與出口商與海關接洽,提出相關的文件。如為貨物進口,為其客戶(進口商)做報關與清關的工作,例如告知其客戶要付多少關稅、安排貨物運送到客戶處等。

- **Delivery Terms　交貨條件**

  合約中與貨運人及路徑、貨運費用、交貨地點、交貨時間等有關的條件。

- **Door-To-Door　到戶交貨;戶到戶的運輸方式**

  運送業從託運人處收貨,送貨至收貨人處的服務。例如零擔貨物、快遞等皆具有及門服務。及門服務亦可稱為戶對戶服務。英文亦可稱為 House to House 或 Door to Door Delivery Service。

- **Duty　稅**

  針對進口貨物所徵收的關稅。中華民國海關進口稅則所規定之稅則稅率徵稅,課徵方式分為以下三種:

  1. 從價稅(Ad Valorem):進口貨物關稅之課徵,按其價格及稅率計算之。其公式為:關稅=完稅價格(通常為 CIF 價格)× 稅率。一般進口貨物大多按從價稅課徵關稅。

  2. 量稅(Specific):進口貨物關稅之課徵,按其數量(包括重量或材積等)及每數量單位之完稅額計算之。其公式為:關稅=單位完稅額 × 數量。

  3. 合稅(Compound):在同一稅號內,同時並列從價稅率及從量單位完稅額,採從高課徵。

- **Freight Consolidation　併貨;併櫃**

  將數件散貨集中運送,來達到降低成本,改善運輸工具利用率的目的。貨運可以根據相同的目的地、運送時間、第三方整合服務(如公共倉庫與貨運承攬業者)的方式來集中處理。

- **Full Container Load（FCL） 整櫃**

單一託運人出貨的數量，達到裝滿一整個貨櫃的用語。

- **International Commercial Terms（INCOTERMS） 國際商會貿易條件**

國貿條規 Incoterms 為 International Commercial Terms 的縮寫，被全球業界公認，用來解釋對外貿易合約中使用條款的國際規則（例如 FAS、CIF、C&F、FOB 等條件）。INCOTERMS 網站：http://www.iccwbo.org/index_incoterms.asp。國際商會（International Chamber of Commerce）於 1936 年首度出版了「1936 年版國貿條規」，根據 2010 年版國貿條規內容，有鑒於實務之持續發展，原有之國貿條規有部分無法符合商業實務之需求，故國際商會將原有條規 13 項改為 11 項。即將原有之 DAF、DES、DDU 整併成 DAP（Delivered At Place），另將原有之 DEQ 改納入新增 DAT 規則之範圍內。貿易條件的正確表示法範例為：CIF Keelung Incoterms R2010。目前已更新 2020 版。

- **Intermodal 複合模式運輸**

係指一件貨物自起運地至目的地間之運送經由兩種以上的運送方式所完成者。海運的貨櫃由卡車送至港口，由貨船運輸至目的港，然後再由另一輛卡車承接，這是一個複合模式運輸的例子。

- **International logistics 國際物流**

是指涉及跨越二個國家以上的貨物運輸、倉儲、配送、包裝與資訊傳遞的物流作業。國際物流涉及國際貿易商品買賣的行為，會隨各國或區域產業的結構與基礎結構之不同，而會有不同的營運模式。國際物流涉及貨物流動（物流）外，還涉及金流與資訊流。

- **Less Than Container Load（LCL） 併櫃裝載**

出貨的數量，未達到裝滿一整個貨櫃的用語。當一個單一貨櫃，承載了許多託運人的貨物時，每一個託運人的貨物即被稱為「併櫃裝載」。

| 補充 | 歐洲國家慣用 FCL, LCL 系統，而美日國家則遍採用 CY/CFS 系統；其中 CY：Container Yard) / CFS: Container Freight Station |

- **Less Than Truckload（LTL） 併車裝載／零擔**

  出貨的數量，未達到一整卡車的裝載費率。

- **Non Vessel Operating Common Carrier（NVOCC）無營運船公共運送人**

  未擁有自己的船隻，但以自己的名字發出提單，提供類似船公司服務的運送人，通常 NVOCC 為向船公司買空間，再賣給託運人，即 NVOCC 為合併人（Consolidators），接受小批的託運，再將貨物合併成整櫃，再託船公司運送。

- **Shipper　託運人**

  一個裝載貨物的發送人，通常為賣方或供應商。

- **Shipping Notice　出貨通知單**

  由賣方所發出的一個通知單，告知採購單位貨物已經被運出。

- **Tariff　稅率表**

  運輸費率、附加費用、以及規定的表列明細表。這個用語也用來描述由海關當局加諸於進口貨品的稅金。

- **Transshipment　轉運**

  將貨物從一條運輸線轉移至另一條運輸線。《京都公約》所稱的「轉運」（Transit）為貨物由某一關區轉至其他關區的作業程序。

本章綜合練習題

一、選擇題（單選）

( ) 1. 下列有關全球運籌議題的描述，何者正確？

(1) 須確保各種成本的平衡及最佳化

(2) 強調與國內供應商之間的關係

(3) 強調及時（Just-in-time）的管理模式

(4) 著重全球資源的整合

(A) (1)、(3)、(4)　　　　　　(B) (1)、(2)、(4)

(C) (1)、(2)　　　　　　　　(D) (2)、(3)。

( ) 2. 下列有關臺灣市場企業全球化的描述，何者的描述正確？

(1) 企業歷經了委託加工、委託設計、製造、外銷出口、與海外設立行銷及服務據點的階段

(2) 全球化的內容包括接單、採購、進料、生產及交貨的管理

(3) 全球化是僅指各種商品國際專業化

(A) (1)、(3) 正確　　　　　　(B) (1)、(2) 正確

(C) (2)、(3) 正確　　　　　　(D) (3) 正確。

( ) 3. 全球運籌的內容大約可區分為哪幾個部分？

(1) 國際設施區位選擇　　　(2) 國際運輸

(3) 國際存貨控制　　　　　(4) 國際資訊系統

(A) (1)、(2)、(3) 正確　　　　(B) (1)、(2)、(4) 正確

(C) (2)、(3)、(4) 正確　　　　(D) (1)、(2)、(3)、(4) 正確。

(　　) 4. 有關全球運籌範圍的描述何者正確？

    (1) 設施所服務範圍的安排屬於國際設施區位選擇的範圍

    (2) 存貨補充制度之規劃屬於國際存貨控制的範圍

    (3) 與國內外供應商、經銷商、代理商之間有關產品及市場狀況的聯繫屬於國際資訊子系統的範圍

    (A) (1)、(3) 正確　　　　　　(B) (1)、(2) 正確

    (C) (2)、(3) 正確　　　　　　(D) (1)、(2)、(3) 均正確。

(　　) 5. 走向全球運籌的過程中，企業如何解決國際配銷通路的商品流動問題？

    (1) 利用地區性的物流中心，方便服務當地顧客

    (2) 在客戶所在地建立組裝中心，提供即時支援當地不同的需求

    (3) 利用複合運輸，直接將貨物送達最終消費者

    (4) 自己創設配銷系統，建立海外多國的物流中心來運輸產品

    (A) (1)、(2)、(3) 正確　　　　(B) (1)、(3) 不正確

    (C) (1)、(3)、(4) 正確　　　　(D) (1)、(2)、(3)、(4) 正確。

(　　) 6. 就全球化當地補貨中心的概念，下列何者正確？

    (A) 針對客戶實際上所提出的不同規格與訂單需求，直接於客戶所在地設立組裝中心

    (B) 供應商直接由所在國家將貨物配送至各國顧客，而不在各國設置物流中心進行配送

    (C) 供應商將貨物送至各國的物流中心，由該物流中心將負責該國貨物之倉儲及配送等服務

    (D) 多國物流中心提供一個單一的中央存貨控制中心。

( ) 7. 以下對國際運輸的描述，何者正確？

(1) 利用行駛於水道航線上的船舶載運旅客及貨物的運輸方式，稱之為水道運輸，內河運輸也包含在內

(2) 貨櫃運輸的興起和發展，不僅使貨物運輸向整合化、合理化方向發展，而且節省了貨物包裝用料和運雜費，減少了貨物損失，並提高運輸品質

(3) 鐵路運輸是國際多式聯運的重要組成部分

(4) 公路運輸的路網密佈且不受軌道限制，只要有行車道路即可通達，並可依照顧客的需求，靈活調度車輛的行車路線及時間，極具機動性

(A) (1)、(2)、(4) 均正確　　　　(B) (1)、(2) 正確

(C) (2)、(3) 正確　　　　(D) (1)、(2)、(3)、(4) 均正確。

( ) 8. 以下對國際運輸的描述，何者為非？

(A) 公路運輸的車輛、路權分屬不同的擁有者

(B) 海運及空運受天候影響大。

(C) 海運運輸的準時到達性高，且貨物的破損率低

(D) 鐵路運輸的車輛、路權同屬一擁有者。

( ) 9. 以下對國際運輸的描述，何者正確？

(1) 船舶的續航力強，載運量大，航道可四通八達，可隨時改變航線駛往其他港口進行裝卸，但準時到達性低

(2) 航空運輸是普及性最高的運輸方式

(3) 鐵路運輸具有自動導向的功能，並可機動以加掛車廂的方式，調整路線容量

(4) 管線運輸主要適用氣體或液體的輸送，大多為工商企業所私有，係屬專有運輸

(A) (1)、(2)、(3)　　　　(B) (1)、(2)、(4) 正確

(C) (1)、(3)、(4) 正確　　　　(D) (1)、(2)、(3)、(4) 均正確。

(　　)10. 以下對運輸的描述，何者為非？

(A) 管線運輸具有完善的及門運輸服務功能

(B) 管線運輸不易找出問題的發生點，因而維修困難

(C) 航空運輸適用於運載質輕、高價且具時效性的商品

(D) 公路運輸的安全性高。

(　　)11. 以下對國際運輸的描述，何者為正確？

(1) 複合運輸早期大多稱為聯合運輸，是將各種不同的運輸系統予以整合的方式

(2) 廣義的複合運輸，代表多元運具之運輸

(A) (1)、(2) 均正確　　　　　　(B) (1) 正確、(2) 不正確

(C) (1) 不正確、(2) 正確　　　　(D) (1)、(2) 均不正確。

(　　)12. 就複合運輸的描述，下列何者正確？

(1) 鐵路與公路（卡車）的複合運輸稱為背載運輸

(2) 水運與公路（卡車）的複合運輸稱為海陸聯運

(3) 空運與鐵路的複合運輸稱為空橋聯運

(4) 海運和海運的複合運輸稱為母子船聯運

(A) (1)、(2) 均正確　　　　　　(B) (1)、(3) 正確

(C) (2)、(3) 正確　　　　　　　(D) (1)、(4) 正確。

(　　)13. 就複合運輸的描述，下列何者正確？

(1) 一貫運送人的角色來說，歐洲國家普遍以內陸運輸業擔任

(2) 託運貨物須由某一路線之運送人轉給另一路線之運送人之複合運輸方式稱為路線上之複合運輸

(A) (1)、(2) 均正確　　　　　　(B) (1) 正確、(2) 不正確

(C) (1) 不正確、(2) 正確　　　　(D) (1)、(2) 均不正確。

(　)14. 有關國際貿易的描述，下列何者正確？

(1) 進出口貿易可以調節國內生產要素的利用率

(2) 是國內生產毛額的一個重要部分

(A) (1)、(2) 均正確　　　　　　(B) (1) 正確、(2) 不正確

(C) (1) 不正確、(2) 正確　　　　(D) (1)、(2) 均不正確。

(　)15. 有關國際貿易的描述，下列敘述何者正確？

(1) 是指跨越國境的貨物和服務的交易

(2) 貿易逆差、順差或平衡可以體現經濟實力和經濟榮枯與否

(3) 國際貿易對國際的政治、經濟和文化影響深遠

(4) 國際貿易已有悠久的歷史，運作達成熟狀態不受交通、科技等發展而改變

(A) 只有 (1)、(2) 正確　　　　(B) 只有 (1)、(2)、(3) 正確

(C) 只有 (1)、(3)、(4) 正確　　(D) 只有 (1)、(3) 正確。

(　)16. 有關國際貿易的描述，下列敘述何者正確？

(1) 國際貿易依商品出入國境的型態可區分為有形貿易與無形貿易

(2) 國際貿易依出入國境過程的實體改變狀態分主動加工貿易與被動加工貿易

(A) (1)、(2) 均正確　　　　　　(B) (1) 正確、(2) 不正確

(C) (1) 不正確、(2) 正確　　　　(D) (1)、(2) 均不正確

(　)17. 有關國際貿易的描述，下列敘述何者正確？

(1) 外國進出口產品經過本國至他國，稱為出口貿易

(2) 將本國生產的原料或半製品，輸往國外加工製成成品或半成品後，再輸入國內，稱為主動加工貿易

(A) (1)、(2) 均正確　　　　　　(B) (1) 正確、(2) 不正確

(C) (1) 不正確、(2) 正確　　　　(D) (1)、(2) 均不正確。

( )18. 有關國際貿易的描述，下列敘述何者正確？

(1) 國際貿易繁複的手續，由各國海關明確規定買賣雙方的權利義務

(2) 進出口貿易的程序受貿易方式、付款方式、貿易條件及政府規定所影響

(A) (1)、(2) 均正確　　　　　　(B) (1) 正確、(2) 不正確

(C) (1) 不正確、(2) 正確　　　　(D) (1)、(2) 均不正確。

( )19. 貿易管理的第一線控制機關是：　(A) 商品檢驗局　(B) 經濟部　(C) 海關　(D) 國貿局。

( )20. 以下何者又稱為轉口貿易？　(A) 直接貿易　(B) 通過貿易　(C) 主動加工貿易　(D) 被動加工貿易。

( )21. 進出口貿易有哪些作業受政府管制？

(A) 進出口簽證制度及商品檢驗

(B) 商品檢驗及外匯管制

(C) 進出口通關制度及領事簽證制度

(D) 以上皆是。

( )22. 有關 INCOTERMS 2010 的描述，下列敘述何者為非？

(A) FOB 和 CIF 之風險責任界線為貨物越過船舷欄杆，風險由買方負擔

(B) CIF 是指買方負擔貨品運送到目的港的成本、保險與運費

(C) FAS 指船邊交貨條件

(D) 在 FOB 的價格下，海上保險由進口商負責。

( )23. 有關 INCOTERMS 2010 的描述，下列敘述何者正確？

(1) 為國際商會針對各種貿易條件（Trade Terms）作的解釋明確規定買賣雙方的權利義務、貨物所有權及風險在何時何地移轉以及費用負擔之分界點

(2) FOB 條件下，賣方將貨物運至買方指定裝運港指定船舶邊，並辦妥輸出通關手續

(A) (1)、(2) 均正確　　　　(B) (1) 正確、(2) 不正確

(C) (1) 不正確、(2) 正確　　(D) (1)、(2) 均不正確。

( )24. 有關 INCOTERMS 2010 的描述，下列敘述何者正確？

(1) FAS 船邊交貨條件，賣方必須負擔貨物運送到指定目的地港口的成本及運費，並辦妥輸出通關手續

(2) CIF 運保費在內條件，賣方必須負擔貨物運送到指定目的港的成本、保費及運費，並辦妥輸出通關手續

(3) EXW 工廠交貨條件，賣方不負責將貨物裝載於買方所提供的交通工具上，亦不負責辦理貨物出口通關

(4) CIP 運保費付訖條件，賣方必須負擔貨物運送到指定目的地的成本、保費及運費，並辦妥輸出通關手續

(A) (1)、(2)、(3)、(4) 均正確　　(B) (1)、(2)、(3) 正確

(C) (1)、(3) 正確　　　　　　　(D) (2)、(3)、(4) 正確。

( )25. 有關 INCOTERMS 2000 與 2010 版的描述，下列敘述何者為對？

(1) 2000 年版有 13 種貿易條件，2010 版改為 15 種

(2) 2000 年版分為四類（C、D、E、F 類）

(3) 2010 年版分為三類

(4) 2010 年版新增的術語為 DAT 與 DAP

(A) (1)、(2)、(3)、(4) 均正確　　(B) (2)、(4) 正確

(C) (2)、(3) 正確　　　　　　　(D) (1)、(3) 正確。

(　　)26. 以下對「海關」的描述，何者爲對？

(1) 是負責監督貨物進出國境關卡之機關

(2) 關務總局下設基隆、台北、台中、高雄四個關稅局

(3) 各關稅局下設輔助港、國際機場、貨櫃集散站、加工出口區、郵局及科學工業園區內設分、支局

(4) 貨物出口人於貨物裝運前，依貨物出口通關規定，將貨物送進海關指定之貨櫃場、貨櫃集散站或碼頭倉庫，交由海關控管

(A) (1)、(2)、(3)、(4) 均正確　　(B) (1)、(2)、(3) 正確

(C) (1)、(3) 正確　　(D) (1)、(3)、(4) 正確。

(　　)27. 有關海關的業務，下列何者正確？

(1) 關稅稽徵　　(2) 港口建置

(3) 查輯走私　　(4) 保稅業務

(A) (1)、(2)、(3)、(4) 均正確　　(B) (1)、(2)、(3) 正確

(C) (1)、(3) 正確　　(D) (1)、(3)、(4) 正確。

(　　)28. 有關通關業務的描述，下列何者正確？

(1) 進口人（收貨人）辦理預先清關，須在海空運航班未抵達港口或機場前，運輸業者以電腦連線方式傳輸進口貨物艙單，收貨人得於航班抵達前，以電腦連線預先向海關申報

(2) 貨物出口人於貨物裝運前，依貨物出口通關規定，將貨物送進海關指定之貨櫃場、貨櫃集散站或碼頭倉庫，交由海關控管，並由貨物出口人或受委託之報關行，以電腦繕製出口報單傳輸海關報關，稱爲「出口報關」

(3) 出口人在載運貨物之海空運航班結關或開駛前，須於規定期限內向海關申報

(4) 進口人必須自裝載貨物之運輸工具到達日起 15 日內，向海關辦理報關，完成海關通關程序後才能提領貨物，稱爲「進口報關」

(A) (1)、(2)、(3)、(4) 均正確　　(B) (1)、(2)、(3) 正確

(C) (1)、(3) 正確　　(D) (1)、(3)、(4) 正確。

(　　)29. 有關報關的業務，下列何者正確？

(1) 出口應備妥出口報單、小提單、產地證明、出口簽審文件等

(2) 進口則應準備進口報單、小提單、進口簽證、產地證明等

(A) (1)、(2) 均正確　　　　　　(B) (1) 正確、(2) 不正確

(C) (1) 不正確、(2) 正確　　　　(D) (1)、(2) 均不正確。

(　　)30. 有關報關行的業務，下列何者正確？

(1) 報關行代辦進出口廠商的報關、貨物檢查等工作，再由其中抽取佣金

(2) 有時報關行亦負責協調進口後之貨物集散工作，並充當進口業者的代理商安排貨物至目的地的運輸

(A) (1)、(2) 均正確　　　　　　(B) (1) 正確、(2) 不正確

(C) (1) 不正確、(2) 正確　　　　(D) (1)、(2) 均不正確。

(　　)31. 有關關務業務的描述，下列何者正確？

(1) 各關稅局視其業務需要於轄區內之輔助港、國際機場、貨櫃集散站、加工出口區、郵局及科學工業園區內設分、支局

(2) 出口人經海關實地抽驗貨物內容與所申報之資料予以放行後，始可以辦理貨物出口裝船或裝機事宜

(3) 進口人必須自裝載貨物之運輸工具到達日起 15 日內，向海關辦理報關，完成海關通關程序後，才能提領貨物

(4) 通關自動化實施之後，運送文件完全改用影本或免繳

(A) (1)、(2)、(3)、(4) 均正確　　(B) (1)、(2)、(3) 正確

(C) (1)、(3) 正確　　　　　　　　(D) (1)、(3)、(4) 正確。

(　　)32. 下列有關貨物通關自動化的描述何者正確？
    (1) 利用電腦連線以電子資料交換方式，整合各貿易相關單位
    (2) 海關電腦專家系統按進出口廠商、貨物來源地、貨物性質及報關業等篩選條件，分別將報單核定為 C1（文件審核）、C2（免審免驗）及 C3（貨物查驗）
    (3) 貿易相關業者包括進出口業、航運業、倉儲業、報關業及銀行等
    (4) 「貨物查驗」通關係指海關不須審查書面文件，僅查驗貨物
    (A) (1)、(2)、(3)、(4) 均正確　　(B) (1)、(2)、(3) 正確
    (C) (1)、(3) 正確　　　　　　　　(D) (1)、(3)、(4) 正確。

(　　)33. 下列有關貨物通關自動化的描述何者正確？
    (1) 經核定為 32 通關之貨物，報關人完成稅費繳納手續後，海關便透過電腦連線直接將「放行通知」傳送給報關人及貨棧
    (2) 海關必須審查書面文件，且必須查驗貨物是為 C3 通關
    (3) 海關不審核書面文獻，亦不查驗貨物是為 C1 通關
    (A) (1)、(2)、(3) 均正確　　　　(B) (1)、(2) 正確
    (C) (2)、(3) 正確　　　　　　　　(D) (1)、(3) 正確。

(　　)34. 下列有關稅的描述何者正確？
    (1) 除保稅情況外，貨物進口放行時即應課徵進口關稅
    (2) 保稅制度是指運抵國境的進口、轉口，以及其他受海關監管的貨物，在通關放行前，暫免或延緩課徵關稅。
    (3) 2008 年推動「貿易便捷化」計畫，積極進行有關貿易文件流程之簡化
    (4) 海關必須審查書面文件，且必須查驗貨物的通關方式為 C2 通關
    (A) (1)、(2)、(3)、(4) 均正確　　(B) (1)、(2)、(3) 正確
    (C) (1)、(3) 正確　　　　　　　　(D) (1)、(3)、(4) 正確。

(　)35. 以下對保稅制區的描述何者正確？

    (1) 科學工業園區僅限生產用之直接原料可以保稅進口

    (2) 保稅工廠的原物料及生產設備均可保稅進口

    (3) 保稅倉庫爲進口貨品之暫時性保稅進儲、轉售，不得從事加工業務

    (4) 加工出口區的原物料、燃料及生產設備均可保稅進口

    (A) (1)、(2) 均正確　　　　(B) (1)、(3) 正確

    (C) (3)、(4) 正確　　　　(D) (1)、(4) 正確。

二、簡答題

1. 全球運籌的規劃與國際企業的配銷通路有關，除了在當地設置補貨中心外還有哪三種方法可以解決全球運籌管理的問題？

2. 貨物運輸分可爲哪幾種模式？試舉出四種。

3. 在運輸模式中，水道運輸有何特徵？試舉出二項。

4. 在運輸模式中，水道運輸有何優點與缺點？試各舉出二項。

5. 在運輸模式中，航空運輸有何特徵？試舉出二項。

6. 在運輸模式中，航空運輸有何優點與缺點？試各舉出二項。

7. 試舉出公路運輸的二項特徵。

8. 試舉出鐵路運輸的二項特徵。

9. 何謂管線運輸？該運輸方式的優缺點爲何？試各舉出一項。

10. 國際貿易依商品出入國境的型態，除出口貿易外，還有哪二種？

11. 海關的主要業務有哪些？試舉出二項。

12. 試說明 C1 報單的通關方式。

13. 何謂保稅？試舉出二種保稅區的型式並說明其特色。

14. 試說明何謂複合運輸？

15. 試比較說明 INCOTERMS 2000 版、2010 版與 2020 版的差異。

CH12

物流運籌職能與職涯發展

 **本章重點**

1. 物流運籌職能發展
2. 職場倫理概述
3. 物流運籌職涯發展

第四篇
物流管理、規劃與發展篇

核心問題

　　在物流職涯中，各管理階層所需要的技能是如何劃分的？一般各階層需要歷練多久方可達成？請查看一下物流相關的就業途徑／職能／相關職能基準，並思考一下你求學過程中已經培養哪些專業能力與軟實力？

思考案例

　　請觀看職場達人 Show 對於『物流倉儲人員』工作的介紹（https://reurl. cc/E2pDz0），並回顧課本所學與影片所說的基層作業與管理技能，請思考除了物流專業能力外，還有哪些軟實力（可移轉能力）可藉此培養？

12-1 物流運籌職能發展

一、職能概念

依據大專院校就業職能平台（University Career and Competency Assessment Network, 簡稱 UCAN）的資料顯示，所謂「職能」主要用來描述在執行某項工作時所需具備的關鍵能力，目的為找出並確認哪些是導致工作上卓越績效所需的能力及行為表現，以協助組織或個人瞭解如何提升其工作績效。

依據 Spencer & Spencer（1993）提出冰山模型（iceberg model），認為職能是一連串能力的綜合，像一個巨大的冰山，包含水面下與水面上兩個部分：水面下為個人潛在基本特質，例如動機、特質、自我概念屬於較不易為人發現；而在水面上則為知識與技能，容易被人發現同時也是可以透過訓練與發展方式去獲得這些知識與技巧。UCAN 平台（ucan.moe.edu.tw）將職能分為職場共通職能、與專業職能二類：

1. **職場共通職能：** 代表從事各種不同的職業類型都需要具備的能力，職場共通職能發展過程透過：(1) 國內外文獻研究；(2) 召開跨產業之產官學專家會議；(3) 各領域在職人士大規模問卷調查驗證三個階段，經研究驗證歸納溝通表達、持續學習、人際互動、團隊合作、問題解決、創新、工作責任及紀律、資訊科技應用，職場共通職能項目及內容。此即一般稱為的軟實力，或稱可移轉的能力。

2. **專業職能：** 係透過工作分析法（task analysis），展開各項就業途徑工作者所需從事的工作任務、工作活動及具體展現的行為。專業職能內容之發展透過焦點團體訪談，並進行各職類產學專家審定，而後透過各領域在職人士進行大規模問卷調查，加強內容驗證。

UCAN 平台結合職業興趣探索及職能診斷，以貼近產業需求的職能為依據，增加學生對職場的瞭解，並透過職能自我評估，規劃自我能力養成計畫，針對能力缺口進行學習，以具備正確的職場職能，提高個人職場競爭力。如圖 12-1 所示。

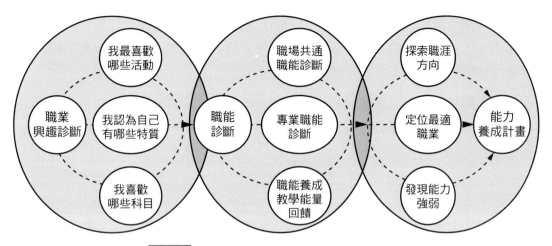

圖 12-1 大專校院就業職能平台應用連結示意

　　此外，依據勞動部 iCAP 職能發展應用平台資料顯示（icap.wda.gov. tw），職能基準（Occupational Competency Standard-OCS），為由中央目的事業主管機關或相關依法委託單位所發展，為完成特定職業或職類工作任務，所應具備之能力組合，包括該特定職業或職類之各主要工作任務、對應行為指標、工作產出、知識、技術、態度等職能內涵。

　　簡言之，「職能基準」就是政府所訂定的「人才規格」。在職能的分類上，屬專業職能，為員工從事特定專業工作（依部門）所需具備的能力。產業職能基準的內涵中，職能的建置必須考量產業發展之前瞻性與未來性，並兼顧產業中不同企業對於該專業人才能力之要求的共通性，以及反應從事該職業（專業）能力之必要性。因此，職能基準不以特定工作任務為侷限，而是以數個職能基準單元，以一個職業或職類為範疇，框整出其工作範圍描述、發展出其工作任務，展現以產業為範疇所需要能力內涵的共通性與必要性。

　　職能基準產出項目包含：職業基本資料（職稱、所屬行業別、說明與補充事項）、工作內涵（工作描述、級別、主要職責、工作任務等）及能力內涵（工作產出、行為指標、知識、技能、態度等）。

有關「職類」之領域類別係指由同一領域，或所需知識技能相近之工作所組成，可以提供給教育及訓練體系運用於職涯或學習發展規劃，有系統的養成相近知識與技能之工作集合。

有關職能分級之主要目的，在於透過級別標示，區分能力層次以做為培訓規劃的參考，依據勞動部就職能級別之規劃內容，說明如表 12-1：

表 12-1　職能級別

級別	能力內涵說明
6	能夠在高度複雜變動的情況中，應用整合的專業知識與技術，獨立完成專業與創新的工作。需要具備策略思考、決策及原創能力。
5	能夠在複雜變動的情況中，在最少監督下，自主完成工作。需要具備應用、整合、系統化的專業知識與技術及策略思考與判斷能力。
4	能夠在經常變動的情況中，在少許監督下，獨立執行涉及規劃設計且需要熟練技巧的工作。需要具備相當的專業知識與技術，及作判斷及決定的能力。
3	能夠在部分變動及非常規性的情況中，在一般監督下，獨立完成工作。需要一定程度的專業知識與技術及少許的判斷能力。
2	能夠在大部分可預計及有規律的情況中，在經常性監督下，按指導進行需要某些判斷及理解性的工作。需具備基本知識、技術。
1	能夠在可預計及有規律的情況中，在密切監督及清楚指示下，執行常規性及重複性的工作。且通常不需要特殊訓練、教育及專業知識與技術。

二、物流運籌職能

針對物流運輸領域的職類共計四類，如表 12-2 所示。其中運輸工程職類以工程為主，並非物流運輸主體營運人員，以下就其他三類摒除客運職能者，對應至 iCAP 頒布的專業職能基準者，迄 2020 年底共有 10 個職能基準，如表 12-3 所示。

表 12-2 物流運輸領域的職類代號 / 名稱與簡介

職類代號 / 名稱	職類簡介
RTO 運輸作業	實際執行運輸作業，協調旅客與貨物運送時間，車輛調度，貨物裝卸、儲放與轉運並保存各種業務紀錄。
RLM 物流規劃及管理	分析組織與顧客的需求並發展物流的解決方案，改善物流系統的績效，以提供有效的物流規劃和管理服務。
RTE 運輸工程	陸運、海運與空運運輸工程的規劃設計、興建、維護、設備等之相關工作，涉及土木、交通、建築、通訊、資訊之學習領域。
RTM 運輸規劃及管理	運輸規劃及管理之目的係提供使用者安全、便捷、舒適、可靠、高品質之運輸服務及提供經營者具成本效益之經營環境。

表 12-3 已頒布物流運輸領域主要營運人員之職能基準（不含客運）

職類代號 / 名稱	職能基準	職能級別	最新修改日
RTO 運輸作業	裝卸協調人員	3	2019/12/31
	物流司機	2	2019/12/31
	裝卸人員	3	2019/12/31
RLM 物流規劃及管理	物流主管	5	2019/12/31
	物流管理人員	4	2019/12/31
	物流作業人員	2	2019/12/31
	貨運處理 / 調度人員	3	2019/12/31
	物流運務人員	3	2019/12/31
RTM 運輸規劃及管理	國際運送承攬經理	5	2019/12/31
	國際運送承攬人員	3	2019/12/31

　　發展職能基準須以適切之職能分析方法，產出以下項目：職業基本資料（職稱、所屬行業別、說明與補充事項）、工作內涵（工作描述、級別、主要職責、工作任務等）及能力內涵（工作產出、行為指標、知識、技能、態度等），如圖 12-2。

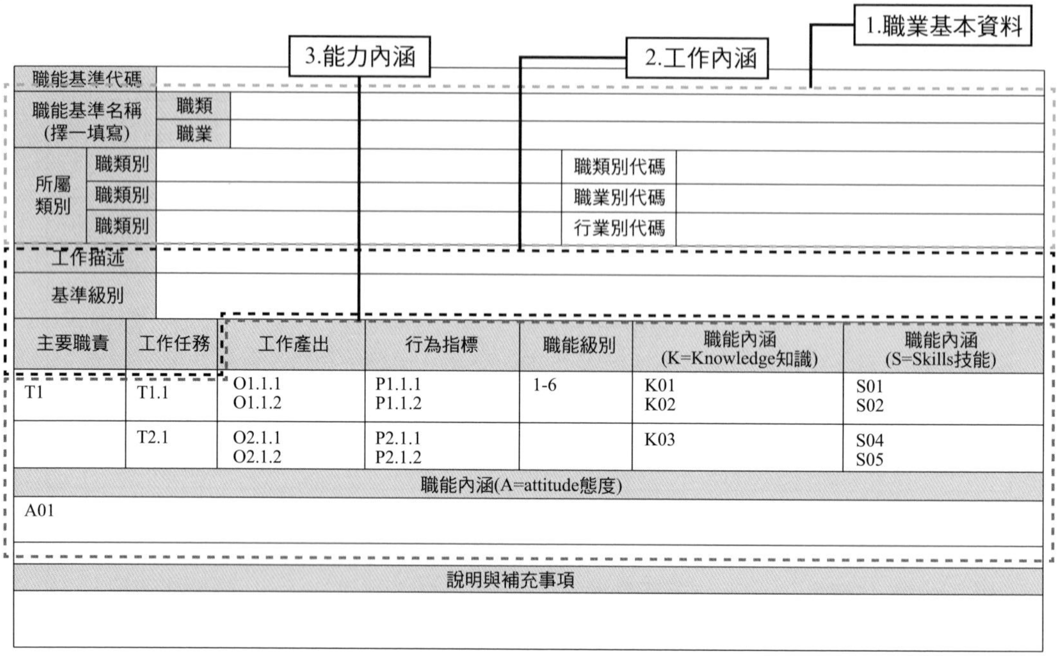

圖 12-2 職能基準格式

以「物流管理人員」職能基準為例，以下舉例說明職能基準所呈現的相關資訊。首先為職業基本資料說明，如表 12-4；在工作內涵的工作描述中，發展出的主要職責共有九大項：T1 專案管理、T2 遵循運輸法規、T3 在物流運輸產業中有效工作、T4 協調車隊控管物流、T5 監控運輸操作、 T6 確保安全的工作場域、T7 發展並檢視整合物流支援計畫、T8 提供專業的整合物流支援建議、T9 協商合約。每一主要職責可分解為若干工作任務；再由工作任務來對應行為指標；此外，每一主要職責再發展出所需的能力內涵，包含職能內涵（K, knowledge 知識）與職能內涵（S, skills 技能），如表 12-5 所示。

表 12-4　「物流管理人員」職能基準－職業基本資料

職能基準代碼		RLM4323-001v2		
職能基準名稱（擇一填寫）職業	職類			
	職類	物流管理人員		
所屬類別	職類別	物流運輸／物流規劃及管理	職類別代碼	RLM
	職業別	運輸事務人員	職業別代碼	4323
	行業別	運輸及倉儲業／陸上運輸業	行業別代碼	H49
工作描述		協調與控管物流運輸排程，支援物流規劃與管理之相關活動。		
基準級別		4		

表 12-5　「物流管理人員」職能基準－工作內涵與能力內涵（節錄）

主要職責	T1 專案管理
工作任務	T1.1 評估狀況
工作產出	NA
行為指標	P1.1.1 識別、評估並減少危害可能對自身或他人造成損傷或疾病的風險。 P1.1.2 評估急救人員及他人的風險，以決定適當的回應來確保及時的局勢控制。 P1.1.3 確定並制定緊急服務／醫療協助需要的優先次序，並依需要實施分類。
職能級別	4
職能內涵（K=knowledge 知識）	K01 壓力管理相關知識 K02 急救知識與醫療保健知識 K03 急救標準作業程序 K04 職業安全衛生法、環境保護法及其他相關程序、準則 K05 職業安全衛生相關異常

	S01 溝通協調能力
職能內涵 （S=skills 技能）	S02 文書處理能力
	S03 工作規劃能力
	S04 危機處理能力
	S05 統御領導能力
	S06 標準作業程序執行能力

12-2　職場倫理概述

一、基礎概念

　　職場倫理，或稱爲工作倫理，是發生在工作場所中的人際或群體之間的倫常規範。通常採用職場倫理契約來表示，此種契約就是在約定雇主和所有員工、以及員工與員工之間，做公平對待的規則。職場倫理是個人在職場工作時，對自己、對他人、對社會大眾及對工作本身所應遵循的行爲準則和倫理規範。

　　當工作場域中的關係都符合道德原則時，那即可稱爲合乎職場倫理。一個具有良好專業道德教養的人，應該具備有一般道德教養，以及對於自身專業工作之領域，所涉及的倫理議題有相當的認識。與職場倫理相類似之觀念有職業道德、工作倫理、專業倫理、企業倫理等。

　　職業倫理主要是由員工或個人的角度來看，其在工作當中所應盡的道德倫理責任。職業倫理可分爲兩部分：

1. 在工作當中所被規定應遵守的規範，這是屬於法定的範疇；
2. 在工作當中屬於道德的部分，這是屬於非正式的規範，如工作態度、與同事相處的方式或是在職場中所應有的誠信原則，這些是屬於約定俗成或是各企業的文化。

　　職場中的倫理，不只是片面的要求基層員工，也包含組織的幹部和領導人，因爲提高管理者和被管理者對於倫理在組織活動中作用的自覺意識，對

於培養和造就高素質的組織人員，確立組織全體成員共同認可的管理價值觀，增強組織的凝聚力和向心力、協調組織與外部的關係，樹立良好的組織形象皆具有重要的意義。

綜上所述，現代勞雇雙方契約乃建構在自由契約的原則上，勞雇雙方都可依照自己的意志，來商議工作時間和各項福利等。此種職場契約是屬於法律契約，倘若雇主和員工雙方不能在契約上取得對方的同意，則勞動契約就無法成立。今日企業倫理的契約觀念，已由過去「法律契約」轉為「心理契約」或「道德契約」。所謂心理契約或道德契約，就是勞雇雙方基於彼此的信任，而在心理上或道德上產生自然的默契，故又可稱為默示契約。

就職場倫理而言，無論是法律契約或道德契約，只要這些契約關係都是正當性的，就是合乎企業倫理。總之，職場倫理是建構在雇主和員工雙方的心理契約之上的，法律契約只是雙方最基本的倫理要求，心理契約或道德契約才是最深層的倫理規範。

二、工作價值

工作價值觀乃是個人工作時所持有之信念，用以評斷工作相關事物或行為的準則，並反映個人需求及偏好，以引導態度傾向、行為方向和追求工作目標。對於工作價值觀的分類及內涵，Super（1970）將工作價值觀分成十五個向度，包括：成就感、經濟報酬、工作穩定性、獨立性、多樣性、創造性、聲望、生活的方式、利他主義、美的哲學、與上司的關係、智力的刺激、環境、同事、管理面。並以此向度編制「工作價值觀量表（Work Values Inventory，簡稱 WVI）。

後續有學者修訂了 Super 的「工作價值觀量表，以因素分析找出六個取向：自我表達取向、外在報酬取向、人群取向、社會認可取向、利他取向與變異取向。另有學者以臺灣員工為對象的研究則發現：物質酬賞、人際滿足、和發揮能力是臺灣工作者所持有的三大類工作價值。

有學者認為以「個人」的期待與知覺工作價值現況間的契合，更能解釋工作者適應的真實狀況。亦即個人在選擇工作時，會考慮工作價值是否符合

其期望與目標。因此認為「個人—工作適配」，對員工的態度與行為有較佳的預測力。換句話說，由於個人工作價值觀會決定其工作選擇、工作價值觀與現實狀況之間的契合，對於工作選擇或留任更具重大意義。再者，由於個人對工作有不同的期待，縱使面對同一份工作，其所賦予的價值仍有所差異。綜上所述，若考慮進入物流業服務或是從事物流相關職務時，可先思考個人發展與此職務工作價值的契合度。

三、工作態度

工作態度代表著員工對工作環境所抱持正面或負面的評價。員工對於工作與組織的感受方式與職能程度，常會隨時間而改變（例如工作狀況變動時），因此員工態度也會隨之改變。工作態度會表現出以下三種類型：

1. **組織承諾**（organizational commitment）：指一種員工對組織的認同度，也就是員工認同組織及組織目標，並希望自己永遠是組織裡的一員。

2. **工作投入**（job involvement）：指心理上對工作的認同度，亦即認為工作績效對自我價值的重要程度。

3. **工作滿足**（job satisfaction）：意指對工作抱持的概括性態度，包括工作內容、特性、環境以及工作情緒經驗等的評量，並非單一概念，涵蓋層面深又廣。

當員工對職能需求改變時，員工的工作態度必會有所差異，並反映於工作表現上。因此，管理階層十分重視員工的工作態度，並會隨時了解員工的工作態度，特別是社會新鮮人以及新進人員於初期的工作態度表現。

「如果你是老闆，你會錄取一位能力不錯，但服從性差且溝通困難的人呢？還是會用一位能力普通，卻態度積極，做事認真的人？」，這是一個經常在管理階層晉用或是晉升人員時常抉擇的問題。職場重視的是「工作能力」與「工作態度」，當然兩者能夠兼備這是最完美的狀況，可惜並非人人皆可輕易達成。在職場中「工作態度」重要性經常勝於「工作能力」，這與求學時期有很大的不同，值得剛投入職場的社會新鮮人注意。有關工作態度坊間與網路上有許多觀點，建議可多查詢參考。

12-3 物流運籌職涯發展

英美等先進國家均設置有物流專業組織，以推動產業升級交流與專業人才培育。同時設定相關資格證書標準，作爲人才培育發展的不同進程與資格水準。因此，本教材以此做爲物流職涯發展的對照。以下以英國皇家物流與運輸學會（The Chartered Institute of Logistics and Transport, CILT）的資格證書標準，提供參考。

CILT 是目前世界上最具有權威的物流專業組織之一，近年來該協會推動運籌人才之認證，其設計的資格證書標準和短期培訓課程在很多國家被廣泛採用，包括英國、澳大利亞、加拿大、紐西蘭、新加坡、印度、馬來西亞、南非、中國大陸、香港等。此外，許多非英語的歐洲國家也在 CILT 的幫助下建立起了自己的資格證書體系。在英國，有 35 所大學開設經由 CILT 批准的有關物流和交通的學士、碩士及博士課程。

CILT（UK）物流證書是英國皇家物流與運輸學會（CILT（UK））基於物流專業人員所應具備的能力模型設計的，認證內容依物流運籌人才之不同需求分爲四種等級。

1. 一級：物流基礎人員證書（Foundation Certificate in Logistics）

2. 二級：物流部門主管證書（Certificate For Supervisory Managers in Logistics）

3. 三級：物流營運經理證書（Diploma for Operational Managers in Logistics）

4. 四級：物流高階經理證書（Advanced Diploma for Strategic Managers in Logistics、Advanced Diploma for Strategic Managers in Transport）

臺灣地區學員參加認證之資格，係參考英國 CILT（UK） 對各級認證之「適合參加對象」相關說明所訂定，依程度深淺予以限定參加資格，詳列如下（符合其一條件即可）：

1. 第一級：（適合一般物流管理人員）

   (1) 高中（職）、專科及相當學歷，兩年以上物流相關工作經驗

   (2) 大學物流與相關專業二年級以上學生

2. **第二級：** （適合物流與運輸企業部門經理）

   (1) 大學及相當學歷或大專以上學歷，物流相關工作一年以上

   (2) 高中（職）及相當學歷、物流相關工作三年以上

   (3) 大學本科物流與相關專業畢業生

   (4) 獲得一級證書者

3. **第三級：** （適合物流與運輸業企業營運經理）

   (1) 具博士學歷者

   (2) 碩士畢業、物流相關工作一年以上

   (3) 大學及相當或以上學歷、物流相關工作三年以上

   (4) 專科及相當學歷的、物流相關工作五年以上

   (5) 高中（職）及相當學歷、物流相關工作八年以上

   (6) 取得中華民國物流協會之「物流技術整合工程師資格證書」者

   (7) 獲得二級證書者

4. **第四級：** （適合物流與運輸企業總經理）

   (1) 博士及相當學歷、物流相關工作一年

   (2) 碩士及相當學歷、物流相關工作三年以上

   (3) 具有本科以上學歷，從事物流管理工作五年以上

   (4) 獲得三級證書者

     此外，如同本教材第一章對物流運籌的定義，將物流運籌發展從作業面的物流操作觀點，擴大涵蓋到策略層次的運籌供應鏈觀點。因此物流運籌職涯的發展終極可涵蓋到供應鏈人才。中華民國物流協會鍾榮欽秘書長曾將 DHL 對於供應鏈人才斷層的研究翻譯提供各界參考，雖然是以人才斷層為研究主體，但其中涉及供應鏈人才所需具備的能力，因此亦可作為物流運籌職涯發展的參考。以下為摘譯內容：

DHL Supply Chain 委託 Iharrington group LLC 及美國麻里蘭大學針對全球供應鏈的人才供需向三百五十位以上的全球供應鏈及作業專家進行調查，新進公布的調查報告（The Supply Chain Talent Shortage：From Gap To Crisis）表示，全球供應鏈產業正面臨人才短缺，這種短缺現況已經從斷層演變到危機，領先的企業瞭解他們必須採取行動來解決這種情況，否則將來會面臨使用不稱職的人來管理供應鏈的後果，其潛在問題令人擔憂—在某些企業，供應鏈人才斷層可能威脅企業在全球舞台競爭的能力。

　　在臺灣，除了基層的勞力欠缺外，物流及供應鏈管理人才近年也面臨短缺，相較於歐美短缺的情況，臺灣也不遑多讓，臺灣企業殷切需要充實優質的物流及供應鏈管理人才以提升整體的物流與供應鏈管理水準。

　　這篇報告有很多參考的價值，所以中華民國物流協會特別摘譯成中文提供給各界參考，希望對臺灣企業在追求物流及供應鏈的專業發展能有所助益。

供應鏈人才短缺：從斷層到危機

中華民國物流協會摘譯

　　供應鏈產業正面臨了人才的短缺，這種短缺現象已經快速從斷層演變到潛在的危機。美國勞工統計局表示從 2010 年～ 2020 年間供應鏈的物流工作估計成長 26%，另外一份全球性的調查估計供應鏈專才的需求超出了人才的供給，比例為六比一。

　　其他報告則認為供需失衡的比例數字更高。BlueWorld 供應鏈顧問公司的執行長傑克・巴爾（Jake Barr）提出警告「每一位擁有供應鏈技能的大學畢業生有六個工作職缺在等待，未來還可能會增加到九個職缺。」隨著二戰後的嬰兒潮職工退出工作崗位，上述的人才短缺情況只會加重，有些研究宣稱目前的供應鏈人力中有 25% ～ 33% 已經臨界或超過了退休的年齡，後備人力的補充遠遠不足。

　　領先的公司了解他們必須採取行動來解決這種情況，否則會面臨使用了不稱職的人才來管理供應鏈的後果，其潛在問題令人堪憂—在某些行業，人才斷層可能威脅公司在全球舞台上競爭的能力。

　　那麼，公司是採取了什麼對策來對付這個問題呢？爲了一窺究竟，DHL Supply Chain 公司橫跨世界五大區向 350 位以上的供應鏈及作業專家進行調查，該調查報告摘錄了以下重要的發現。

一、調查結果：重點整理

1. 影響人才短缺的最主要因素爲工作條件要求的改變。
2. 現今，理想的員工應同時具備戰術／作業的專長（tactical ／ operational expertise）及專業的能力（professional competencies），諸如分析的技能。58% 的公司表示同時具備這兩種專長的人很難找到，未來需要的人才必須擅長領導、策略思考、創新及高階的分析能力。
3. 將近 70% 的受訪專家表示「缺乏職涯成長的機會」及「供應鏈的行業地位」深深地影響了企業吸引及留住人才的能力。
4. 僅有 25% 受訪的專家表示其所屬企業認爲供應鏈跟其他的專業技能一樣重要，40% 的專家則認爲供應鏈的價值則視情況而定—可以只是一種普通的專長，或者是公司寶貴資產，要看供應鏈在公司所處的地位及職級而定。
5. 領先的公司正致力於解決人才短缺的問題，他們有計畫地建立健全的人力管道，以及發展供應鏈的人力—透過清楚的職涯升遷管道、教育、文化的調適、人才發展夥伴計畫及其他手段。
6. 有三分之一接受調查的公司，並沒有採取任何作爲來建立或充實企業未來的人才管道。

二、調查結果：細觀

（一）原因和結果

接受 DHL 調查的專家有 67% 認爲對供應鏈人才的總體需求是造成全球物流人才短缺的重要或很重要的因素。

但是，對人才的高需求並不是造成人才短缺的主要因素。

根據調查回應，工作條件要求的改變才是造成人才短缺背後的最大及唯一的因素。86% 接受調查的專家對這個因素評分不是 4 就是 5 －高或非常高－從這個因素對公司找到適當人才能力的影響來看。

要找到在技術上能適合工作要求的人才相對容易－只有 10% 接受調查的專家表示有困難。而要找到具有扎實專業能力（professional competencies）就有些棘手－ 27% 表示有困難。

要得到具有這些技能的人才是容易或困難的?

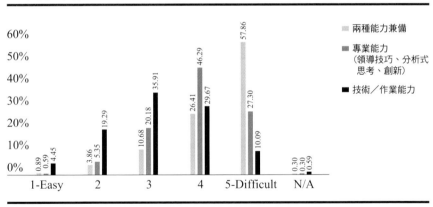

從經驗的水準來看，公司較容易吸引及雇用到初階人才，中間的管理人才比較難找到－ 46% 受訪者表示困難度很高，有 73% 的受訪者表示找到高階主管則更爲困難，遠高於找到初階及中階管理人員。

問卷提出了相關的問題，詢問什麼因素會影響到公司找尋及留住供應鏈的人才，有趣的是，問題中得分較高的項目都是圍繞著供應鏈的職業形象打轉。

長久以來，供應鏈一直存在著形象問題，特別是在新興市場，大家習以為常的觀點都認為「相較於財務、管理、製造、產品開發、行銷或銷售，供應鏈不如這些工作好」。雖然業界一直努力要來改變這樣的觀念，但是從DHL 調查的結果看來，還有一段路要走。

將近 70% 受訪的專家表示「缺乏職涯成長的機會」及「供應鏈的行業地位」深深地影響企業供應鏈人才的管理，與此相關，有 59% 受訪者表示他們公司要留住供應鏈人才是有困難的。

公司本身也是造成問題的部分原因。僅有 25% 受訪的專家表示其所屬企業認為供應鏈跟其他的專業技能一樣重要，40% 的專家則認為供應鏈的價值則視情況而定—可以只是一種普通的專長，或者是公司寶貴資產，要看供應鏈在公司所處的地位及職級而定。

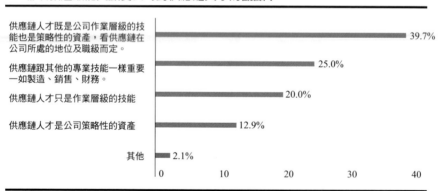

哪項敘述最能突顯貴公司對供應鏈人才的觀點？

公司想竭力去整合「新的」及「舊的」工作方式是影響公司得到及留住供應鏈人才的另一個問題。62% 的受訪者認為公司與人才間有「文化衝突」的情形，主要是圍繞在這樣的問題上，譬如：人才想要的或期望的工作方式，員工願意在什麼樣的環境下工作及他們對管理方式的期待。

最後，儘管缺乏人才的管道來填埔嬰兒潮職工退休造成的泡沫化現象是眾所周知的事實，也僅有 37% 受訪企業認為「人力老化」對公司人才管理環境有高度或非常高的影響。

（二）未來的技能與策略

瞻望未來，到 2020 年供應鏈的專才應該具有什麼樣的技能？有趣的是，相較於今日高度重視的能力，未來的要求將大有不同，強調重點擴充到包含更多策略性的能力。當要求受調者為未來的供應鏈經理人應該具備的最重要技能來評分時，前三項的回應為：

1. 領導能力
2. 策略性及批判性思考
3. 解決問題的技巧，創造力及想像力

請評價貴公司未來(2020年前)供應鏈經理人必須具備的技能

技能	1-Highest	2	3	4	5	6-Lowest
領導及策略性技巧	29.51%	18.69%	12.46%	11.15%	16.72%	11.48%
策略性及批判性思考	23.31%	20.33%	18.69%	16.07%	10.49%	13.11%
操控性技術	16.39%	11.15%	11.80%	14.43%	19.43%	26.89%
解決問題的技巧，創造力及想像力	15.08%	17.05%	23.61%	18.69%	14.75%	10.82%
人才發展／師徒傳授／教練技巧	9.51%	20.98%	21.64%	18.69%	15.74%	13.44%
技術性、分析性技巧	8.20%	11.80%	11.80%	20.98%	22.95%	24.26%

公司是否有信心可以擁有適當的物流專才，技術及策略性能力來滿足他們到 2020 年的策略目標？41% 的公司對這個問題表示審慎樂觀，僅有 4% 有絕對的把握。

　　企業採取了哪些與人才發展相關的步驟來確保 2020 年供應鏈管理？本次調查報告有好消息也有壞消息，好消息是將近 50% 企業認可物流與供應鏈管理是策略性資產，雖然當中只有三分之一的企業確實依照清楚的人才發展藍圖進行組織的調整。

　　壞消息是 32% 的受訪公司表示「沒有採取任何措施來建立或充實供應鏈人才管道」以因應未來需求，身處競爭的環境，人力資本可以為企業帶來知識上、策略上及作業上的優勢，從而區分出勝敗，企業的無所作為確實是很冒險的行徑。42% 的企業沒有人才管理策略來支援未來三年的需求，而有 15% 的企業不曉得公司內是否有推動的策略。

貴公司採取以下哪些措施來建立及充實供應鏈人才管道？

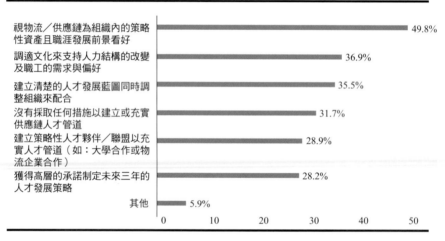

- 視物流／供應鏈為組織內的策略性資產且職涯發展前景看好　49.8%
- 調適文化來支持人力結構的改變及職工的需求與偏好　36.9%
- 建立清楚的人才發展藍圖同時調整組織來配合　35.5%
- 沒有採取任何措施以建立或充實供應鏈人才管道　31.7%
- 建立策略性人才夥伴／聯盟以充實人才管道（如：大學合作或物流企業合作）　28.9%
- 獲得高層的承諾制定未來三年的人才發展策略　28.2%
- 其他　5.9%

貴公司是否已經設計了人才發展策略來滿足未來三年的需要？

- 有　43.2%
- 沒有　41.5%
- 不知道　15.2%

　　那些有計畫性來培養供應鏈人才的企業是採取什麼樣的戰術？得分比較高的項目，包括：

1. 65% 的公司透過諸如人才認證及企業內訓的方式來鼓勵專業的發展。

2. 44% 的公司開創讓員工容易適應及具有彈性的工作環境。

3. 34% 的公司為員工提供了清晰的職涯發展機會。

4. 32% 的公司建立了工作輪調制度。

　　從吸引且長期留任人才的角度來看，公司應該要怎麼做才得以引進及保有人才？總體而言，待遇及福利是最重要的，管理層對人才發展的承諾居次。

請就下列屬性對人才發展及留任計畫的重要性來評分

待遇及福利	5.8
管理層對人才發展的承諾	5.7
清楚職涯升遷管道	5.6
工作環境	5.4
訓練及發展	5.3
工作表揚	4.9

（三）機會深具潛力

　　要對付人才短缺的問題，供應鏈產業面對的挑戰橫梗在前，公司的努力已有進展，但還有一大段長路要走，因此，未來還有很大的改善空間，努力以赴是值得的。波士頓顧問集團（Boston Consulting Group）近期研究報告發現，相較於人才管理比較落後的企業，那些表現優秀的企業其營收超出了 2.2倍，獲利則高出 1.5 倍。

資料來源：http://dhl.lookbookhq.com/ao_thought-leadership_talent-gap/research-report_talent-shortage-from-gap-to-crisis

第五篇
案例篇

（線上教材）

第一部分　　各章思考案例

（請參見各章首之思考案例）

第二部分　如何善用物流運籌提升競爭力

- 網路購物加上 24hr 宅配，真的【購速配】－ PChome 與統一速達的完美結合。
- 電商物流速度革命：「速配經濟」新浪潮，信任度與穩定度才是王道。

第三部分　物流相關服務案例

- 低溫物流－統昶行銷股份有限公司
- 宅配服務－統一速達股份有限公司
- 服飾物流－麗嬰房股份有限公司
- 醫藥物流－久裕企業股份有限公司

各章綜合練習題解答

第一章　物流運籌導論（練習題答案）

一、選擇題（單選）

1.(D)　2.(D)　3.(B)　4.(D)　5.(B)　6.(C)　7.(D)　8.(C)　9.(D)　10.(A)

11.(D)　12.(B)　13.(D)　14.(C)　15.(B)　16.(B)　17.(D)　18.(D)　19.(E)　20.(C)

21.(D)　22.(A)　23.(A)　24.(D)　25.(C)　26.(C)　27.(C)　28.(C)　29.(D)　30.(A)

31.(A)　32.(C)　33.(B)　34.(C)　35.(C)　36.(B)　37.(D)　38.(C)　39.(C)　40.(D)

41.(C)　42.(A)　43.(B)　44.(B)　45.(B)　46.(C)　47.(B)　48.(D)　49.(C)　50.(C)

二、簡答題

1. 商業流通包含了哪些四個主要的流動（亦即何謂流通的四流）？

   答：商流、金流、物流、資訊流。

2. 物流運籌的 7 個正確（7 Rs of Logistics）是指哪些？

   答：正確的物品（right product）、正確的人（right person）、正確的時間（right time）、正確的地點（right place）、正確的品質（right quality）、正確的數量（right quantity）正確的成本或價格（right cost or right price）亦即將正確的物品送至正確的人手上，在正確的時間、地點、正確的品質、數量並在正確的成本（價格）下完成。

3. 試說明物流運籌發展中，由企業內整合的主要的概念為何？

   答：由企業的組織來看，傳統上並無專責且整合的物流部門，而是將物流作業隨各功能部門予以切割，亦即由財務（採購）、生產、行銷等傳統企業功能來擔負各自的物流活動。藉由企業內部物流活動的整合，

將原料、生產、流通與存貨控制等相關物流作業進行組織上的整合，產生了物流運籌（logistics）的概念。然這階段的發展比較著重在作業層次上，我們通常稱的「物流」主要是指這個階段。

4. **試說明物流運籌發展中，由企業間整合的主要的概念爲何？**

答：隨著產業競爭的加劇，企業的競爭由個別的競爭進入供應鏈與供應鏈間的競爭。這階段著重在供應鏈間策略、規劃與運作的整合，我們通常稱的「運籌」主要是指這個階段。

5. **以一個企業的物流來看，進向物流活動（inbound logistics）之外，還有哪二項物流活動？**

答：內部物流（internal logistics）以及出向物流（outbound logistics）。

6. **若將經濟系統分爲生產系統、流通系統與消費系統時，對應生產系統爲生產物流，對應流通系統爲消費品銷售物流，試問對應消費系統可能產生的物流活動有哪些？（請至少舉出二項並簡述之）**

答：生活物流、廢棄物流、逆物流（維修、回收）等。（任寫出二項）

7. **請簡述比較狹義流通管理與物流運籌管理的差異爲何？**

答：由下說明可看出二者之差異：

(1) 流通管理（狹義）

特指消費性商品由生產者移轉至消費者的過程。各項活動由流通組織來完成，包含商流、物流、金流與資訊流之活動，其中此階段的物流活動乃專指消費品銷售物流。

(2) 物流運籌管理

指以物品實體移動爲管理核心。包含原物料物流、生產物流、消費品銷售物流，乃至於近年來出現的生活物流均包含。

8. **在供應鏈運作參考模型中（SCOR model）所採用幾個主要活動除採購（source）與推動措施（enable）之外，還包含哪四項？**

答：生產（make）、配送（deliver）、退貨（return）以及相關規劃（plan）。

9. **由美國供應鏈協會（CSCMP）對物流運籌的定義來看，請回答以下問題：**

　答：(1) 由管理長度（範圍）來看：是指由　原料起點　到　消費終點（最終消費）　的過程。

　　　(2) 由最終目標來看是為了滿足　顧客及社會　的需求。

　　　(3) 由管理的對象來看：包含實體物品、　服務　與　相關資訊　。

　　　(4) 由主要活動類型來看：包含移動（flow）與　儲存（storage）　。

　　　(5) 何謂效率（efficient）？指降低作業所需時間（求快）；亦即「把事情作對」。

　　　(6) 何謂效益（effective）？指達到設定目標，如：降低成本、提高營業額等（求好）；亦即「作對的事情」。

10. **物流所創造的效用請舉出二個並試說明之。**

　答：空間（地點）效用：當生產地點與需求地點不同時就產生了空間差距，運輸活動則可消弭這差距，創造空間效用。

　　　時間效用：當生產時間與需求時間不同時就產生了時間差距，倉儲活動則可消弭這差距，創造時間效用。

11. **請簡述物流總成本的概念？**

　答：所謂物流運籌總成本，係指為了達到物流系統之顧客服務目標所發生之各項成本的總和。物流系統中各項功能常存有高度的關連性或是相互權衡（trade-off）現象，因此須由物流運籌總成本的觀念來進行物流系統的設計與改善，方可關注到整體的效益。

12. **請簡述何謂物流共同化？**

　答：所謂「物流共同化」是指企業機構經由物流運籌策略聯盟的方式，來處理企業營運中有關物流運籌的相關作業，透過資源共享、增加附加價值、分擔風險以達規模經濟或是效益提升的目標。

13. **依據 Lambert 的觀點，試繪出行銷活動與物流運籌成本之間的示意圖？**

　　答：請參考圖 1-8 行銷活動與物流運籌成本示意圖。

14. **依據藍柏（Douglas M. Lambert）的觀點，物流運籌成本包含哪五個部分。**

　　答：運輸成本、倉儲成本、訂單處理／資訊成本、批量成本、庫存持有成本。

15. **有效的物流運籌管理分成哪三個決策層次？並簡述各層次的決策特性。**

　　答：(1) 戰略層次：最高層級的戰略層次決策，通常關注於一個較長期間內，物流營運中各環節的資本以及資源有效配置的活動。戰略性決策對物流效率與效果反映於財務報表上的影響是較長久且重大的。錯誤的決策代價十分高昂，任何補償性的措施都將花費龐大的成本。

　　　　(2) 戰術層次：戰術性決策往往涉及一定數量的資本投資以及年度、季度或不同期間的計畫。這階段的決策若出現失誤，用於調整的費用明顯低於戰略性決策的失誤。戰術性決策將影響日常作業營運的有效性，而且是協調日常運作的基礎。

　　　　(3) 作業層次：屬於最基礎的層次，作業性決策主要是針對日常運作事務。資本投資額度小，因此糾正失誤成本很低。

16. **從系統的角度分析，經濟體系除了消費系統之外還有哪二個子系統所構成的？並請說明此二個子系統主要功能。**

　　答：(1) 生產系統、流通系統。

　　　　(2) 生產系統乃著重於製造出各式各樣的產品，來滿足消費系統的需要；流通系統則扮演了調節生產系統的供應與消費系統的需求之間，取得平衡的重要機能。

17. **物流運籌發展的歷程中有幾個主要驅動因素，除了消費者需求的變化以外，請另舉二個因素並概述其內涵？**

　　答：以下任舉二項

　　(1) 通路力量向零售端轉移

　　　　市場的支配力量由生產廠商逐步轉移到零售企業，進入所謂「通路為王」的時代。零售端對於商品配送的需求轉為的少量、多樣、多頻次的配送；許多商品的生命週期也漸次縮短。

　　(2) 政府管制逐步放鬆

　　　　隨著經濟自由化發展，法規的鬆綁，驅使了物流運籌活動的蓬勃發展但也造成更為激烈的競爭。

　　(3) 全球化的發展

　　　　市場進入限制的放寬與跨國企業的拓展，讓企業走向全球化來降低營運成本，對市場提供更佳、更便利且更快速的服務，此發展傾向使得物流運籌活動往國際化發展，國際運輸、跨國物流運籌產生密切整合的需求，全球運籌管理也因應而生。

　　(4) 技術的發展

　　　　在物流運籌領域中，技術發展也扮演了重要的角色。特別是資訊通訊技術（ICT）的發展，讓物流運籌活動可以快速追蹤與回應；此外自動化設備的發展亦讓物流作業的效率大幅提升。

18. **試繪圖並說明有關狹義流通、物流運籌與供應鏈管理之差異。**

　　答：請參考圖 1-6 －狹義流通（Distribution）、物流運籌（logistics）與供應鏈（supply chain）的範圍

19. **物流共同化與委外的概念有何不同？試說明之。**

　　答：共同化主要是達到物流規模經濟量或是效益最大化，委外是將物流交由專業化的第三方物流（3PL）廠商執行物流運作。

20.**何謂第三方物流？並舉出二家你所知的第三方物流業者。**

　答：(1) 所謂第三方物流廠商是指獨立於買方與賣方以外的第三者，由此
　　　　第三者提供全面性或是部分物流機能，並以提供物流服務來獲取
　　　　報酬的公司組織。

　　　(2) 中華僑泰公司、嘉里大榮物流、統一速達等等。（任舉二家）

21.**試舉例說明物流運籌決策可能產生的相互權衡（trade-off）情況。**

　答：例如，當減少物流據點個數並盡量減少庫存時，因地區性配送範圍擴
　　　大與因零售端庫存補充頻繁，使得運輸次數與費用增加。雖然倉儲
　　　費用降低卻亦使得運輸成本增加，此種情況即稱為效果的相互權衡
　　　（trade-off）。

22.**試以運輸功能為例，舉例說明物流運籌決策的三種層次所對應的處理活動
為何？**

　答：(1) 戰略層次：例如，決定自購車輛或租用車輛、選擇不同階段所需
　　　　的運輸型式。

　　　(2) 戰術層次：例如路線規劃與設定。

　　　(3) 作業層次：例如運輸與配送作業。

23.**試以倉儲功能為例，舉例說明物流運籌決策的三種層次所對應的處理活動
為何？**

　答：(1) 戰略層次：例如決定物流中心的數量與設備自動化程度。

　　　(2) 戰術層次：例如儲區設定。

　　　(3) 作業層次：例如進行揀貨作業。

第二章　物流業現況與發展 （練習題答案）

一、選擇題（單選）

1.(D)　2.(B)　3.(B)　4.(D)　5.(D)　6.(C)　7.(C)　8.(B)　9.(D)　10.(A)

11.(B)　12.(D)　13.(A)　14.(D)　15.(C)　16.(C)　17.(B)

二、簡答題

1. **請簡述實務上所稱的物流業爲何？**

   答：實務上，習慣將提供專業物流服務的第三方業者通稱爲物流業。

2. **依據中國《物流企業分類與評估指標》國家標準，其將物流企業分爲哪三種類型？**

   答：分爲運輸型、倉儲型和綜合服務型。

   　　每種類型中又分爲 5 個不同的等級，類似飯店星級認證，從 5A 到 1A 依次降低。

3. **物流服務相關的企業可分爲四類，除物流裝備製造業及物流資訊與顧問服務業還包含哪二類？**

   答：物流基礎服務業、物流中介服務業。

4. **試舉出四種物流基礎服務業並加以說明。**

   答：運輸業、倉儲業、基礎設施服務業、起重裝卸業、快遞服務業、配送服務業、租賃服務業。（任列出四種）

5. **試舉出二種物流中介服務業並加以說明。**

   答：(1) 貨運承攬業：凡從事陸上、海洋及航空貨運承攬之行業均屬之。例如：中菲行、萬達等。

   　　(2) 船務代理業：凡以委託人名義，在約定授權範圍內代爲處理船舶客貨運送及其相關業務之行業均屬之，如代辦商港、航政、船舶檢修手續等服務。

(3) 報關業：凡受貨主委託，從事貨物進出口報關相關服務之行業均屬之。例如：鴻昇報關。

（任列出二種）

6. **若將第三方物流分為資產型、管理型與綜合型等三種類型，請分別各舉一個公司並簡述屬於該分類之原因。**

答：(1) 資產型第三方物流：如長榮海運、遠雄物流公司（遠雄航空自由貿易港區）、嘉里大榮物流等。

(2) 管理型第三方物流：如：萬達國際物流、世邦國際物流。

(3) 綜合型第三方物流：如：中華僑泰物流、佰世達物流、全日物流。

7. **第三方物流具備若干優勢，使其可執行客戶的委託，做好客戶服務，除服務優勢之外，請舉出二項並簡述之？**

答：任寫出以下二項

(1) 專業優勢

第三方物流的核心競爭力，來自於提供高品質且成本合理的物流運作專業能力。許多企業之所以將物流委外乃因物流非為其核心競爭力，物流專業優勢是第三方物流業者相對於其客戶的一種重要的優勢。

(2) 規模優勢

第三方物流的規模優勢來自其可以組織若干客戶的物流需求，亦即藉由物流共同化達成規模化優勢。換言之相較於一般企業多關注於自身利益的情況下，第三方物流業者以物流為其核心競爭能力，較容易集結同業或是相關行業的物流需求達成規模優勢。

(3) 資訊優勢

物流是跨企業與跨功能的整合活動，第三方物流在資訊上相對於客戶的優勢是來自其組織運作整個物流活動的能力。保持與客戶及相關業者長期、穩定的合作關係，可建立其物流資訊的優勢。

8. **企業將非核心的事業委外有哪些優點？（請至少舉出二項）**

　　答：任寫出以下二項

　　　　(1) 集中精力發展核心業務

　　　　(2) 減少投資、降低風險

　　　　(3) 節省費用、降低成本

　　　　(4) 減少庫存

　　　　(5) 物流服務水準的提高

9. **企業將物流委外有哪些缺點？（請至少舉出二項）**

　　答：任寫出以下二項

　　　　(1) 對物流控制能力的降低

　　　　(2) 客戶關係管理的風險

　　　　(3) 轉換的風險

10. **試問為何國內外於行業分類中，均很難明確定義物流業？**

　　答：目前國內是以 H 大類「運輸及倉儲業」稱凡從事各種運輸工具提供定
　　　　期或不定期之客貨運輸及其運輸輔助、倉庫經營、郵政及快遞等行業
　　　　作為物流相關行業的主要組成。國內外並無一特定指稱為物流業分類
　　　　或是行業的主要原因乃是物流為一種整合的功能，包含物品移動過程
　　　　相關的各種服務，舉凡資訊服務、設備製造、顧問服務等。簡言之，
　　　　物流服務是整合的服務並非單一行業可歸類之。

11.試問我國物流業的優勢與劣勢為何？

答：

優勢（Strength）	劣勢（Weakness）
1. 與中國之潛在市場同文同種。 2. 資訊化程度高：利用資訊科技來協助客戶維修、採購、庫存管理等工作，降低成本減少錯誤。 3. 通路結構成熟：上下游廠商結構完整，物流／後勤支援技術應用能力強。 4. 銷售協同型物流經營 knowhow 成熟。	1. 業者規模相對小，財力不足，財務狀況相對差。 2. 國際化語文能力較差。 3. 物流人力資源不足：基層與管理人力流動率過高，具跨國經營資訊科技與其整合概念的專業人員不足。 4. 法令障礙：存在不合時宜的法規，且業務散見各政府機關，申辦不便且流程過長。

12.試問我國物流業的機會與威脅為何？

答：

機會（Opportunity）	威脅（Threat）
1. 我國許多產業已國際化發展、全球布局。 2. 加入 WTO 後，物流倉儲業之市場需求增加。 3. 知識經濟影響：符合客製化需求、多元通路型態與快速反應能力的重要性普遍為業者所認同。 4. 潛在之中國物流市場，是業者大型化的機會與進入國際化的跳板。	1. 國際大型物流業者積極在大中華／亞太區布局。 2. 對國際品牌型產品的經營，業者以大中華區為全球發展基地，積極對外進行物流服務的競爭。

第三章 物流系統與功能 （練習題答案）

一、選擇題（單選）

1.(A) 2.(C) 3.(D) 4.(D) 5.(D) 6.(A) 7.(D) 8.(C) 9.(D) 10.(D)

11.(C) 12.(B) 13.(A) 14.(D) 15.(C) 16.(C) 17.(C) 18.(B) 19.(C) 20.(B)

21.(A) 22.(B) 23.(C) 24.(C) 25.(D) 26.(B) 27.(A) 28.(A) 29.(D) 30.(B)

31.(A) 32.(D) 33.(C) 34.(D) 35.(C) 36.(A) 37.(C) 38.(D) 39.(D) 40.(A)

41.(A) 42.(B) 43.(A) 44.(B) 45.(C) 46.(C)

二、簡答題

1. 系統的定義爲何？試繪圖說明。

   答：「系統」的定義是指「由若干相互作用及相互依賴的要素所形成，具有特定功能的有機組合」。

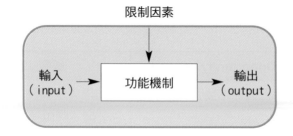

2. 哪些元素是物流系統的輸入要素？

   答：(1) 人的要素：人是系統的核心要素。以物流系統爲例，包含客戶、供應商、員工等等。

   (2) 物的要素：包含系統要處理的各種形式的「物品」（原料、半成品與成品）以及系統所需的設備、工具、耗材等。

   (3) 資金的要素：有關系統建置、運作、維修、汰換各階段均需有資金的投入。以物流系統爲例，包含場站建置資金、軟硬體建置資金、服務的預付金等等。

(4) 資訊要素：所有系統中各功能的溝通聯繫稱為資訊要素。以物流系統為例，包含客戶資訊、商品資訊、訂單資訊、庫存資訊等等。

3. **物流系統的輸出要素是要達到的目標，該目標可分為那四類？**

答：(1) 系統外部目標（效益導向）：亦即達到客戶滿意，例如配送準點率、揀貨正確性；

(2) 系統內部目標（成本導向）：例如直接成本、間接成本等；

(3) 系統整體評價（每單位所發揮的效益）：作為外部與內部目標的綜合，例如營業場所坪效即為一種綜合的評價；

(4) 非系統要求之產出：例如 CO_2 排放量等。

4. **物流系統有哪七種功能？試舉出四種。**

答：一般物流功能包含包裝（package）、裝卸搬運（material handling）、運輸（transportation）、儲存保管（storage）、流通加工（value added processing）、配送（delivery/distribution）、物流資訊（information）等功能。（任列出四種）

5. **請簡述物流系統中的包裝活動所指為何？**

答：物流系統所指稱的「包裝」主要是指「工業包裝」並非「商業包裝」，意指在流通過程中用以保護商品、方便搬運與儲存及促進銷售時，所採用的材料、容器與輔助品的總稱。

6. **物流系統於裝卸搬運時，可如何管理以減少物品的損壞？**

答：主要是 (1) 確定適當的裝卸方式；(2) 力求裝卸次數的減少；(3) 合理配置並使用機具，藉此可做到節能、省力、減少損失、加快速度的效果。

7. **請簡述何謂流通加工？**

答：流通加工乃指物品由生產供應商到消費者間的過程中，根據需要施加包裝、分割、組合包裝、貼標籤、掛吊牌、換中文標示及簡單裝配的作業總稱。

8. 配送的功能爲何？運輸和配送有何分別？

答：配送乃指對物品進行數量上分配並按需求送達指定地點，也是物流進入最終階段。

運輸：點到點運送、少樣大量、講求效率。

配送：單點對多點運送、多樣少量、講求服務。

9. 請簡述搬運、運輸和配送有何分別？

答：搬運：指在同一場所，對物品進行一定距離的水平或垂直移動的物流活動。

運輸：將物品由一地點向另一地點運送的物流活動。

配送：單點對多點運送。

10. 請問網路由哪二種要素組成？並以物流網路爲例，說明這二種要素所代表的意義。

答：所謂網路是由節點（node）、連線（link）（亦可有方向性）所構成。

節點：是用於儲存、處理、販賣商品的處所點。例如：工廠的原料倉、成品倉、物流中心、維修中心、賣場等。

連線：是用於表示運輸與實體流動的方法。此爲物流系統中用於表達活動間的先後順序以及其過程的各式資訊。例如可以表達點與點間的運輸方式、時間、距離以及成本等資訊。

11. 請問物流 4D 分析中的 4D 分別爲何？並簡述之。

答：需求（Demand）、持續時間（Duration）、距離（Distance）和目的地（Destination）。

(1) 需求：是指總需求量、需求的頻率和需求的時間。

(2) 持續時間：這是關於一個期間的需求。

(3) 距離：是指物流系統中各點與點間的距離；亦可以用時間來代表距離的概念。

(4) 目的地：並不一定指的是產品或服務的眞正的目的地，而是指產品被送往的地方（包含中途停留的地點）。

12.以流出流入分析物流系統，物流系統可分成哪四種？

答：(1) 對稱系統：此類企業在進貨物流與出貨物流的重要性相等同，亦即進貨與出貨是一種合理的平衡流動。

(2) 偏進貨型：是指一些企業的進貨物流系統非常複雜但出貨物流系統較為簡單，例如：汽車製造廠。

(3) 偏出貨型：是指一些企業的進貨物流系統非常簡單但出貨物流系統較為複雜，例如：玻璃用品工廠，其進貨原料相對單純但成品種類與大小卻很多。

(4) 逆向系統：是指從事逆向物流的企業，將物流以反方向操作。隨著環保意識的高漲，逆向物流系統的設計將愈顯重要。

13.請試舉一個與物流活動有關的例子並以物流 4D 分析來描述之。

答：以台北花博活動為例

(1) 需求：開幕前準備期有各種設施與花卉等施工的物流需求、開幕期間各項營運原物料的物流需求、閉幕後的售後物資的物流需求

(2) 持續時間：準備期、開幕期間（半年）、閉幕後善後期。

(3) 距離：不同原物料等供應來源與場館之位置與距離。

(4) 目的地：不同階段、不同原物料之需求地點。

14.請試舉一個與物流活動有關的例子並以物流網路分析方式來描述之。

答：以一個宅配包裹由林口寄到高雄為例：

請表示出寄件地點、負責收貨之宅配站、該宅配所屬的轉運中心、送達地點所屬的轉運中心、該轉運中心所轄的配送宅配站、送達地點的節點，並將流向劃出即可。

15.批發業物流系統的發展有甚麼特點？試舉出二項來說明。

　　答：(1) 批發業的發展空間受限

　　　　　隨著工廠直送作法日漸盛行和零售商勢力的日益強大，批發業的發展空間慢慢受到壓縮。過去批發業的物流系統就像一個調節閥，一方面透過從製造業訂購大批量的商品，另一方面則是化大為小，小批量將商品送到零售商的商店，以滿足零售商的需求，但現在這些功能都漸漸被工廠和零售商所取代，減少中間環節的趨勢發展是批發業遇到的最大挑戰。

　　　　(2) 加值功能為發展的關鍵

　　　　　由於現在零售商普遍儲存空間不足，希望減少商品的流通加工功能，故往往要求批發商把他們訂購的商品貼好標籤，分類進行商品的商業包裝，並配送到零售商指定的地點，有時候甚至上貨架的工作也要批發商來完成。這些工作往往都要花費很多的時間、空間與作業人力，因此流通加工的加值功能成為批發商發展物流的重要關鍵。

16.零售業物流系統的發展有甚麼特點？試舉出二項來說明。

　　答：任寫出以下二項

　　　　(1) 零售商型物流中心的建設是關鍵

　　　　　當今商品供應的主導權已逐步由供應商轉移到零售商。因此，建立一個以零售門市為導向的零售物流系統，已成為當今零售業的一個重要課題。

　　　　(2) 缺貨損失對零售商影響很大

　　　　　以前，在賣方市場的時候，由於貨源有限，商品的供應權力主要在供貨商。而今日供應商產品的同質化導致零售商的勢力不斷增加，表示已進入買方市場情況。由於供貨商的物流管理水平參差不齊，完全依賴供貨來處理物流業務的零售商，有可能會有商品供應不足的問題。例如在約定的時間內，商品不能及時送到，

或是訂購商品中有不良品等問題，都將直接導致零售商缺貨而造成銷售損失，或因退貨造成其他的損失。爲了避免出現以上的問題，零售商越來越重視商品採購與供應的物流管理。

(3) 及時交貨是物流系統的前提

在評估物流系統的過程中，爲防止出現商品缺貨情況，零售商往往使用「交貨率」的指標來考核供貨商。交貨率是指實際交貨金額佔全部訂貨金額的比例。零售商用各個供貨商的實際交貨率，對供貨不及時的供應商給予警告或是解除供貨合約。

(4) 物流共同化將爲零售業帶來新契機

在零售業物流系統中，商品供應的管理是零售商最關心的問題。其中，集中供貨（共揀共配）構成了物流系統的基礎，特別是在零售業連鎖化、網路化的市場發展趨勢下。如果每個零售商各自向不同的供貨商訂貨，那麼供貨商需要派大量的貨車將裝運的商品分別供應給各個零售店，各個零售商店也需要花費同樣的精力，去完成收貨、驗貨的工作。

第四章　物流中心運作　（練習題答案）

一、選擇題（單選）

1.(C)　2.(B)　3.(C)　4.(D)　5.(A)　6.(A)　7.(A)　8.(B)　9.(A)　10.(D)

11.(B)　12.(B)　13.(D)　14.(A)　15.(C)　16.(D)　17.(B)　18.(D)　19.(B)　20.(B)

21.(D)　22.(D)　23.(E)　24.(C)

二、簡答題

1. 物流中心依成立背景與經營策略，可以分爲哪四種？

答：(1) 製造商型物流中心（MDC）、(2) 批發商型物流中心（WDC）、
　　(3) 零售商型物流中心（RDC）、(4) 轉運型物流中心（TDC）。

2. **物流中心依服務區域的大小，可以分為哪兩種？**

   答：(1) 區域型物流中心（RDC）、(2) 前進型物流中心（FDC）。

3. **依儲存溫度區分，物流中心分為哪三種？**

   答：(1) 常溫物流中心、(2) 低溫物流中心（冷凍或冷藏）、(3) 空調物流中心。

4. **依儲存能力區分，物流中心分為哪二種？**

   答：(1) 儲存型物流中心、(2) 流通型物流中心。

5. **試說明物流中心有哪些作業區域？試舉出四個區域。**

   答：進貨月台（碼頭）及其停車場地、進貨暫存區、儲存保管區、流通加工區、揀貨區、包裝區、出貨暫存區、出貨月台（碼頭）及其停車場地、退貨暫存區等等。（任列出四個）

6. **試解釋進貨暫存區有甚麼功能。**

   答：進貨暫存區用於卸貨後貨物暫存以等待檢驗以及上架儲存的準備。

7. **試依進出貨月台碼頭的位置以及動線，配合作業順序的概念，寫出三種物流中心空間配置的主要型式。**

   答：I 型、L 型、U 型。

8. **物流中心是通路變革的產物，請列出至少三項物流中心在通路中的效益並簡述之。**

   答：抑制商品價值減少；提高商品的迴轉率；集中處理提高物流作業效率；專業分工提昇企業經營績效；降低成本；提高顧客服務績效、創造競爭力。（任列出三個）

9. 試繪圖說明有無設置物流中心的差異與其作業特性。

答：

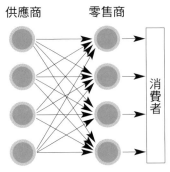

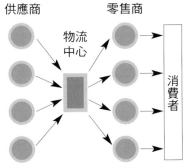

傳統物流型態
· 由各供應商進行配送，為多量／少樣／配送週期長的情況（可能是一週一配）
· 不具經濟規模
· 每個供應商都得進行送貨，導致門市收貨次數多
· 物流網路複雜且雜亂

現階段物流型態
· 可符合少量／多樣／多頻次配送的需求
· 具經濟規模可降低物流成本
· 可因集中化處理，減少門市每日收貨次數
· 物流網路單純化

10. 請試舉一個你所知的物流中心並以成立策略、服務對象、服務區域、儲存能力與儲存溫度等角度，對該物流中心進行分類。

答：以統一企業的林口常溫物流中心而言；以成立策略來看，其屬於製造商型物流中心；以服務對象來看，其屬於體系內封閉的物流中心；以服務區域大小而言，其屬於區域型物流中心；以儲存能力來看，其屬於儲存型物流中心；以儲存溫度而言，其屬於常溫物流中心。

第五章　倉儲作業（練習題答案）

一、選擇題（單選）

1.(A)　2.(B)　3.(C)　4.(C)　5.(D)　6.(C)　7.(D)　8.(C)　9.(C)　10.(D)
11.(C)　12.(C)　13.(C)　14.(B)　15.(C)　16.(C)　17.(D)　18.(B)　19.(D)　20.(B)

二、簡答題

1. 物流中心有哪十大作業？

答：物流中心十大作業包含 (1) 採購、(2) 進貨驗收、(3) 儲存保管、(4) 流通加工、(5) 訂單處理、(6) 揀貨包裝、(7) 集貨出貨、(8) 配送、(9) 回單計價、(10) 退貨。

2. 試簡述進貨驗收的作業程序。

答：進貨驗收作業程序：

(1) 由進貨人員檢視當日預計進貨通知單，掌握進場時序，以利安排作業月台與人力。

(2) 當貨車抵達後於月台進行裝卸作業，並進行數量對點，完成後簽收送貨單。

(3) 安排驗收人員依據該供應商的抽樣標準，進行抽驗收作業。
若符合驗收標準，則填具進貨驗收數量，正式入帳（註：入帳的時間點隨各廠商的運作會有不同）；否則，則進行進貨退回作業。

3. 試簡述流通加工的作業程序。

答：流通加工作業程序：

(1) 依據加工通知單以及商品材料表，產生領料單。

(2) 進行領料作業。

(3) 進行商品流通加工。

(4) 完成品上架或是出庫。

(5) 工單結案。

4. 試簡述訂單處理的作業程序。

答：訂單處理作業程序：

(1) 依據訂單數量庫存檢核。若不足，則依據配量原則進行配貨或是通知客戶確認後續處理方式。

(2) 選取預處理的訂單產生一個批次，以進行揀貨前置作業（實務上稱為「排單」）。

(3) 列印出貨單或是發票

5. **試簡述揀貨的作業程序。**

答：揀貨作業程序：

(1) 依據訂單產生揀貨單（可能因為區域不同、作業方式不同產生多張揀貨單）。

(2) 進行訂單揀貨作業（有些狀況需先準備物流箱並列印箱條標籤）。

(3) 揀貨確認。

6. **何謂摘取式揀貨？**

答：所謂摘取式是指揀貨人員至特定儲位，由貨架摘取商品至出貨箱中。

7. **何謂播種式揀貨？**

答：所謂播種式是指先將單一品項商品匯總數量一次揀取後，由合適的搬運工具將該品項移至每一店家的出貨箱前，再將該店家所需的數量撥放至出貨箱中（類似農夫插秧的動作，故稱播種式）。

8. **試說明集貨作業及其作業程序。**

答：集貨作業乃因揀貨作業分散在儲區中不同作業區域，或是應用不同的作業方式進行，導致揀貨完畢後需要將同一訂單貨品集中到特定的地點。

作業程序：

(1) 依據訂單進行集貨作業（通常在揀貨單上會有集貨地點的訊息）。

(2) 進行出貨前覆點作業（此為倉管內部品管作業）。

9. **請簡述配送作業之輸入事項、輸出事項以及管理重點為何？**

答：輸入事項：(1) 派車單（出勤日報表）；(2) 出貨單或是發票。

輸出事項：出貨單簽收回聯、派車單（出勤日報表）的記錄。

管理重點：路線安排、配送準時率。

10.何謂回單作業？其輸入事項、輸出事項以及管理重點爲何？

答：依據配送作業簽收回聯，進行單據整理與登錄的作業，實務上稱爲回單作業。

輸入事項：(1) 派車單（出勤日報表）回聯；(2) 出貨單回聯。

輸出事項：應收應付報表、請款進度表。

管理重點：回單異常狀態統計、回單週期時間績效。

11.請簡述採購模式中定期採購與定量採購的意義爲何？若與 ABC 管理結合的話，請問針對 C 類商品你建議的採購方式爲何？（請說明原因）

答：定期採購乃指按固定周期時間進行採購，每次採購量不同；定量採購乃指低於再訂購點時進行採購，採購數量一定但採購周期不固定。

C 類商品建議採定期採購，因爲在資訊記錄與採購的執行上都較爲容易。

12.請說明爲何上架邏輯很重要？其如何影響倉儲管理的效率？

答：(1) 上架邏輯代表進貨商品如何儲存於特定儲位的邏輯，因爲商品儲位的安排對於後續揀貨動線的長度有直接的關係，因此對於儲存效率很重要。

(2) 假若有一個 A 級商品要安排上架時，若是採取隨機選取空儲位時可能會安排到離揀貨動線較遠的儲位，而 A 類商品是屬於快速流動的商品，因此就會引影到倉儲管理的效率。但若採取預先設置 A 級儲區的規劃，則上架時 A 級商品將以 A 級儲區的空儲位爲優先，這與上述的隨機指派邏輯就有很大的不同。

第六章　配送作業（練習題答案）

一、選擇題（單選）

1.(C)　2.(D)　3.(D)　4.(C)　5.(B)　6.(A)　7.(C)　8.(C)

二、簡答題

1. **請簡述何謂軸幅式架構？試繪圖說明。**

答：由轉運中心（Hub）整合運輸，並且重新安排運輸路線到位於輪幅（Spoke）終端的場站。理論上，軸幅式的運輸系統的結構類似於車輪，但輪幅終端之間並沒有連結。通常被使用於空運運輸業，但也使用於卡車與海運業。

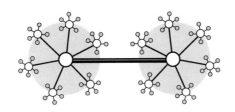

○ Hub【轉運中心】 　 ● Spoke【地區場站】

2. **請問何謂最後一哩的隨需配送（on demand delivery）？**

答：隨需（on demand）是指應客戶要求可即提供的服務，此要求可以是時間（隨時即送）、地點（指定地點）等等。例如：餐飲外送平台提供『立即點、馬上送』的餐飲配送，即為一種隨需配送服務。

3. **請說明在全通路新零售的發展下，配送運作於物流架構、配送型態、訂單特性方面有哪些特點？**

答：

通路型態	全通路新零售（虛實整合／外送平台…）
物流架構	既有集中式 DC ＋ 軸幅架構之外，增加「分散式存貨點（前置倉）」（管理單位：貨件）
配送型態	1. 到府（宅配） 2. 到店（如：超商取貨） 3. 到櫃（如：i 郵箱） 4. 速配（＜6 小時） 5. 隨配（＜1 小時）【配合前置倉或店面發貨）】
訂單特性	單筆訂單（小量／小至多樣／不固定頻次）

4. 請闡述全聯於 2011 年啟動「全聯物流運籌全球」的物流策略，主要做了什麼重大的轉變？並於策略擬定後作了哪些布局？

答：(1) 為配合全聯通路發展、店型調整及展店策略，全聯於 2011 年啟動「全聯物流運籌全球」的物流策略，意即開始自建物流規劃，到 2012 年正式成立自建物流體系，至 2020 年累計投資達 250 億元。

(2) 其物流架構區為常溫與低溫體系；常溫體系迄 2020 年已完成觀音（北）、梧棲（中）、岡山（南）三大物流園區。各物流中心的自動化程度均很高，特別是於 2020 年中完工的岡山自動倉，結合越庫倉、棧式立庫、整箱寄庫倉、拆箱寄庫倉、棧板設備、箱式立庫、分揀機、卸棧設備共八大功能，透過 AI 人工智慧協助，擁有高效率的集貨與揀貨能力，是臺灣零售業最大的自動倉儲。低溫體系迄 2018 年，共有 6 座處理中心，分別是生鮮和蔬果商品各 3 座，地點分布在北部的五股、新店，中部的大肚、潭子，以及南部的岡山。以打造全台最大冰箱的目標。總體物流策略是全店舖能達成「今日生產、今日到貨」的戰略目標。

第七章　物流資訊與相關技術（練習題答案）

一、選擇題（單選）

1.(C)　2.(C)　3.(D)　4.(B)　5.(A)　6.(D)　7.(A)　8.(C)　9.(B)　10.(D)

11.(D)　12.(C)　13.(B)　14.(D)　15.(C)　16.(D)　17.(C)　18.(C)　19.(D)　20.(D)

21.(B)　22.(B)　23.(B)　24.(C)　25.(A)　26.(C)　27.(A)　28.(B)　29.(D)　30.(B)

31.(A)　32.(C)　33.(C)　34.(B)　35.(C)　36.(C)　37.(A)　38.(A)　39.(D)　40.(A)

41.(A)　42.(D)　43.(B)　44.(D)　45.(C)

二、簡答題

1. **物流資訊系統的作用主要表現在哪些方面？請舉出三項。**

   答：(1) 縮短訂單周期時間、(2) 降低庫存、(3) 提高搬運效率、(4) 提高運輸效率、(5) 提高訂單處理能力、(6) 提高訂單處理精確度、(7) 增加客戶服務的可靠性、(8) 調整需求和供給的不確定性等等（任寫出三項）。

2. **作業層次系統的包含了即時性的日常運作數據，它有哪些記錄（舉出二項）？特徵是甚麼？（舉出二項）**

   答：(1) 記錄哪些：包括訂貨內容、安排儲位、作業程序選擇、配送貨物、計價核算和單據檢核，以及提供客戶查詢等等。（任寫出二項）

   (2) 主要特徵：格式規則化、通信交互化、交易批次化以及作業即時化。（任寫出二項）

3. **試舉出兩種資料收集的技術？並個別說明。**

   答：(1) 條碼：條碼技術是使用最為廣泛的自動識別技術之一，條碼是由一組規則排列、寬度各異的平行的黑白條紋所組成，用以表達商品的資訊或者物流資訊。

   (2) RFID：RFID 是非接觸式自動識別技術或射頻技術的一種，有許多不同的頻段可應用於不同的環境；主要與條碼的差異之處在於可以一次讀取多個標籤、可讀寫、標籤可重複使用等等。

4. **RFID 有哪些特性？請舉出三項。**

   答：資料可讀寫、體積小且多樣化、耐用性高、可重複使用、具穿透性、數據的記憶容量大、安全性高等等。（任寫出三項）

5. **試解釋電子資料交換技術及其效益。**

   答：(1) 電子資料交換（EDI, Electronic Data Interchange），指的是「將企業與企業之間業務往來的商業文件（如訂單、發票與應收帳款等）以標準化的格式，無須人為的介入直接以電子傳輸的方式，在雙

方的應用系統間互相傳送。以加速企業間資料的傳遞，減少錯誤
的一種跨組織資訊系統」。

(2) 效益：利用 EDI 標準傳遞資料可縮短文件傳遞的時間（速度）、
節省紙張（環保）、減少轉換軟體開發的成本與時間（經濟）、
減少人工登錄資料的錯誤（準確）、可整合公司內部與交易夥伴
間的資訊系統（相容），避免文件轉換格式不一所帶來的困擾，
若能再透過（加值網路）中心回存資料，就可把業者的通訊方式
一致化。

6. **全球定位系統有哪三項特點？請舉出二項。**

答：連續覆蓋全球地面、系統功能多且精度高、系統速度快。（任寫出二
項）

7. **請簡述車輛監控需要用到哪些技術？**

答：全球定位技術（GPS）、地理資訊系統（GIS）與通訊技術。

8. **倉儲管理系統（WMS）中於進貨作業所謂的上架建議所指為何？**

答：所謂上架建議是指商品進貨後，依據商品的特性與儲位屬性與使用情
況，建議出每一商品的儲放位置。

9. **請問運輸管理系統（TMS）依配送的時間先後可分為哪三個階段？各階段
的管理重點為何？**

答：分為配送前、配送時與配送後；對應的管理重點為排車計畫、即時監
控與績效管理。

10. **請以作業層次、管理控制層次以及戰略計畫層次，分別來闡述物流資訊系
統於各層次處理的重點為何？**

答：(1) 作業層次：主要是用於啟動和記錄個別的物流活動資訊的最基本
層次；主要強調資訊系統的效率以及資訊傳遞的速度。

(2) 管理控制層次：主要是根據日常作業系統提供的資訊，進行衡量
並作出報告；是否能夠於系統中進行控制或找出異常情況是非常
重要的。

(3) 戰略計畫層次：物流運籌戰略的開發與規劃是建立在各類資訊的
基礎上；物流資訊系統的戰略計劃，必須把較低層次的數據，以
更廣的範圍整合出較高層級的資訊，協助評估各種戰略的成功機
率和損益決策模型。

11.請說明有關存貨管理與儲位管理有何不同？

答：(1) 存貨管理（inventory control）：對於存貨數量的管制，通常管理
的範圍只以物流中心為單位，進行存量匯總與進出數量情況之查
詢管理。

(2) 儲位管理（location control）：管理的細度是以每一個儲位的商品
庫存數量與進出情況之查詢管理。

12.請說明儲位與儲區的概念？二者間有何關聯？

答：(1) 儲位是儲存實體位置的概念（倉庫每一個可儲存的位置都可以被
標示出來）。

(2) 儲區是指一個（含）以上儲位所組成的區域，其可以是虛擬的概
念（例如：可以將不相鄰的儲位設為相同儲區，以利進行進貨上
架儲位或是出貨揀貨儲位的設定）。基本上，儲位是倉儲管理最
基本的單位，為了方便管理需求可將許多儲位組成一個儲區。此
外，不同的作業需求可以用不同的儲區分類；例如，揀貨儲區與
上架儲區的設定可不相同。

13.請舉一個實例來簡述訂單追蹤的過程。

答：例如，統一速達宅配托運單查詢過程；PChome 購物訂單查詢過程；
博客來網路書店訂單查訊過程等等的描述均可。

第八章　物流相關設備（練習題答案）

一、選擇題（單選）

1.(B)　2.(C)　3.(A)　4.(A)　5.(C)　6.(B)　7.(A)　8.(A)　9.(B)　10.(C)

11.(A)　12.(C)　13.(D)　14.(C)　15.(B)　16.(C)　17.(D)　18.(A)　19.(B)　20.(D)

21.(A)　22.(D)　23.(C)　24.(C)　25.(B)　26.(C)　27.(C)　28.(D)　29.(A)　30.(A)

31.(A)　32.(A)　33.(C)　34.(C)　35.(D)　36.(B)　37.(B)　38.(B)　39.(B)　40.(C)

41.(B)

二、簡答題

1. **何謂物流基礎尺寸標準？為何其執行是複雜且困難的。**

　　答：(1) 物流基礎尺寸標準化：是指共同的單位尺寸，或系統中各標準尺寸的最大公約。

　　　　(2) 因為不但要考慮國內物流系統，而且要考慮到與國際物流系統的銜接，所以具有一定難度和複雜性。

2. **物流標準化除需考慮總體性之外，仍包括哪二個方面的含義？**

　　答：配合性、相關性。

3. **物流的基礎編碼是針對物流活動中相關的對象進行編碼，請簡述這些對象有哪些？**

　　答：人、物、地點、設備等。（任列出二項）

4. **何謂單元負載？試舉出二種單元負載的設備？**

　　答：(1) 單元負載是利用適當的包裝設備，將小件的或零散的貨物，集聚成較大件的貨物，成為一個物料搬運的單位；

　　　　(2) 如：棧板、物流箱、紙箱、貨櫃。

5. **物流中心的儲存設備中，試舉出二種易於實現先進先出的設備？試說明其運作方式。**

　　答：(1) 重型料架（單深度）：每個貨架放一個棧板，若進貨記錄確實則容易達到先進先出。

(2) 流利架：由後端補貨靠重力下滑至出貨口，因此可容易達到先進
   先出的要求。

6. **物流中心的儲存設備中，試舉出一種不易於實現先進先出但可高空間利用的設備？試說明其運作方式。**

 答：(1) 後推式料架：進貨時是以晚進貨的棧板將之前進貨的棧板往後推
   頂。

  (2) 駛入式料架：推高機可駛入料架中放置棧板，但為後進先出。

 （以上任舉一種即可）

7. **試說明自動化倉儲的特色。**

 答：具備無人化、效率化與正確性的優點。空間使用率高但建置與營運成
  本較高，因此投入前需經完整的效益評估。

8. **試舉出三種物流中心的搬運設備。**

 答：拖板車、堆高機、籠車、無人搬運車、輸送帶等。（任列出三項）

9. **試說明電子標籤揀貨系統及無線揀貨系統有何差異？**

 答：(1) 電子標籤揀貨：主要是依據貨架上標籤的顯示訊息進行揀貨。

  (2) 無線揀貨：主要是由行動化的手持設備接收揀貨信息來揀貨。

10. **物流標準化的定義為何？為何物流需建立標準化？**

 答：(1) 物流標準化是指在包裝、裝卸搬運、運輸、儲存保管、流通加工、
   配送、回收及資訊管理等環節中，對重複性事物和概念透過各類
   標準的制定與實施，以達到協調統一並獲得最佳效率以及企業與
   社會的效益。

  (2) 為何需要建立標準化：物流涉及不同國家、地區和不同行業的很
   多企業，如果每個企業都用自己的標準進行物流活動，則必然導
   致各個企業之間無法溝通，使得物流活動很難國際化。因此若要
   實現國際化和通用化，其前提必然是需要建立國際共同的物流標
   準。

11. 物流箱與紙箱均可視爲單元負載，請就這二種單元負載的特性，闡述你對於應用在宅配與店配時你的建議爲何？並請說明原因。

答：(1) 宅配時建議用紙箱：因爲宅配客戶多屬不定時且周期不固定的出貨方式。

(2) 店配時建議用物流箱：店配客戶之訂貨周期較固定，因此可利用回收的方式來減少紙箱的用量。

12. 重型料架與後推式料架具備不同的特性，針對於一廠商其商品多屬整箱出貨且周轉率頗高，但其場地空間有限。請問針對料架使用你會如何建議廠商？並請說明原因。

答：一般言後推式料架具備空間使用率高的特性，但不易作到先進先出。針對整箱出貨且周轉率高的情況，並不適合完全使用後推式料架來節省場地空間。因此建議可以將主要的儲存用後推式料架方式來規劃，並設置一重型料架來作爲揀貨之用。此重型料架底層爲整箱揀貨用，第二層以上爲補貨用之保管區；當補貨保管區不足時，再由後推式料架的庫存來補貨。

第九章 物流綜合管理（練習題答案）

一、選擇題（單選）

1.(D)　2.(A)　3.(B)　4.(B)　5.(B)　6.(D)　7.(C)　8.(C)　9.(D)　10.(B)

11.(A)　12.(D)　13.(C)　14.(B)　15.(C)　16.(C)　17.(B)　18.(A)　19.(C)　20.(C)

21.(D)　22.(B)　23.(D)　24.(C)　25.(C)　26.(A)　27.(A)　28.(A)　29.(B)　30.(C)

31.(A)　32.(A)　33.(C)　34.(B)　35.(A)　36.(C)　37.(A)　38.(D)　39.(D)　40.(A)

41.(C)　42.(A)　43.(B)　44.(B)　45.(A)　46.(B)　47.(D)　48.(D)　49.(A)　50.(A)

51.(C)　52.(C)　53.(D)　54.(B)　55.(B)　56.(C)　57.(B)　58.(A)　59.(B)　60.(D)

61.(A)　62.(B)　63.(D)

二、簡答題

1. **管理大師明茲伯格（Henry Mintzberg）指出，所有組織的組織結構中都有一些共同的功能類型，這些除了高階管理策略功能、中階管理功能以外包括二個大類功能類型？**

   答：日常作業層的功能（負責組織的所有的產品和服務的生產和銷售）；支援性的功能（是指商業和技術支援等等的所有活動；包括人力資源、財務、採購、物流、資訊技術以及相關工程等）。

2. **組織中的結構應該要在目標方向下進行哪些任務？試舉出三種。**

   答：使運作有效率和有效益、優化資源、清晰明確的責任、協調和控制活動、進行有效溝通、快速的應變。（任寫出三項）

3. **不適合的企業組織結構，會出現哪些管理的問題？試舉出三種。**

   答：喪失動力、溝通不暢、決策緩慢或決策錯誤、不充分的、錯誤的或不及時的資訊、不同部門或職能之間的衝突、缺乏協調、額外成本、無法應對變革。（任寫出三項）

4. **何謂集權化？適合集權化的情況與哪些考量有關？試舉出二種情況。**

   答：(1) 集權化（centralization）是指組織中決策權傾向集中的情況。

   (2) 適合集權的情況與下列考量有關：程序標準化、節約成本、避免風險、遵守法律。（任寫出二項）

5. **分權式組織有甚麼優點？試舉出二種。**

   答：高階管理層的壓力減少、能較快做出決定、改進或減少組織刺激、組織靈活性高及提升服務品質、更高的（成本／利潤）意識、顧客知識在地化、員工發展機會多。（任寫出二項）

6. **品質管理大師戴明（Deming）提出戴明循環（又稱「PDCA 管理循環」）是指甚麼？**

   答：此循環為計畫（PLAN）、執行（DO）、查核（CHECK）、行動（ACTION）；乃希望企業活動能藉由此過程，能產生正向循環般滾動前進的效果。

7. 若將控制活動類型分為預先控制、即時控制與回饋控制；回饋控制可採用檢查結果的方法，請問其他二類型採用的方法為何？

答：(1) 預先控制：可透過計畫和事先的說明；

　　(2) 即時控制：可透過監控過程行為。

8. 資訊管理在組織中具有重要有角色，其中所進行的資訊收集其目的除了監測（monitoring）還有二項？

答：衡量（measuring）、控制（controlling）。

9. 企業進行客戶服務內容擬定時，須包含哪三個部分？

答：服務組合、服務水準、服務方式。

10. 從物流角度而言，客戶服務的四個重要元素，除了時間要素以外還有哪三個？

答：可靠性、資訊溝通、便利性。

11. 與物流品質相關的因素有哪三大方面？

答：商品品質、服務品質、工作品質。

12. 在物流服務水準中，所謂的滿足程度指標可分為哪二類？

答：時間、數量。

13. 基本業務往往透過哪些指標進行績效的判定？試舉出二種。

答：時間指標、數量指標、成本指標、資源指標。（任列出二項）

14. 在結構要點上，專案式結構的組織及委員式結構的組織有何不同？

答：(1) 專案式組織：以分權原則，按專業基礎或產品基礎，進行部門劃分。常為一種臨時性之組織方式，亦可能延續成為獨立的經常性組織。

　　(2) 委員式組織：以全體決策方式，組成各種委員會，集思廣益，重點在蒐集資訊、協調意見，交由執行單位運作，強調決策之執行。

15. 何謂矩陣式組織？矩陣式組織結構有甚麼優缺點？

　　答：矩陣式組織：結合功能型、專案型結構的要素，又稱為棋盤式結構。

　　　　優點：有各種類型結構的優點、使員工的靈活性最大化。

　　　　缺點：雙重指揮、獎懲控制力不足且權責不釐清影響組織效率與穩定性。

16. 試說明簡單式組織結構的特性及其優缺點？

　　答：簡單式組織特性：(1) 結構簡單、層級少（複雜性低）、(2) 無正式工作程序或規章（正式化程度低）、(3) 主管集中控制，所有權與經營權不分（集權度高）。

　　　　優點：組織運作具彈性，可迅速反應、成本低。

　　　　缺點：如組織擴大，業務增加，則無法維持。

17. 請試繪出計畫的不同層次與目標間的關聯。

　　答：

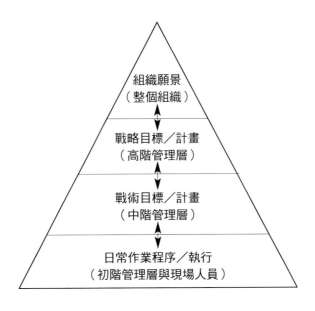

18.請試繪出計畫擬定的過程。

答：

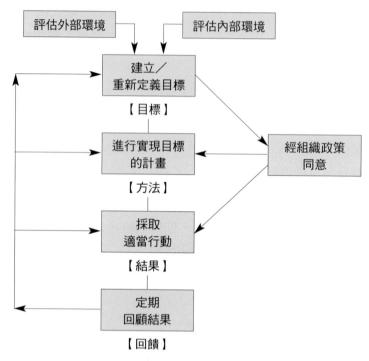

19.試繪圖說明控制活動的規劃程序，並說明控制系統的順序類型及其內容？

答：

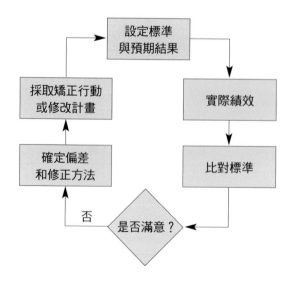

20.物流績效的評估方式分為內部評估與外部評估二種，試說明之。

答：(1) 內部評估：對總體物流活動，企業必須作出內部評估，以了解自我的物流績效能力。內部評估是針對企業本身的一種基礎性評估，用以確認對客戶的服務水準、服務能力和滿足服務客戶要求的最大限度，做到既不失去客戶，又不因為過分滿足客戶的要求而損害企業的利益。內部評估是建立在基本業務績效評估的基礎上，以此為基礎把物流系統作為一個「黑箱」，進行投入產出分析，從而以確認系統總體的能力、水準和有效性。

(2) 外部評估：對物流總體的外部評估，應當具有客觀性。採用的主要方法有兩種：一是顧客評估，可以採用問卷調查、顧客座談會等方式進行；另一是選擇模擬的或者實際的優秀企業作為「標竿」（benchmark）進行對照、對比性的評估。

第十章　物流中心規劃與設計（練習題答案）

一、選擇題（單選）

1.(B)　2.(A)　3.(C)　4.(D)　5.(B)　6.(A)　7.(B)　8.(D)　9.(C)　10.(A)

11.(B)　12.(A)　13.(A)　14.(C)　15.(A)　16.(A)　17.(C)　18.(A)　19.(A)　20.(A)

21.(D)　22.(C)　23.(C)　24.(D)　25.(D)　26.(D)　27.(A)　28.(B)　29.(C)　30.(B)

31.(C)　32.(D)　33.(A)　34.(B)　35.(C)　36.(A)　37.(A)　38.(C)　39.(B)　40.(B)

41.(D)　42.(C)　43.(C)

二、簡答題

1. 包薩斯教授（Bowersox）指出供應鏈管理整合有六大能力，試列舉其中三項？

答：內部整合、技術與規劃整合、供應商整合、顧客整合、評量整合與關係整合。（任列出三項）

2. **供應鏈整合與合併存在哪些差異？**

答：實務上整合（integration）與合併（merge）存在許多差異。

(1) 所有權差異：合併包含所有權的擁有，而整合並不一定擁有所有權；

(2) 彈性的程度：整合是較具彈性的（因一個企業可不經股權投資，即可運用其他企業的核心能力與專業技術。當合作夥伴無滿足企業需求時，亦有機會替換較高績效的合作夥伴）。

3. **包薩斯教授（Bowersox）指出物流管理有十大趨勢，試列舉其中二項？**

答：（任列出以下二項）

(1) 由顧客服務轉向關係管理、(2) 由對立轉向聯合、(3) 由預測（forecast）轉向終測（endcast）、(4) 由經驗累積轉向變遷策略、(5) 由絕對價值轉向相對價值、(6) 由功能整合轉向程序整合、(7) 由垂直整合轉向虛擬整合、(8) 由資訊保留轉向資訊分享、(9) 由訓練轉向知識學習、(10) 由管理會計轉向價值管理

4. **試說明供應鏈為基礎的顧客整合能力有哪些重點？試舉出二項。**

答：顧客區隔、關聯性、回應性、彈性。（任列出二項）

5. **試說明供應鏈為基礎的技術與規劃整合能力有哪些重點？試舉出二項。**

答：資訊管理、內部通訊、連結性、協同預測與規劃。（任列出二項）

6. **試說明供應鏈為基礎的供應商整合能力有哪些重點？試舉出二項。**

答：策略整合、作業融合、財務連結、供應商管理。（任列出二項）

7. **物流中心的規劃設計有哪六大階段？**

答：一、規劃準備階段；二、初步規劃階段；三、方案評估選擇階段；四、細部規劃設計階段；五、建置運作階段；六、系統績效管理階段。

8. **物流中心在規劃前，需瞭解物流發展與環境趨勢，請問有哪些方法及工具可協助管理者進行此階段活動？試舉出二項。**

   答：PEST 分析、SWOT 分析、五力分析等。（任列出二項）

9. **物流中心的規劃需收集哪些基本資料？試任舉出三項。**

   答：現有物流據點網路、服務水準（交貨期、缺貨率、訂單完整率等）、資訊網路、輸配送設備、人員配置、作業成本、投資效率、物流量、作業流程與時間。（任列出三項）

10. **物流中心初步規劃的條件設定方面，試舉出二項需注意的重點事項？**

    答：服務水準、合理化／省力化原則、少量多樣多頻度、流通物品性質（溫度／溼度／氣密等要求）。（任列出二項）

11. **在物流中心方案評估的階段，有哪些方法或工具可以協助管理者進行可行性評估？試舉出二項。**

    答：靜態分析（如 Brown Gibson Model）、價值工程（VE）、分析層級程序法（AHP）、動態分析（如模擬模式）。（任列出二項）

12. **在建置作業階段，專案管理的主要重點有哪四點？**

    答：時程、資源、成本、品質、範疇。（任列出四項）

13. **EIQ 分析可提供物流中心的管理者瞭解哪些運作方面的資訊？試列舉三項。**

    答：銷售數據管理分析、揀貨系統規劃、儲存作業設計、人力需求評估、儲位規劃管理、銷售預測計畫及資訊系統的整合等方面。（任列出三項）

14. **EIQ 分析在物流中心進行物流系統分析的一種分析方式，試列舉二種分析項目並說明之？**

    答：EN：每張訂單的訂貨品項數量分析。

    　　EQ：每張訂單的訂貨數量分析。

    　　IQ：每個單品的訂貨數量分析。

    　　IK：每個單品的訂貨次數分析。（任列出二項）

15. **有關 Brown & Gibson 方案評估的方法，請說明何謂關鍵因素與客觀因素？**

答：第一優先考量的因素，稱為關鍵因素。可用客觀基準加以衡量的因素，稱為客觀因素。

16. **假若以 EIQ 分析分析多數訂單的物流量後發現 IK 值高但 IQ 值低，請問你會如何規劃揀貨的方式？**

答：一般言，IK 值較高者可稱為鋪貨型商品。且不論其 IQ 值高低，通常採批次揀貨後，再以播種方式分貨至各店家的物流箱（或紙箱）。

17. **試簡述 Brown Gibson 模型的應用步驟。**

答：以下簡述此模型的幾個步驟：

步驟 1：定義關鍵因素、客觀因素、主觀因素。

步驟 2：衡量關鍵因素之測量值。

步驟 3：衡量客觀因素之測量值（Objective Factor Measure, OFM）。

步驟 4：決定主觀因素權重（Subjective Factor Weight, SFW）。

步驟 5：決定各候選地點對各主觀因素之測量值

步驟 6：衡量主觀因素之測量值（Subjective Factor Measure, SFM）

步驟 7：決定主觀 / 客觀因素間之權重

步驟 8：衡量各候選地點之測量值

步驟 9：進行敏感度分析

步驟 10：最後決策（測量值高者獲選）

18.有關 Brown & Gibson 方案評估法，其中主觀因素權重之決定是本方法的一重點，假設有四個主觀因素（因素 A 到 D），請應用下表產生一個符合規定的權重表。

配對組合	主觀因素				
	因素 A	因素 B	因素 C	因素 D	
001					
002					
003					
004					
005					
006					
007					
008					
009					
010					
欄加總					
SFW					

答：

配對組合	主觀因素				
	因素 A	因素 B	因素 C	因素 D	
001	1	0			
002	1		1		
003	0			1	
004		1	0		
005		1		1	
006			1	0	
007					
008					
009					
010					
欄加總	2	2	2	2	
SFW	0.250	0.250	0.250	0.250	

注意 1：共只有六組配對組合，多寫就算錯

注意 2：每一橫列僅填寫二個數字，多填就算錯；每一橫列不能出現
（0,0）否則就算錯

19.有關 EIQ 分析手法，請問：

(1) 請問訂單 002 的 EN 為多少？ EQ 為多少？

(2) 請問品項 B 的 IK 為多少？ IQ 為多少？

(3) 請問哪一個品項的 IK 值最高？

客戶訂單	主觀因素				
訂單編號	品項 A	品項 B	品項 C	品項 D	品項 E
001	3	2	4	1	2
002	2	1	1	1	0
003	1	0	0	0	0
004	0	1	1	1	1
005	10	0	0	0	0
006	2	2	2	2	2
007	5	1	2	3	1
008	1	3	3	3	3
009	1	2	2	2	2
010	4	6	0	0	0

答：(1) EN = 4；EQ = 5

(2) IK = 8； IQ = 18

(3) 品項 A

第十一章　全球運籌（練習題答案）

一、選擇題（單選）

1.(A)　2.(B)　3.(D)　4.(D)　5.(D)　6.(C)　7.(A)　8.(C)　9.(C)　10.(D)

11.(A)　12.(D)　13.(D)　14.(A)　15.(B)　16.(C)　17.(D)　18.(C)　19.(C)　20.(B)

21.(D)　22.(B)　23.(B)　24.(D)　25.(B)　26.(A)　27.(D)　28.(A)　29.(C)　30.(A)

31.(B)　32.(C)　33.(C)　34.(B)　35.(C)

二、簡答題

1. 全球運籌的規劃與國際企業的配銷通路有關，除了在當地設置補貨中心外還有哪三種方法可以解決全球運籌管理的問題？

   答：轉運系統模式（海外組裝中心）、直接配銷系統模式、多國物流中心模式。

2. 貨物運輸可分為哪幾種模式？試舉出四種。

   答：水道運輸、航空運輸、公路運輸、鐵路運輸及管線運輸。（任寫出四項）

3. 在運輸模式中，水道運輸有何特徵？試舉出二項。

   答：(1) 航線利用方便且較具彈性、(2) 運距遠航速慢、(3) 海洋的阻隔。（任寫出二項）

4. 在運輸模式中，水道運輸有何優點與缺點？試各舉出二項。

   答：優點：(1) 續航力強、(2) 載運量大、(3) 運送能力大、(4) 運費低廉、可運送貨物種類多。（任寫出二項）

   缺點：(1) 運輸速度慢、(2) 目標顯著、(3) 準時到達性低、(4) 極易受天候影響。（任寫出二項）

5. 在運輸模式中，航空運輸有何特徵？試舉出二項。

   答：(1) 運具、航線分屬不同的擁有者、(2) 運距遠航速快、(3) 不受地理環境的限制、(4) 折舊率快、(5) 用途寬廣。

6. **在運輸模式中，航空運輸有何優點與缺點？試各舉出二項。**

答：優點：(1) 不受地形限制、(2) 穩定性高、(3) 安全準時、(4) 速度快、(5) 手續簡便、(六) 複合運輸。（任寫出二項）

缺點：(1) 受天候影響大、(2) 運費高、(3) 載運量低。（任寫出二項）

7. **試舉出公路運輸的二項特徵。**

答：(1) 機動性高、(2) 及門服務、(3) 車輛、路權分屬不同的擁有者、(4) 公共性強。（任寫出二項）

8. **試舉出鐵路運輸的二項特徵。**

答：(1) 車輛、路權同屬一擁有者；(2) 投資龐大、移轉不易；(3) 專屬路權；(4) 編組列車；(5) 採用導向原理。（任寫出二項）

9. **何謂管線運輸？該運輸方式的優缺點為何？試各舉出一項。**

答：管線運輸是指利用壓力作為動力源，使貨物在管線內流動的運輸方式

優點：(1) 運價低廉；(2) 載運量大、無間斷性；(3) 不受天候影響。（任寫出一項）

缺點：(1) 不易維修、(2) 限制運送物品之型態、(3) 易蒙受偷竊損失。（任寫出一項）

10. **國際貿易依商品出入國境的型態，除出口貿易外還有哪二種？**

答：進口貿易、通過貿易（或寫轉口貿易亦可）。

11. **海關的主要業務有哪些？試舉出二項。**

答：(1) 關稅稽徵、(2) 查輯走私、(3) 保稅業務、(4) 外銷品沖退稅、(5) 貿易統計、(6) 燈塔建管、(7) 受理其他機關的代辦業務等。（任寫出二項）

12. **試說明 C1 報單的通關方式。**

答：經核列為 C1 通關之貨物，報關人完成稅費繳納手續後，海關便透過電腦連線，直接將「放行通知」傳送給報關人及貨棧。報關人憑該「放行通知」及有關單證，前往貨棧提領或辦理裝船或裝機。

13. 何謂保稅？試舉出二種保稅區的型式並說明其特色。

答：保稅制度是指運抵國境的進口、轉口，以及其他受海關監管的貨物，在通關放行前，暫免或延緩課徵關稅。其中，

(1) 保稅工廠僅限生產用之直接原料可以保稅進口；

(2) 科學工業園區的原物料及生產設備均可保稅進口；

(3) 保稅倉庫進口貨品之暫時性保稅進儲、轉售，不得從事加工業務；

(4) 加工出口區的原物料、燃料及生產設備均可保稅進口。（以上任寫出二項）

14. 試說明何謂複合運輸？

答：貨物從託運人（consignor 或稱 shipper）到收貨人（consignee）的運輸過程中，經由兩種以上的運具來承運，但採用單一費率或聯合計費（through billing），並且共同負擔運送責任（through liability）之服務方式謂之。

15. 試比較說明 INCOTERMS 2000 版、2010 版與 2020 版的差異。

答：（以下為參考答案，相關的比較亦可自行撰寫）INCOTERMS 2000 版，共有 13 種貿易條件分為四類（C,D,E,F 類）；

INCOTERMS 2010 版，共有 11 種貿易條件分為二類；

INCOTERMS 2010 版刪除了四個貿易通則術語 DDU, DEQ, DES, and DAF，並增加二個新術語，DAT（Delivered AtTerminal）與 DAP（Delivered At Place），一共為 11 種貿易條件通則且僅歸為二大類：一類為與任何運輸模式適用的，另一類則僅針對海運與水道運輸適用。

INCOTEMS 2020 進行小幅改版，兩大主要更新為：

(1) DAT（指定 terminal 交貨）重新命名為 DPU（卸貨地交貨，Delivery at Place Unloaded）；

(2) FCA（貨交運送人）允許裝載完成後開具提單（此為選項 option 條件）。

中華民國物流協會國內外物流人才資格認證系統

經營管理
中高階主管／規劃與決策

協同作業
中階主管／協調與指派

作業管理
基層主管／現場作業人員

註：CILT- 英國皇家物流與運輸學會
TALM- 台灣民國物流協會

物流戰略經理
CILT 4級

物流營運經理
CILT 3級

物流部門主管
CILT 2級

物流基層人員
CILT 1級

供應鏈管理
主管

食品安全與供應鏈管理
主管

CILT International
認證系統

CILT Singapore
認證系統

TALM
培訓系統

發展高 CP 值
國內認證與教材

供應鏈管理
專業認證-
物流技術整合工程師班

供應鏈管理
專業認證-物流運籌
人才證照

專業認證
-物流運籌
營運管理師-倉儲與運輸管理

物流運籌人才－物流管理
證照考試辦法

一、說明：

　（一）證照名稱：物流運籌人才－物流管理

　（二）發證單位：中華民國物流協會

　（三）代辦單位：宇柏資訊股份有限公司

二、考試辦法：

　（一）考試對象：大專院校以上學生及社會人士。

　（二）考試時間：學校團體場次（每年 1 月、5 月、6 月及 12 月舉行）。
　　　　　　　　　個人及補考場次（每年 2 月及 8 月統一舉行）。

　（三）考試地點：由發證單位於「中華民國物流協會證照推廣服務網」公
　　　　告。

　（四）命題方式：本教材第 1~8 章必考、第 9~11 章選考一章、第 12 章不
　　　　考。

　　　（選考章節：團體報名由老師統一選考一章；個人報名請於報名時
　　　在備註欄填寫要選考的章節）

　（五）命題類型（必考章節）：單選題 36 題（每題 2 分，共 72 分）、複
　　　　選題 4 題（每題 4 分，共 16 分）；共計 88 分。

　　　　命題類型（選考章節）：單選題 4 題（每題 2 分，共 8 分）、複選
　　　　題 1 題（每題 4 分，共 4 分）；共計 12 分。

　　　（複選題各題之選項獨立判定給分，答錯有倒扣至該題零分。）

　（六）考試方式：採線上測驗，共計 60 分鐘。（請自行備妥電腦並具備
　　　　上網連線功能）

　　　（應試開始後，遲到 20 分鐘的考生不得進入線上系統考試。）

　（七）通過標準：考試成績滿分為 100 分，成績達（含）70 分者將頒予
　　　　證書。

　（八）報考費用：

　　　1. 每人 NT$1,600 元。

2. 具特殊身份報名者，須於報名時上傳證明文件，每位 NT$1,000 元。

3. 重考生每位 NT$1,000 元。

4. 以上報考費用，若於報名時填入教材封面內頁下方優惠序號，可立即享有 NT$200 元折扣優惠，已使用過的優惠序號不得再使用。因應作業流程，完成繳費後，恕不受理後補優惠序號及 NT$200 折扣退費申請；繳費前請確認繳納費用）。

（九）報名方式：一律採線上報名，詳細報名方式及考試辦法說明請至「中華民國物流協會證照推廣服務網：http://www.talm.org.tw/certificate」查詢。

（十）繳費方式：請將報名費匯款至發證單位指定帳戶

銀行：華南商業銀行　懷生分行（銀行代號 008，分行代號 1474）

帳號：13110-0343024　戶名：「中華民國物流協會」

（十一）考試測驗網址：https://smart100.cloud/OlExam/ExamLogin/Login
（帳號：考生身份證號碼；密碼：考前一週可上證照報名服務網查詢）

（十二）閱卷及成績發佈：本認證考試系統不提供即測即評！榜單由發證單位執行閱卷、統計與公佈，於應試後十日工作天，公告於「中華民國物流協會證照推廣服務網」。

三、考試其他相關說明：

（一）考試推薦用書：物流運籌管理（全華圖書出版），本教材為中華民國物流協會『物流運籌人才－物流管理』適用教材。

（二）成績複查：成績公告一週內可申請成績複查，複查工本費用 NT$200 元。

（三）最新考試辦法說明及相關訊息，請以發證單位及「中華民國物流協會證照推廣服務網」公告為主，或電洽證照總代辦單位：宇柏資訊股份有限公司 02-2523-1213#115~#116。

中華民國物流協會
TAIWAN ASSOCIATION OF LOGISTICS MANAGEMENT
http://www.talm.org.tw

宇柏資訊股份有限公司
UPLAS INFORMATION CORP.LTD
http://www.uplas.com.tw

NOTE

國家圖書館出版品預行編目資料

物流運籌管理 / 陳志騰編著. -- 二版. -- 新北市：
全華圖書股份有限公司, 2024.07
　面；　公分
ISBN 978-626-401-009-2(平裝)

1.CST: 物流管理　2.CST: 物流業

496.8　　　　　　　　　　　　113007958

物流運籌管理(第二版)

作者 / 陳志騰

發行人 / 陳本源

執行編輯 / 楊琍婷

封面設計 / 楊昭琅

出版者 / 全華圖書股份有限公司

郵政帳號 / 0100836-1 號

圖書編號 / 1051601

二版一刷 / 2024 年 07 月

定價 / 新台幣 570 元

ISBN / 978-626-401-009-2

全華圖書 / www.chwa.com.tw

全華網路書店 Open Tech / www.opentech.com.tw

若您對本書有任何問題，歡迎來信指導 book@chwa.com.tw

臺北總公司(北區營業處)
地址：23671 新北市土城區忠義路 21 號
電話：(02) 2262-5666
傳真：(02) 6637-3695、6637-3696

南區營業處
地址：80769 高雄市三民區應安街 12 號
電話：(07) 381-1377
傳真：(07) 862-5562

中區營業處
地址：40256 臺中市南區樹義一巷 26 號
電話：(04) 2261-8485
傳真：(04) 3600-9806(高中職)
　　　(04) 3601-8600(大專)